微积分同步辅导

（下册）

主　编　　穆志民　　朱文新

副主编　　陈雁东　　王伟晶

　　　　　王秀兰　　费德祥

南开大学出版社

天　津

图书在版编目(CIP)数据

微积分同步辅导. 下册 / 穆志民，朱文新主编. —
天津：南开大学出版社，2016.8(2023.12 重印)
ISBN 978-7-310-05094-9

Ⅰ.①微… Ⅱ.①穆…②朱… Ⅲ.①微积分－高等
学校－教学参考资料 Ⅳ.①O172

中国版本图书馆 CIP 数据核字(2016)第 091515 号

微积分同步辅导(下册)
WEIJIFEN TONGBU FUDAO (XIACE)

南开大学出版社出版发行

出版人：刘文华

地址：天津市南开区卫津路 94 号　　邮政编码：300071
营销部电话：(022)23508339　营销部传真：(022)23508542
https://nkup.nankai.edu.cn

天津午阳印刷股份有限公司印刷　全国各地新华书店经销
2016 年 8 月第 1 版　　2023 年 12 月第 10 次印刷
210×148 毫米　32 开本　7.875 印张　225 千字

定价：22.00 元

如遇图书印装质量问题,请与本社营销部联系调换,电话：(022)23508339

内容简介

    本书分上、下册，共 12 章，上册主要内容为函数的极限与连续、导数与微分、微分中值定理与导数的应用、不定积分、定积分及其应用和微分方程，下册主要内容为空间解析几何简介、多元函数微分学、二重积分、无穷级数、微积分在经济领域中的应用和曲线积分与曲面积分．各章的每一节都有知识要点回顾、答疑解惑、典型例题解析，同时每章末都给出了与本章内容相关的考研真题解析与综合提高，并配备了同步测试题．

    本书可作为高等院校本科各专业学生学习微积分或高等数学的一本教学参考用书，也可作为硕士研究生入学考试的复习资料以及教师的教学参考书．

前　　言

　　高等数学是高等院校理、工、农、医和文科等专业最重要的基础课程之一,掌握好微积分或高等数学的基本理论和方法,不仅能为今后专业课程的学习打下良好的基础,而且有益于分析问题、解决问题能力以及创新能力的提高.

　　初学微积分或高等数学的同学,往往感觉比较难,不知如何去学好这门课程.本书通过答疑解惑和典型例题的解析,帮助学生正确理解基本概念、掌握解题的基本方法和技巧,并通过适量的基本题目的练习和考研真题的解析,使学生得以融会贯通,同时学习数学的能力得到进一步提升.

　　本书的内容与张海燕、赵翠萍主编,清华大学出版社出版的教材《微积分》基本同步,所含内容结构如下:

　　知识要点回顾　归纳了基本概念/性质、重要定理公式和常用结论,易记、易用.

　　答疑解惑　剖析了重点、难点及易混淆的概念和解题中的常见错误.

　　典型例题解析　对典型例题进行了分类解析并对每种题型的解题思路(步骤)和技巧进行分析和归纳总结,部分例题节选了同步教材《微积分》和同济大学数学教研室编著的《高等数学》(第六版)的课后题.

　　考研真题解析与综合提高　精选了与本章内容相关的考研真题和综合度及难度稍高的例题,供学有余力的学生和考研的学生使用.其中考研真题涵盖了 2006 年至 2016 年的各类考研典型题型,并做了试题分析和详尽解答.

同步测试　每章都配备了难易适中的同步测试,以填空题、选择题、计算题和证明题的形式给出,供读者对每章内容的掌握程度自我检测.

　　本书是编者深入研究本科学生的教学大纲和研究生考试大纲之后撰写而成的,它不仅是广大学生学习数学的同步辅导书和教师教学的参考书,而且也是硕士研究生入学考试必备的复习用书,适合本科各专业学生使用.

　　本书分上、下两册,上册内容包括函数的极限与连续、导数与微分、微分中值定理与导数的应用、不定积分、定积分及其应用和微分方程;下册内容包括空间解析几何简介、多元函数微分学、二重积分、无穷级数、微积分在经济领域中的应用和曲线积分与曲面积分.本书由天津农学院教师编写,其中上册第一章由孙丽洁编写,第二章由尹丽芸编写,第三章由赵翠萍编写,第四章由项虹编写,第五章由徐利艳编写,第六章由刘琦编写,上册由徐利艳老师负责审稿和统稿工作;下册第七章由王秀兰编写,第八章由穆志民编写,第九章由费德祥编写,第十章由陈雁东编写,第十一章由朱文新编写,第十二章由王伟晶编写,下册由穆志民老师负责审稿和统稿工作.上下册各章都经过反复讨论、修改后定稿.

　　本书的出版得到了天津农学院基础科学学院及教材科的领导和老师的周到服务和大力协助,尤其得到张海燕老师全方位的帮助,在此表示衷心的感谢.

　　编写本书时,参阅了许多书籍,引用了许多经典的例子和解题思路,恕不一一指明出处,在此一并向有关作者致谢.

　　限于编者水平,书中不妥之处,敬请读者不吝指教.

编　者

2016 年 1 月于天津农学院

目　　录

第七章　空间解析几何简介

第一节　空间直角坐标系简介

【知识要点回顾】

1. 空间两点 $M_1(x_1,y_1,z_1)$ 和 $M_2(x_2,y_2,z_2)$ 间的距离

$$|\overrightarrow{M_1M_2}| = \sqrt{(x_2-x_1)^2 + (y_2-y_1)^2 + (z_2-z_1)^2}.$$

2. 向量 $a=(a_x,a_y,a_z)$ 的模

$$|a| = \sqrt{a_x^2 + a_y^2 + a_z^2}.$$

3. 单位向量：模为 1 的向量. 向量 $a=(x,y,z)$ 的单位向量,记作 $\mathring{a}$,且

$$\mathring{a} = \frac{a}{|a|} = \left(\frac{x}{\sqrt{x^2+y^2+z^2}}, \frac{y}{\sqrt{x^2+y^2+z^2}}, \frac{z}{\sqrt{x^2+y^2+z^2}} \right).$$

4. 非零向量 $a=(a_x,a_y,a_z)$ 的方向余弦

$$\cos \alpha = \frac{a_x}{\sqrt{a_x^2+a_y^2+a_z^2}}, \cos \beta = \frac{a_y}{\sqrt{a_x^2+a_y^2+a_z^2}},$$

$$\cos \gamma = \frac{a_z}{\sqrt{a_x^2+a_y^2+a_z^2}},$$

且有 $\cos^2\alpha + \cos^2\beta + \cos^2\gamma = 1$.

5. 向量 $a = (a_x, a_y, a_z)$ 在非零向量 $b = (b_x, b_y, b_z)$ 上的投影

$$P_{rjb}a = |a| \cdot \cos(\widehat{a,b}) = |a| \cdot \frac{a \cdot b}{|a| \cdot |b|} = \frac{a_x b_x + a_y b_y + a_z b_z}{\sqrt{b_x^2 + b_y^2 + b_z^2}}.$$

6. 向量的运算

设 $a = (a_x, a_y, a_z), b = (b_x, b_y, b_z), c = (c_x, c_y, c_z), \lambda$ 是常数,则

$(1) a \pm b = (a_x \pm b_x)i + (a_y \pm b_y)j + (a_z \pm b_z)k$,即
$$a \pm b = (a_x \pm b_x, a_y \pm b_y, a_z \pm b_z);$$

$(2) \lambda a = (\lambda a_x)i + (\lambda a_y)j + (\lambda a_z)k$,即 $\lambda a = (\lambda a_x, \lambda a_y, \lambda a_z)$;

$(3) a \cdot b = |a| \cdot |b| \cdot \cos(\widehat{a,b}) = a_x b_x + a_y b_y + a_z b_z$;

$(4) a \times b = \begin{vmatrix} i & j & k \\ a_x & a_y & a_z \\ b_x & b_y & b_z \end{vmatrix} = \begin{vmatrix} a_y & a_z \\ b_y & b_z \end{vmatrix} i - \begin{vmatrix} a_x & a_z \\ b_x & b_z \end{vmatrix} j + \begin{vmatrix} a_x & a_y \\ b_x & b_y \end{vmatrix} k$,又

$|a \times b| = |a| \cdot |b| \sin\theta$,其中 θ 为向量 a, b 间的夹角. $a \times b$ 的方向垂直于 a 与 b 所确定的平面,其指向按右手法则从 a 转向 b 来确定;

$(5) [abc] = (a \times b) \cdot c = \begin{vmatrix} a_x & a_y & a_z \\ b_x & b_y & b_z \\ c_x & c_y & c_z \end{vmatrix}$.

7. 向量的运算律(λ, μ 为常数)

$(1) a + b = b + a$;　　　　　$(2) (a+b)+c = a+(b+c)$;

$(3) \lambda(\mu a) = \mu(\lambda a) = (\lambda\mu)a$;　$(4) \lambda(a+b) = \lambda a + \lambda b$;

$(5) (\lambda+\mu)a = \lambda a + \mu a$;　　$(6) a \cdot b = b \cdot a$;

$(7) (a+b) \cdot c = a \cdot c + b \cdot c$;　$(8) (\lambda a) \cdot b = a \cdot (\lambda b) = \lambda(a \cdot b)$;

$(9) a \times b = -b \times a$;　　　$(10) (a+b) \times c = a \times c + b \times c$;

$(11)\,c \times (a + b) = c \times a + c \times b$;

$(12)\,(\lambda a) \times b = a \times (\lambda b) = \lambda(a \times b)$.

8. 两非零向量 $a = (a_x, a_y, a_z)$ 和 $b = (b_x, b_y, b_z)$ 的位置关系

(1)非零向量 a 和 b 的夹角

$$\theta = \arccos \frac{a \cdot b}{|a| \cdot |b|} = \arccos \frac{a_x b_x + a_y b_y + a_z b_z}{\sqrt{a_x^2 + a_y^2 + a_z^2} \cdot \sqrt{b_x^2 + b_y^2 + b_z^2}}.$$

(2)非零向量 a 和 b 平行、垂直的充分必要条件

$$a /\!/ b \Leftrightarrow a \times b = 0 \Leftrightarrow \frac{a_x}{b_x} = \frac{a_y}{b_y} = \frac{a_z}{b_z};$$

$$a \perp b \Leftrightarrow a \cdot b = 0 \Leftrightarrow a_x b_x + a_y b_y + a_z b_z = 0.$$

9. 向量运算的应用

(1)以非零向量 a、b 为邻边的平行四边形的面积为 $S = |a \times b|$;

(2)若非零向量 a、b、c 为从平行六面体的同一顶点出发的三条棱,则该平行六面体的体积为 $V = |(a \times b) \cdot c|$;

(3)若非零向量 a、b、c 为从四面体的同一顶点出发的三条棱,则该四面体的体积为

$$V = \frac{1}{6}|(a \times b) \cdot c|.$$

【答疑解惑】

【问1】向量有哪些要素?

【答】向量有两要素:大小、方向. 大小指向量的模;方向指向量在空间的指向.

【问2】向量是否有四则运算?

【答】向量有加、减和乘法,但没有除法.

【问3】零向量是否有方向?

【答】零向量可以看成是任何方向的向量. 所以零向量可以看作与任何向量平行,也可以看作与任何向量垂直.

【问4】下面的推导是否正确?

$$a \cdot b = c \cdot b \Rightarrow a = c; a \times b = c \times b \Rightarrow a = c.$$

【答】都不正确. 例如:$i \cdot k = j \cdot k = 0$,但 $i \neq j; j \times j = j \times (-j) = 0$,但 $j \neq -j$.

【典型题型精解】

一、向量的运算

【例1】已知两点 $M_1(4, \sqrt{2}, 1)$ 和 $M_2(3, 0, 2)$,计算向量 $\overrightarrow{M_1M_2}$ 的模、方向余弦和方向角.

【问题分析】本题可利用公式直接求解.

【解】因为 $\overrightarrow{M_1M_2} = (3-4, 0-\sqrt{2}, 2-1) = (-1, -\sqrt{2}, 1)$,所以

$$|\overrightarrow{M_1M_2}| = \sqrt{(-1)^2 + (-\sqrt{2})^2 + 1^2} = 2,$$

$$\cos \alpha = -\frac{1}{2}, \cos \beta = -\frac{\sqrt{2}}{2}, \cos \gamma = \frac{1}{2},$$

即

$$\alpha = \frac{2}{3}\pi, \beta = \frac{3}{4}\pi, \gamma = \frac{\pi}{3}.$$

【例2】设向量 $a = (1, -3, 2)$,$b = (2, 0, 1)$,试计算:

(1)向量 a, b 夹角的余弦; (2)$(4a) \cdot (-2b)$; (3)$3a \times 2b$.

【问题分析】本题可利用向量运算的相关公式直接求解.

【解】(1)向量 a, b 夹角 θ 的余弦

$$\cos \theta = \frac{a \cdot b}{|a| \cdot |b|} = \frac{1 \times 2 + (-3) \times 0 + 2 \times 1}{\sqrt{1^2 + (-3)^2 + 2^2} \cdot \sqrt{2^2 + 0^2 + 1^2}} = \frac{2}{35}\sqrt{70}.$$

(2)$(4a) \cdot (-2b) = (-8)a \cdot b = (-8)[1 \times 2 + (-3) \times 0 + 2 \times 1] = -32.$

$$(3)3\boldsymbol{a}\times2\boldsymbol{b}=6\begin{vmatrix}\boldsymbol{i}&\boldsymbol{j}&\boldsymbol{k}\\1&-3&2\\2&0&1\end{vmatrix}=6\begin{vmatrix}-3&2\\0&1\end{vmatrix}\boldsymbol{i}-6\begin{vmatrix}1&2\\2&1\end{vmatrix}\boldsymbol{j}+6\begin{vmatrix}1&-3\\2&0\end{vmatrix}\boldsymbol{k}$$

$$=-18\boldsymbol{i}+18\boldsymbol{j}+36\boldsymbol{k}.$$

二、向量运算的应用

【例 3】已知 $\overrightarrow{OA}=\boldsymbol{i}+3\boldsymbol{k}$，$\overrightarrow{OB}=\boldsymbol{j}+3\boldsymbol{k}$，求 $\triangle OAB$ 的面积.

【问题分析】三角形的面积可以利用两向量的向量积来求.

【解】因为三角形 $\triangle OAB$ 面积 $S_{\triangle OAB}=\dfrac{1}{2}|\overrightarrow{OA}\times\overrightarrow{OB}|$，所以

$$S_{\triangle OAB}=\frac{1}{2}\begin{vmatrix}\boldsymbol{i}&\boldsymbol{j}&\boldsymbol{k}\\1&0&3\\0&1&3\end{vmatrix}=\frac{1}{2}\left|\begin{vmatrix}0&3\\1&3\end{vmatrix}\boldsymbol{i}-\begin{vmatrix}1&3\\0&3\end{vmatrix}\boldsymbol{j}+\begin{vmatrix}1&0\\0&1\end{vmatrix}\boldsymbol{k}\right|$$

$$=\frac{1}{2}|-3\boldsymbol{i}-3\boldsymbol{j}+\boldsymbol{k}|=\frac{1}{2}\sqrt{(-3)^2+(-3)^2+1^2}=\frac{\sqrt{19}}{2}.$$

【例 4】已知 $\triangle ABC$ 的顶点为 $A(3,2,-1)$、$B(5,-4,7)$ 和 $C(-1,1,2)$，求从顶点 C 所引中线的长度.

【问题分析】本题可以用两种方法求解.一种利用两点间的距离公式,另一种可以利用向量的模.

【解】方法一　设线段 AB 的中点为 D,则 D 点坐标为 $\dfrac{A+B}{2}=(4,-1,3)$.从顶点 C 所引中线的长度即为线段 CD 的长度 $|CD|$.利用两点间的距离公式,

$$|CD|=\sqrt{(-1-4)^2+(1+1)^2+(2-3)^2}=\sqrt{30}.$$

方法二　设 AB 的中点为 D,则向量 $\overrightarrow{AD}=\dfrac{\overrightarrow{AB}}{2}=\dfrac{1}{2}(2,-6,8)=(1,-3,4)$.因为 $\overrightarrow{AC}=(-4,-1,3)$,所以向量 $\overrightarrow{CD}=\overrightarrow{AD}-\overrightarrow{AC}=(5,-2,1)$.从顶点 C 所引中线的长度,即为向量 $\overrightarrow{CD}$ 的模

$$|\overrightarrow{CD}| = \sqrt{5^2 + (-2)^2 + 1^2} = \sqrt{30}.$$

【例5】试用向量证明不等式:

$$\sqrt{a_1^2 + a_2^2 + a_3^2}\sqrt{b_1^2 + b_2^2 + b_3^2} \geqslant |a_1b_1 + a_2b_2 + a_3b_3|,$$

其中 $a_1, a_2, a_3, b_1, b_2, b_3$ 为任意实数. 并指出等号成立的条件.

【证明】设向量 $\boldsymbol{a} = (a_1, a_2, a_3), \boldsymbol{b} = (b_1, b_2, b_3)$, 若 $\boldsymbol{b} = (0, 0, 0)$, 则不等式成立;若 $\boldsymbol{b} = (b_1, b_2, b_3) \neq (0, 0, 0)$, 设 $\boldsymbol{a}$ 和 $\boldsymbol{b}$ 的夹角为 θ, 则

$$\cos\theta = \frac{\boldsymbol{a} \cdot \boldsymbol{b}}{|\boldsymbol{a}| \cdot |\boldsymbol{b}|} = \frac{a_1b_1 + a_2b_2 + a_3b_3}{\sqrt{a_1^2 + a_2^2 + a_3^2} \cdot \sqrt{b_1^2 + b_2^2 + b_3^2}}.$$

因为

$$0 \leqslant \cos\theta = \frac{a_1b_1 + a_2b_2 + a_3b_3}{\sqrt{a_1^2 + a_2^2 + a_3^2} \cdot \sqrt{b_1^2 + b_2^2 + b_3^2}} \leqslant 1,$$

所以

$$\sqrt{a_1^2 + a_2^2 + a_3^2}\sqrt{b_1^2 + b_2^2 + b_3^2} \geqslant |a_1b_1 + a_2b_2 + a_3b_3|.$$

等号成立的条件是 $\cos\theta = 1$, 即向量 $\boldsymbol{a}$ 和 $\boldsymbol{b}$ 平行. 由

$$\boldsymbol{a} /\!/ \boldsymbol{b} \Leftrightarrow \boldsymbol{a} \times \boldsymbol{b} = 0 \Leftrightarrow \frac{a_1}{b_1} = \frac{a_2}{b_2} = \frac{a_3}{b_3}$$

得等号成立的条件是 $\dfrac{a_1}{b_1} = \dfrac{a_2}{b_2} = \dfrac{a_3}{b_3}$.

第二节　曲面及其方程

【知识要点回顾】

1. 曲面定义

(1)曲面的方程定义:如果曲面 S 与三元方程 $F(x,y,z) = 0$ 有下述关系:①曲面 S 上任一点的坐标都满足方程 $F(x,y,z) = 0$;②不在曲面 S 上的点的坐标都不满足方程 $F(x,y,z) = 0$,则称方程 $F(x,y,z) = 0$

为曲面 S 的方程,而曲面 S 叫作方程 $F(x,y,z)=0$ 的图形.

(2)旋转曲面定义:以一条平面上的曲线绕其平面上一条定直线旋转一周所成的曲面,叫作旋转曲面.旋转曲线和定直线依次叫作旋转曲面的母线和轴.

(3)柱面定义:平行于定直线并沿定曲线 C 移动的直线 L 形成的曲面叫柱面.定曲线 C 叫柱面的准线,动直线 L 叫柱面的母线.

2. 常见曲面方程

(1)旋转曲面

圆锥面: $z=\sqrt{x^2+y^2}$;

旋转抛物面: $z=x^2+y^2$;

旋转椭球面: $\dfrac{x^2+y^2}{a^2}+\dfrac{z^2}{c^2}=1$.

(2)柱面

圆柱面: $x^2+y^2=R^2$;

椭圆柱面: $\dfrac{x^2}{a^2}+\dfrac{y^2}{b^2}=1$;

抛物柱面: $x^2-2py=0$;

双曲柱面: $\dfrac{x^2}{a^2}-\dfrac{y^2}{b^2}=1$.

(3)二次曲面

球面: $(x-a)^2+(y-b)^2+(z-c)^2=R^2$;

椭球面: $\dfrac{x^2}{a^2}+\dfrac{y^2}{b^2}+\dfrac{z^2}{c^2}=1(a,b,c>0)$;

椭圆抛物面: $\dfrac{x^2}{a^2}+\dfrac{y^2}{b^2}=z(a,b>0)$;

双曲抛物面: $\dfrac{x^2}{a^2}-\dfrac{y^2}{b^2}=z(a,b>0)$;

单叶双曲面: $\dfrac{x^2}{a^2}+\dfrac{y^2}{b^2}-\dfrac{z^2}{c^2}=1(a,b,c>0)$;

双叶双曲面：$\dfrac{x^2}{a^2}-\dfrac{y^2}{b^2}-\dfrac{z^2}{c^2}=1(a,b,c>0)$；

椭圆锥面：$\dfrac{x^2}{a^2}+\dfrac{y^2}{b^2}=z^2(a,b>0)$.

【答疑解惑】

【问1】方程 $z^2=a^2(x^2+y^2)(a>0)$ 表示哪一类曲面？

【答】此方程表示过原点的直线绕 z 轴旋转所得的圆锥面，其图形为两个顶点在原点相接的圆锥面，即 $z=a\sqrt{x^2+y^2}$ 和 $z=-a\sqrt{x^2+y^2}$.

【问2】曲面方程与其他章节有哪些联系？

【答】在进行重积分及曲面积分的计算时，需要确定由曲面所围成的图形，因此需要熟悉各类曲面方程所表示的具体图形.

【典型题型精解】

一、求以坐标轴为轴线的旋转曲面方程

【例1】将 xOy 坐标面上的双曲线 $4x^2-9y^2=36$ 分别绕 x 轴及 y 轴旋转一周，求所生成的旋转曲面方程.

【问题分析】本题利用旋转曲面方程的求法可直接求解.

【解】旋转轴为 x 轴时，只要将方程 $4x^2-9y^2=36$ 中的 y 改成 $\pm\sqrt{y^2+z^2}$，便得到绕 x 轴旋转一周的旋转曲面方程
$$4x^2-9(y^2+z^2)=36.$$

旋转轴为 y 轴时，只要将方程 $4x^2-9y^2=36$ 中的 x 改成 $\pm\sqrt{x^2+z^2}$，便得到绕 y 轴旋转一周的旋转曲面方程
$$4(x^2+z^2)-9y^2=36.$$

【例2】说明下列旋转曲面是怎样形成的：

(1) $\dfrac{x^2}{4}+\dfrac{y^2}{9}+\dfrac{z^2}{9}=36$；　　　　(2) $x^2-\dfrac{y^2}{4}+z^2=1$；

（3）$(z-a)^2 = x^2 + y^2$.

【问题分析】 本题利用旋转曲面的求法可直接求解.

【解】（1）由于 y^2 和 z^2 前面的系数相同，故旋转曲面可由 xOy 面上椭圆 $\dfrac{x^2}{4} + \dfrac{y^2}{9} = 36$ 绕 x 轴旋转一周所得；或者由 xOz 面上椭圆 $\dfrac{x^2}{4} + \dfrac{z^2}{9} = 36$ 绕 x 轴旋转一周所得.

（2）由于 x^2 和 z^2 前面的系数相同，故旋转曲面可由 xOy 面上双曲线 $x^2 - \dfrac{y^2}{4} = 1$ 绕 y 轴旋转一周所得；或者由 yOz 面上双曲线 $-\dfrac{y^2}{4} + z^2 = 1$ 绕 y 轴旋转一周所得.

（3）由于 x^2 和 y^2 前面的系数相同，故旋转曲面可由 xOz 面上直线 $z = x + a$ 绕 z 轴旋转一周所得；或者由 yOz 面上直线 $z = y + a$ 绕 z 轴旋转一周所得.

二、求柱面方程

【例 3】 分别求母线平行于 x 轴及 y 轴而且通过曲线 $\begin{cases} 2x^2 + y^2 + z^2 = 16 \\ x^2 + z^2 - y^2 = 0 \end{cases}$ 的柱面方程.

【问题分析】 本题的关键是消掉 x 或 y.

【解】 由曲线方程 $\begin{cases} 2x^2 + y^2 + z^2 = 16 \\ x^2 + z^2 - y^2 = 0 \end{cases}$ 消掉 x，即得母线平行于 x 轴的柱面方程 $3y^2 - z^2 = 16$.

由曲线方程 $\begin{cases} 2x^2 + y^2 + z^2 = 16 \\ x^2 + z^2 - y^2 = 0 \end{cases}$ 消掉 y，即得母线平行于 y 轴的柱面方程 $3x^2 + 2z^2 = 16$.

第三节　曲线及其方程

【知识要点回顾】

1. 空间曲线方程

一般方程：$\begin{cases} F(x,y,z)=0 \\ G(x,y,z)=0 \end{cases}$；参数方程：$\begin{cases} x=x(t) \\ y=y(t)\,(\alpha\leqslant t\leqslant\beta) \\ z=z(t) \end{cases}$.

2. 投影柱面与投影曲线

空间曲线 C：$\begin{cases} F(x,y,z)=0 \\ G(x,y,z)=0 \end{cases}$ 关于 xOy 坐标面的投影柱面方程为

$H(x,y)=0.$ 其中 $H(x,y)=0$ 是由 $\begin{cases} F(x,y,z)=0 \\ G(x,y,z)=0 \end{cases}$ 消去 z 后所得的方

程，空间曲线 C 在 xOy 平面上的投影曲线方程为 $\begin{cases} H(x,y)=0 \\ z=0 \end{cases}$.

【答疑解惑】

　　【问 1】空间曲线 $\begin{cases} F(x,y,z)=0 \\ G(x,y,z)=0 \end{cases}$ 在 yOz 面或 xOz 面上的投影柱面

以及投影的方程分别是什么？

　　【答】由曲线方程 $\begin{cases} F(x,y,z)=0 \\ G(x,y,z)=0 \end{cases}$ 消掉变量 x 或 y，得 $R(y,z)=0$ 和

$T(x,z)=0$，即为 yOz 面或 xOz 面上的投影柱面；再分别和 $x=0$ 或

$y=0$ 联立，即得空间曲线在 yOz 面或 xOz 面上的投影曲线方程：

$$\begin{cases} R(y,z)=0 \\ x=0 \end{cases}, \begin{cases} T(x,z)=0 \\ y=0 \end{cases}.$$

【问2】空间曲线方程与其他章节有哪些联系?

【答】在进行曲线积分时,需要灵活应用曲线方程的各种表达形式.

【典型题型精解】

一、求曲线方程

【例1】将下列曲线的一般方程化为参数方程:

(1) $\begin{cases} x^2+y^2+z^2=9 \\ y=x \end{cases}$;

(2) $\begin{cases} (x-1)^2+y^2+(z+1)^2=4 \\ z=0 \end{cases}$.

【解】(1) 由 $\begin{cases} x^2+y^2+z^2=9 \\ y=x \end{cases}$ 得 $\dfrac{2x^2}{9}+\dfrac{z^2}{9}=1$,故可建立参数方程

$$\begin{cases} x=\dfrac{3}{\sqrt{2}}\cos\theta \\ y=\dfrac{3}{\sqrt{2}}\cos\theta, 0\leqslant\theta\leqslant2\pi \\ z=3\sin\theta \end{cases}.$$

(2) 由 $\begin{cases} (x-1)^2+y^2+(z+1)^2=4 \\ z=0 \end{cases}$ 得 $(x-1)^2+y^2=3$,故可建立参数方程

$$\begin{cases} x=1+\sqrt{3}\cos\theta \\ y=\sqrt{3}\sin\theta \quad (0\leqslant\theta\leqslant2\pi) \\ z=0 \end{cases}.$$

二、求在坐标面上的投影柱面及投影曲线方程

【例2】求曲线 C：$\begin{cases} z = 2x^2 + y^2 \\ z = -x^2 - 2y^2 + 5 \end{cases}$ 在 xOy 面上的投影柱面及投影曲线.

【问题分析】本题所求的柱面准线是曲线 C，母线平行于 z 轴，解题的关键是消掉 z.

【解】由曲线 C 的方程 $\begin{cases} z = 2x^2 + y^2 \\ z = -x^2 - 2y^2 + 5 \end{cases}$ 消掉 z，即得投影柱面方程 $3x^2 + 3y^2 = 5$.

由曲线 C 的方程 $\begin{cases} z = 2x^2 + y^2 \\ z = -x^2 - 2y^2 + 5 \end{cases}$ 消掉 z，并与 $z = 0$ 联立，得 xOy 面上的投影曲线方程 $\begin{cases} 3x^2 + 3y^2 = 5 \\ z = 0 \end{cases}$.

【例3】求旋转抛物面 $z = x^2 + y^2 (0 \leqslant z \leqslant 4)$ 在三坐标面上的投影.

【解】由方程 $z = x^2 + y^2 (0 \leqslant z \leqslant 4)$ 得 $0 \leqslant z = x^2 + y^2 \leqslant 4$，则所求旋转抛物面在 xOy 面上的投影方程为

$$\begin{cases} x^2 + y^2 \leqslant 4 \\ z = 0 \end{cases}.$$

由方程 $z = x^2 + y^2 (0 \leqslant z \leqslant 4)$ 得 $x^2 \leqslant z \leqslant 4$，则所求旋转抛物面在 xOz 面上的投影方程为

$$\begin{cases} x^2 \leqslant z \leqslant 4 \\ y = 0 \end{cases}.$$

由方程 $z = x^2 + y^2 (0 \leqslant z \leqslant 4)$ 得 $y^2 \leqslant z \leqslant 4$，则所求旋转抛物面在 yOz 面上的投影方程为

$$\begin{cases} y^2 \leqslant z \leqslant 4 \\ x = 0 \end{cases}.$$

第四节 平面及其方程

【知识要点回顾】

1. 平面方程

（1）一般式：$Ax + By + Cz + D = 0$；

（2）点法式：$A(x - x_0) + B(y - y_0) + C(z - z_0) = 0$；

（3）截距式：$\dfrac{x}{a} + \dfrac{y}{b} + \dfrac{z}{c} = 1$（$a, b, c$ 依次叫作平面在 x, y, z 轴上的截距）.

2. 两平面的夹角

设平面 Π_1 和 Π_2 的法向量为 $\boldsymbol{n}_1 = (A_1, B_1, C_1)$ 和 $\boldsymbol{n}_2 = (A_2, B_2, C_2)$，则 Π_1 和 Π_2 的夹角 θ 由下式确定：

$$\cos \theta = \frac{|\boldsymbol{n}_1 \cdot \boldsymbol{n}_2|}{|\boldsymbol{n}_1| \cdot |\boldsymbol{n}_2|} = \frac{|A_1 A_2 + B_1 B_2 + C_1 C_2|}{\sqrt{A_1^2 + B_1^2 + C_1^2} \cdot \sqrt{A_2^2 + B_2^2 + C_2^2}}.$$

3. 两平面垂直和平行的充分必要条件

两平面 Π_1 和 Π_2 垂直 $\Leftrightarrow A_1 A_2 + B_1 B_2 + C_1 C_2 = 0$；

两平面 Π_1 和 Π_2 平行 $\Leftrightarrow \dfrac{A_1}{A_2} = \dfrac{B_1}{B_2} = \dfrac{C_1}{C_2}$.

4. 点 $P_0(x_0, y_0, z_0)$ 到平面 $Ax + By + Cz + D = 0$ 的距离

$$d = \frac{|Ax_0 + By_0 + Cz_0 + D|}{\sqrt{A^2 + B^2 + C^2}}.$$

【答疑解惑】

【问1】怎么理解两平面的夹角,夹角的范围如何?

【答】两平面的夹角可以转化为两向量的夹角,即其实质就是向量的夹角;夹角的范围为 $\left[0, \dfrac{\pi}{2}\right]$.

【问2】由平面截距式方程 $\dfrac{x}{a} + \dfrac{y}{b} + \dfrac{z}{c} = 1$ 能否求出平面的法向量?

【答】由方程 $\dfrac{x}{a} + \dfrac{y}{b} + \dfrac{z}{c} = 1$ 得 $bcx + acy + abz - abc = 0$,所以 (bc, ac, ab) 即为平面的法向量.

【典型题型精解】

一、平面方程

【例1】求过点 $M_0(2, 9, -6)$ 且与连接坐标原点及点 M_0 的线段 OM_0 垂直的平面方程.

【问题分析】本题的解题关键是找出所求平面的法向量.

【解】向量 $\overrightarrow{OM_0} = (2, 9, -6)$,即为所求平面的法向量,故平面方程可设为 $2x + 9y - 6z + D = 0$.

又平面过点 M_0,代入点 M_0 的坐标得 $D = -121$. 所以,所求平面方程为 $2x + 9y - 6z - 121 = 0$.

【例2】一平面过点 $(2, 1, 0)$ 且平行于 $\boldsymbol{a} = (1, 2, 1)$ 和 $\boldsymbol{b} = (2, -1, 0)$,试求该平面方程.

【问题分析】本题的关键是求出平面的法向量.

【解】平面平行于 $\boldsymbol{a} = (1, 2, 1)$ 和 $\boldsymbol{b} = (2, -1, 0)$,故平面的法向量既垂直于 $\boldsymbol{a}$,又垂直于 $\boldsymbol{b}$. 因为

$$S = a \times b = = \begin{vmatrix} i & j & k \\ 1 & 2 & 1 \\ 2 & -1 & 0 \end{vmatrix} = i + 2j - 5k,$$

故平面的法向量为$(1,2,-5)$，所以可设平面方程为 $x + 2y - 5z + D = 0$. 又由平面过点$(2,1,0)$，得 $D = -4$. 所以，所求平面方程为 $x + 2y - 5z - 4 = 0$.

【例3】求过点 $A(3,0,0)$ 和 $B(0,0,1)$ 且与 xOy 面成 $\dfrac{\pi}{3}$ 角的平面方程.

【解】设所求平面方程为 $Ax + By + Cz + D = 0$，由平面过点 $A(3,0,$
$0)$ 和 $B(0,0,1)$ 有 $\begin{cases} 3A + D = 0 \\ C + D = 0 \end{cases}$，从而得 $\begin{cases} A = -\dfrac{D}{3} \\ C = -D \\ C = 3A \end{cases}$. 又平面与 xOy 面（即

$z = 0$）成 $\dfrac{\pi}{3}$ 角，所以

$$\frac{1}{2} = \cos \frac{\pi}{3}$$

$$= \frac{|A \times 0 + B \times 0 + C \times 1|}{\sqrt{A^2 + B^2 + C^2} \cdot \sqrt{0^2 + 0^2 + 1^2}}$$

$$= \frac{|C|}{\sqrt{A^2 + B^2 + C^2}}.$$

由此得 $4C^2 = A^2 + B^2 + C^2$. 从而 $B = \pm\sqrt{26}A = \mp\dfrac{\sqrt{26}}{3}D$. 所以，所求平面方程为

$$-\frac{D}{3}x \mp \frac{\sqrt{26}}{3}Dy - Dz + D = 0,$$

即

$$x \pm \sqrt{26}y + 3z - 3 = 0.$$

第五节　直线及其方程

【知识要点回顾】

1. 直线方程

(1) 一般式: $\begin{cases} A_1x + B_1y + C_1z + D_1 = 0 \\ A_2x + B_2y + C_2z + D_2 = 0 \end{cases}$;

(2) 对称式(点向式,标准式): $\dfrac{x - x_0}{m} = \dfrac{y - y_0}{n} = \dfrac{z - z_0}{p}$;

(3) 参数式: $\begin{cases} x = x_0 + mt \\ y = y_0 + nt \\ z = z_0 + pt \end{cases}$;

(4) 两点式: $\dfrac{x - x_1}{x_2 - x_1} = \dfrac{y - y_1}{y_2 - y_1} = \dfrac{z - z_1}{z_2 - z_1}$.

2. 两直线的夹角

设直线 l_1 和 l_2 的方向向量分别为 $S_1 = (m_1, n_1, p_1)$ 和 $S_2 = (m_2, n_2, p_2)$,则 l_1 和 l_2 的夹角 φ 由下式确定:

$$\cos \varphi = \frac{|m_1m_2 + n_1n_2 + p_1p_2|}{\sqrt{m_1^2 + n_1^2 + p_1^2} \cdot \sqrt{m_2^2 + n_2^2 + p_2^2}}.$$

3. 两直线垂直和平行的充分必要条件

两直线 l_1 和 l_2 垂直 $\Leftrightarrow m_1m_2 + n_1n_2 + p_1p_2 = 0$;

两直线 l_1 和 l_2 平行(重合) $\Leftrightarrow \dfrac{m_1}{m_2} = \dfrac{n_1}{n_2} = \dfrac{p_1}{p_2}$.

4. 点 $M_0(x_0,y_0)$ 到直线 L 的距离公式

设 $\overrightarrow{M_0M_1}=(x_1-x_0,y_1-y_0,z_1-z_0)$，其中 $M_1=(x_1,y_1,z_1)$ 是直线 L 上任一点，$S=(m,n,p)$ 是直线 L 的方向向量，则

$$d=\frac{|\overrightarrow{M_0M_1}\times S|}{|S|}.$$

5. 直线与平面的夹角

设直线的方向向量为 $S=(m,n,p)$，平面的法向量为 $l=(A,B,C)$，则直线和平面的夹角 φ 由下式确定：

$$\sin\varphi=\frac{|Am+Bn+Cp|}{\sqrt{A^2+B^2+C^2}\cdot\sqrt{m^2+n^2+p^2}}.$$

6. 直线与平面垂直和平行的充分必要条件

直线和平面垂直 $\Leftrightarrow \dfrac{A}{m}=\dfrac{B}{n}=\dfrac{C}{p}$；

直线和平面平行或直线在平面上 $\Leftrightarrow Am+Bn+Cp=0$.

7. 平面束

过直线 $\begin{cases}A_1x+B_1y+C_1z+D_1=0\\A_2x+B_2y+C_2z+D_2=0\end{cases}$ 的平面束方程为

$$\lambda(A_1x+B_1y+C_1z+D_1)+\mu(A_2x+B_2y+C_2z+D_2)=0.$$

【答疑解惑】

【问1】由直线的对称式方程 $\dfrac{x-x_0}{m}=\dfrac{y-y_0}{n}=\dfrac{z-z_0}{p}$ 能得到直线的哪些性质？

【答】能得到直线过点 (x_0,y_0,z_0)，且方向向量为 $S=(m,n,p)$.

【问2】由直线的参数方程 $\begin{cases} x = x_0 + mt \\ y = y_0 + nt \\ z = z_0 + pt \end{cases}$ 能得到直线的哪些性质？

【答】能得到直线过点 (x_0, y_0, z_0)，且方向向量为 $S = (m, n, p)$.

【问3】在直线的对称式方程中，当 m, n, p 有一个或两个为零时，方程应如何理解？

【答】当 m, n, p 有一个为零时，不妨设 $m = 0$，而 $n, p \neq 0$，这时方程应理解为 $\begin{cases} x = x_0 \\ \dfrac{y - y_0}{n} = \dfrac{z - z_0}{p} \end{cases}$.

当 m, n, p 有两个为零时，不妨设 $m = n = 0$，而 $p \neq 0$，这时方程应理解为 $\begin{cases} x = x_0 \\ y = y_0 \end{cases}$.

【问4】两直线的夹角、直线与平面的夹角之间有什么关系？夹角的范围如何？

【答】两类夹角都可以转化为两向量的夹角，即其实质就是向量的夹角；两类夹角的范围为 $\left[0, \dfrac{\pi}{2}\right]$.

【问5】由直线的一般式方程 $\begin{cases} A_1 x + B_1 y + C_1 z + D_1 = 0 \\ A_2 x + B_2 y + C_2 z + D_2 = 0 \end{cases}$ 能得到直线的方向向量吗？如何表示？

【答】能. 直线为两平面的交线，而两平面的法向量分别为 $\boldsymbol{n}_1 = (A_1, B_1, C_1)$ 和 $\boldsymbol{n}_2 = (A_2, B_2, C_2)$，所以直线的方向向量为

$$S = \boldsymbol{n}_1 \times \boldsymbol{n}_2 = = \begin{vmatrix} \boldsymbol{i} & \boldsymbol{j} & \boldsymbol{k} \\ A_1 & B_1 & C_1 \\ A_2 & B_2 & C_2 \end{vmatrix}.$$

【典型题型精解】

一、求直线方程

【例1】求过点 $(0,2,4)$ 且与两平面 $x+2z=1$ 和 $y-3z=2$ 平行的直线方程.

【问题分析】本题的关键是求出直线的方向向量.

【解】方法一　因为所求直线与两平面都平行,所以也与两平面的交线平行,即所求直线的方向向量为交线的方向向量.

设交线的方向向量为 S,两平面的法向量分别为 n_1,n_2,则

$$S=n_1\times n_2=\begin{vmatrix} i & j & k \\ 1 & 0 & 2 \\ 0 & 1 & -3 \end{vmatrix}=-2i+3j+k.$$

因此,所求直线方程为 $\dfrac{x-0}{-2}=\dfrac{y-2}{3}=\dfrac{z-4}{1}$,即

$$\frac{x}{-2}=\frac{y-2}{3}=\frac{z-4}{1}.$$

方法二　设所求直线的方向向量为 $S=(m,n,p)$,则由题设可知

$$\begin{cases}(m,n,p)\cdot(1,0,2)=0 \\ (m,n,p)\cdot(0,1,-3)=0\end{cases},即\begin{cases}m+2p=0 \\ n-3p=0\end{cases}.$$

任取其一组非零解,均可作为直线的方向向量. 不妨取 $S=(-2,3,1)$,由此可推出所求直线方程为

$$\frac{x}{-2}=\frac{y-2}{3}=\frac{z-4}{1}.$$

二、直线、平面的位置及直线间距离

【例2】证明直线 $\begin{cases}x+2y-z=7 \\ -2x+y+z=7\end{cases}$ 与直线 $\begin{cases}3x+6y-3z=8 \\ 2x-y-z=0\end{cases}$ 平行.

【问题分析】本题的关键是证明两直线的方向向量成比例且两直

线没有交点.

【解】设两直线的方向向量分别为 $S_1 = (m_1, n_1, p_1)$ 和 $S_2 = (m_2, n_2, p_2)$,则有

$$\begin{cases} m_1 + 2n_1 - p_1 = 0 \\ -2m_1 + n_1 + p_1 = 0 \end{cases} 和 \begin{cases} 3m_2 + 6n_2 - 3p_2 = 0 \\ 2m_2 - n_2 - p_2 = 0 \end{cases}.$$

解上面两方程组得

$$\begin{cases} m_1 = 3n_1 \\ p_1 = 5n_1 \end{cases} 和 \begin{cases} m_2 = 3n_2 \\ p_2 = 5n_2 \end{cases}.$$

因此,两直线的方向向量成比例,即

$$\frac{m_1}{m_2} = \frac{n_1}{n_2} = \frac{p_1}{p_2}.$$

由于方程组 $\begin{cases} x + 2y - z = 7 \\ -2x + y + z = 7 \\ 3x + 6y - 3z = 8 \\ 2x - y - z = 0 \end{cases}$ 无解,所以两直线没有交点.

综上,两直线平行.

【例 3】求直线 $\begin{cases} x + y + 3z = 0 \\ x - y - z = 0 \end{cases}$ 与平面 $x - y - z + 1 = 0$ 的夹角.

【问题分析】本题的关键是求直线与平面夹角的余弦.

【解】设直线与平面的夹角为 θ,直线的方向向量为 $S = (m, n, p)$,则有

$$\begin{cases} m + n + 3p = 0 \\ m - n - p = 0 \end{cases}, 即 \begin{cases} m = -p \\ n = -2p \end{cases}.$$

取 (m, n, p) 的任意一组非零解,即为直线的方向向量. 不妨取 $S = (-1, -2, 1)$,则

$$\sin \theta = \frac{|1 \cdot (-1) + (-1) \cdot (-2) + (-1) \cdot 1|}{\sqrt{1^2 + (-1)^2 + (-1)^2} \cdot \sqrt{(-1)^2 + (-2)^2 + 1^2}} = 0.$$

所以,$\theta = 0.$

【例4】求点 $P(3,-1,2)$ 到直线 $\begin{cases} x+y-z+1=0 \\ 2x-y+z-4=0 \end{cases}$ 的距离.

【问题分析】本题的关键是点到直线距离的求解方法.

【解】设直线的方向向量为 S，平面 $x+y-z+1=0$ 和 $2x-y+z-4=0$ 的法向量分别为 n_1,n_2，则

$$S=n_1\times n_2=\begin{vmatrix} i & j & k \\ 1 & 1 & -1 \\ 2 & -1 & 1 \end{vmatrix}=-3j-3k,$$

故 $S=(0,1,1)$.

方法一　由于直线过点 $M_0(1,1,3)$，所以直线方程为

$$\begin{cases} \dfrac{y-1}{1}=\dfrac{z-3}{1} \\ x=1 \end{cases}.$$

因为向量 $\overrightarrow{PM_0}=(-2,2,1)$，所以点 $P(3,-1,2)$ 到直线的距离

$$d=\frac{|\overrightarrow{PM_0}\times S|}{|S|}=\frac{\left|\begin{vmatrix} i & j & k \\ -2 & 2 & 1 \\ 0 & 1 & 1 \end{vmatrix}\right|}{\sqrt{0^2+1^2+1^2}}=\frac{|i+2j-2k|}{\sqrt{2}}=\frac{3\sqrt{2}}{2}.$$

方法二　由于直线过点 $M_0(1,1,3)$，所以直线参数方程为

$$\begin{cases} x=1 \\ y=1+t. \\ z=3+t \end{cases}$$

先求已知点 $P(3,-1,2)$ 在该直线上的投影. 以 $n=(0,1,1)$ 为法向量，过点 P 作平面，则平面方程为 $0\cdot(x-3)+1\cdot(y+1)+1\cdot(z-2)=0$，即 $y+z-1=0$. 将直线的参数方程代入平面方程 $y+z-1=0$，得 $t=-\dfrac{3}{2}$，故点 P 在直线上的投影坐标为 $x=1,y=-\dfrac{1}{2},z=\dfrac{3}{2}$.

因此，所求的点 P 到直线的距离，即点 P 到点 $\left(1,-\dfrac{1}{2},\dfrac{3}{2}\right)$ 的距离

$$d = \sqrt{(3-1)^2 + \left(-1+\frac{1}{2}\right)^2 + \left(2-\frac{3}{2}\right)^2} = \frac{3\sqrt{2}}{2}.$$

考研解析与综合提高

【例1】(2013年数学一)设直线 L 过 $A(1,0,0)$，$B(0,1,1)$ 两点，将 L 绕 z 轴旋转一周得到曲面 Σ，Σ 与 $z=0$，$z=2$ 所围成的立体为 Ω，求(1)曲面 Σ 的方程;(2)求 Ω 的形心坐标.

【问题分析】此题考查空间直线和曲面方程，并在此基础上考查旋转体体积和形心坐标.

【解】(1)方法一　直线 L 的方向向量为 $s = \overrightarrow{AB} = (-1,1,1)$，又直线 L 过点 $A(1,0,0)$，所以直线 L 的参数方程为

$$\begin{cases} x = 1-t \\ y = t \\ z = t \end{cases},$$

因此曲面 Σ 的参数方程为

$$\begin{cases} x = \sqrt{x^2+y^2}\cos\theta = \sqrt{(1-t)^2+t^2}\cos\theta \\ y = \sqrt{x^2+y^2}\sin\theta = \sqrt{(1-t)^2+t^2}\sin\theta \\ z = t \end{cases}$$

消去 t，θ 得曲面 Σ 的方程为

$$x^2 + y^2 = 1 - 2z + 2z^2.$$

方法二　过点 $A(1,0,0)$，$B(0,1,1)$ 的直线 L 方程为

$$\frac{x-1}{-1} = \frac{y}{1} = \frac{z}{1},$$

即 $\begin{cases} x = 1-z \\ y = z \end{cases}$. 曲面上任意点 $M(x,y,z)$ 对应于直线 L 上的点 $M_0(x_0,y_0,z_0)$，则

$$x^2 + y^2 = x_0^2 + y_0^2 = (1-z)^2 + z^2,$$

即曲面 Σ 的方程为

$$x^2 + y^2 = 1 - 2z + 2z^2.$$

（2）显然 Ω 的形心坐标 $x = 0, y = 0$，只需要求形心在 z 轴上的坐标.

根据第一问得，直线 L 方程为 $\begin{cases} x = 1 - z \\ y = z \end{cases}$. 先利用定积分求旋转体的体积. 用在 z 轴上的截距为 z 的平面切割旋转体所得截面为一个圆，截面与直线 L 交于点 $(1-z, z, z)$，故截面半径为

$$r(z) = \sqrt{(1-z)^2 + z^2} = \sqrt{1 - 2z + 2z^2}.$$

从而截面面积为

$$A(z) = \pi r^2(z) = \pi(1 - 2z + 2z^2),$$

因此旋转体的体积为

$$V = \int_0^2 \pi(1 - 2z + 2z^2)\,dz = \frac{10}{3}\pi.$$

再利用柱面坐标下的三重积分求 $\iiint_\Omega z\,dV$. 设旋转体 Ω 内任意一点 $M(x, y, z)$ 在 xOy 平面上投影点的极坐标为 $P(r, \theta)$，则 $0 \leq \theta \leq 2\pi, 0 \leq r \leq \sqrt{1 - 2z + 2z^2}$. 因此

$$\iiint_\Omega z\,dV = \int_0^{2\pi} d\theta \int_0^2 z\,dz \int_0^{\sqrt{1-2z+2z^2}} r\,dr = \pi \int_0^2 (z - 2z^2 + 2z^3)\,dz = \frac{14}{3}\pi,$$

所以 Ω 的形心在 z 轴上的坐标为

$$z = \frac{\iiint_\Omega z\,dV}{V} = \frac{\frac{14}{3}\pi}{\frac{10}{3}\pi} = \frac{7}{5}.$$

因此，Ω 的形心坐标为 $M\left(0, 0, \frac{7}{5}\right)$.

【例2】（2010 年数学一）设 P 为椭球面 $S: x^2 + y^2 + z^2 - yz = 1$ 上的动点，若 S 在点 P 处的切平面与 xOy 面垂直，求点 P 的轨迹 C，并计算

曲线积分 $I = \iint\limits_{\Sigma} \dfrac{(x+\sqrt{3})\,|\,y-2z\,|}{\sqrt{4+y^2+z^2-4yz}}\mathrm{d}S$，其中 Σ 是椭球面 S 位于曲线 C 上方的部分.

【问题分析】 此题考查平面知识和曲线积分.

【解】 (1)先计算点 P 的轨迹 C. 根据椭球面 S 的方程可令

$$F(x,y,z) = x^2 + y^2 + z^2 - yz - 1.$$

所以椭球面 S 在点 P 处的切平面的法向量为

$$\boldsymbol{n}_1 = (F_x, F_y, F_z) = (2x, 2y-z, 2z-y).$$

又 xOy 面的法向量为 $\boldsymbol{n}_2 = (0,0,1)$，$S$ 在点 P 处的切平面与 xOy 面垂直，所以

$$\boldsymbol{n}_1 \cdot \boldsymbol{n}_2 = (2x, 2y-z, 2z-y)\cdot(0,0,1) = 2z - y = 0,$$

即
$$y = 2z.$$

又点 P 为椭球面 S 上的动点，所以点 P 的轨迹 C 为

$$\begin{cases} x^2 + y^2 + z^2 - yz = 1 \\ y = 2z \end{cases}.$$

(2)再计算曲面积分. 根据点 P 的轨迹 $C: \begin{cases} x^2 + y^2 + z^2 - yz = 1 \\ y = 2z \end{cases}$，消去 z 得到积分曲面 Σ 在 xOy 面的投影为

$$D: x^2 + \frac{3}{4}y^2 = 1.$$

又根据隐函数微分法得 $\dfrac{\partial z}{\partial x} = -\dfrac{F_x}{F_z} = -\dfrac{2x}{2z-y}, \dfrac{\partial z}{\partial y} = -\dfrac{F_y}{F_z} = -\dfrac{2y-z}{2z-y}$，所以

$$\mathrm{d}S = \sqrt{1 + \left(\frac{\partial z}{\partial x}\right) + \left(\frac{\partial z}{\partial y}\right)^2}\,\mathrm{d}x\mathrm{d}y$$

$$= \sqrt{1 + \left(-\frac{2x}{2z-y}\right) + \left(-\frac{2y-z}{2z-y}\right)^2}\,\mathrm{d}x\mathrm{d}y$$

$$= \sqrt{\frac{(2z-y)^2 + (2x)^2 + (2y-z)^2}{(2z-y)^2}}\,\mathrm{d}x\mathrm{d}y$$

$$= \sqrt{\frac{(4x^2 + 4y^2 + 4z^2 - 4yz) + y^2 + z^2 - 4zy}{(2z-y)^2}} dxdy$$

$$= \sqrt{\frac{4 + y^2 + z^2 - 4zy}{(2z-y)^2}} dxdy$$

$$= \frac{\sqrt{4 + y^2 + z^2 - 4zy}}{|2z-y|} dxdy.$$

因此,

$$I = \iint\limits_{\Sigma} \frac{(x+\sqrt{3})|y-2z|}{\sqrt{4+y^2+z^2-4yz}} dS$$

$$= \iint\limits_{D} \frac{(x+\sqrt{3})|y-2z|}{\sqrt{4+y^2+z^2-4yz}} \sqrt{1 + \left(-\frac{2x}{2z-y}\right) + \left(-\frac{2y-z}{2z-y}\right)^2} dxdy$$

$$= \iint\limits_{D} (x+\sqrt{3}) dxdy = \iint\limits_{D} xdxdy + \sqrt{3} \cdot \pi \cdot 1 \cdot \frac{2}{\sqrt{3}}$$

$$= \int_{-1}^{1} dx \int_{-\sqrt{\frac{4}{3}(1-x^2)}}^{\sqrt{\frac{4}{3}(1-x^2)}} xdy + 2\pi$$

$$= \int_{-1}^{1} 2x \sqrt{\frac{4}{3}(1-x^2)} dx + 2\pi = 0 + 2\pi = 2\pi.$$

【例3】(2009 年数学一)椭球面 S_1 是椭圆 $\dfrac{x^2}{4} + \dfrac{y^2}{3} = 1$ 绕 x 轴旋转

而成,圆锥面 S_2 是过点 $(4,0)$ 且与椭圆 $\dfrac{x^2}{4} + \dfrac{y^2}{3} = 1$ 相切的直线绕 x 轴

旋转而成. (1)求 S_1 和 S_2 的方程;(2)求 S_1 和 S_2 之间的立体体积.

【问题分析】此题是求曲面方程和利用定积分求解旋转体的体积相结合的题.

【解】(1)利用旋转曲面方程的知识,得到 S_1 的方程

$$\frac{x^2}{4} + \frac{y^2 + z^2}{3} = 1.$$

又因为过点 $(4,0)$ 的切线方程为 $y = \pm\left(\dfrac{1}{2}x - 2\right)$,所以利用旋转

曲面方程的知识,得到 S_2 的方程

$$\sqrt{y^2 + z^2} = \pm\left(\frac{1}{2}x - 2\right).$$

即 S_2 的方程为

$$y^2 + z^2 = \left(\frac{1}{2}x - 2\right)^2.$$

(2)记 $y_1 = \frac{1}{2}x - 2$,由 $\frac{x^2}{4} + \frac{y^2}{3} = 1$,记 $y_2 = \sqrt{3\left(1 - \frac{x^2}{4}\right)}$,则

$$V = \int_0^4 \pi y_1^2 \mathrm{d}x - \int_0^2 \pi y_2^2 \mathrm{d}x$$

$$= \pi \int_0^4 \left(\frac{1}{4}x^2 - 2x + 4\right)\mathrm{d}x - \pi \int_0^2 \left(3 - \frac{3}{4}x^2\right)\mathrm{d}x$$

$$= \pi\left(\frac{1}{12}x^3 - x^2 + 4x\right)\Big|_0^4 - \pi\left(3x - \frac{1}{4}x^3\right)\Big|_0^2 = \frac{4}{3}\pi.$$

【例4】(2006 年数学一)点 $(2,1,0)$ 到平面 $3x + 4y + 5z = 0$ 的距离 $d = \underline{\hspace{3cm}}$.

【问题分析】此题可利用点到平面的距离公式直接求解.

【解】

$$d = \frac{|3 \times 2 + 4 \times 1 + 5 \times 0|}{\sqrt{3^2 + 4^2 + 5^2}} = \frac{10}{\sqrt{50}} = \sqrt{2}.$$

【例5】求过点 $(-1,0,4)$,且平行于平面 $3x - 4y + z - 10 = 0$,又与直线 $\frac{x+1}{1} = \frac{y-3}{1} = \frac{z}{2}$ 相交的直线方程.

【问题分析】此题关键是求出两直线的交点.

【解】设所求直线的方向向量为 $\boldsymbol{n} = (a,b,c)$,又直线过点 $(-1,0,$ $4)$,则可设其参数方程为 $\begin{cases} x = at - 1 \\ y = bt \\ z = ct + 4 \end{cases}$. 因所求直线平行于平面 $3x - 4y + z - 10 = 0$,故有

$$3a - 4b + c = 0. \tag{1}$$

将所设参数方程代入直线方程 $\frac{x+1}{1}=\frac{y-3}{1}=\frac{z}{2}$ 并与(1)式联立得

$$\begin{cases} \frac{at-1+1}{1}=\frac{bt-3}{1}=\frac{ct+4}{2}. \\ 3a-4b+c=0 \end{cases} \quad (2)$$

解(2)式得 $a=\frac{16}{t}$，故 $\begin{cases} x=15 \\ y=19, \\ z=32 \end{cases}$ 即得两直线的交点为 $(15,19,32).$

所以所求直线的方向向量 $\boldsymbol{n}=(15-(-1),19-0,32-4)=(16,19,28).$ 故所求直线方程为

$$\frac{x+1}{16}=\frac{y}{19}=\frac{z-4}{28}.$$

同步测试

一、填空题(本题共 5 小题,每题 5 分,共 25 分)

1. 与向量 $\boldsymbol{a}=\boldsymbol{i}-\boldsymbol{j}+2\boldsymbol{k}$ 共线且满足方程 $\boldsymbol{a}\cdot\boldsymbol{x}=18$ 的向量 $\boldsymbol{x}$ 是_____.

2. 设 $\boldsymbol{a}=(3,2,1)$, $\boldsymbol{b}=\left(1,\frac{2}{3},k\right)$, 则 $k=$_____时, $\boldsymbol{a}\perp\boldsymbol{b}$; 当 $k=$_____时, $\boldsymbol{a}/\!/\boldsymbol{b}$.

3. 设 $(\boldsymbol{a}\times\boldsymbol{b})\cdot\boldsymbol{c}=5$, 则 $[(\boldsymbol{a}+\boldsymbol{b})\times(\boldsymbol{b}+\boldsymbol{c})]\cdot(\boldsymbol{c}+\boldsymbol{a})=$_____.

4. 过点 $M(1,2,-1)$ 且与直线 $\begin{cases} x=-t+2 \\ y=3t-4 \\ z=t-1 \end{cases}$ 垂直的平面方程是_____.

5. 通过曲线 $\begin{cases} 2x^2+y^2+3z^2=8 \\ x+y+z=0 \end{cases}$, 作一柱面 Σ, 使其母线垂直于 xOy

平面,则 Σ 的方程为 _____.

二、选择题(本题共 5 小题,每题 5 分,共 25 分)

1. 非零向量 $\boldsymbol{a},\boldsymbol{b}$ 的数量积 $2\boldsymbol{a}\cdot\boldsymbol{b}$ 为( ).

(A)$2|\boldsymbol{a}|\cdot P_{rjb}\boldsymbol{a}$ (B)$2\boldsymbol{a}\cdot P_{rjb}\boldsymbol{a}$

(C)$2|\boldsymbol{a}|\cdot P_{rja}\boldsymbol{b}$ (D)$2|\boldsymbol{b}|\cdot P_{rja}\boldsymbol{b}$

2. 设直线 $L_1:\dfrac{x-1}{-1}=\dfrac{y-5}{3}=\dfrac{z+8}{1}$ 与 $L_2:\begin{cases}x-y=6\\2y+z=3\end{cases}$,则直线 L_1 与 L_2 的夹角为( ).

(A)$\dfrac{\pi}{6}$ (B)$\dfrac{\pi}{4}$ (C)$\dfrac{\pi}{3}$ (D)$\dfrac{\pi}{2}$

3. 设有直线 $L:\dfrac{x-1}{3}=\dfrac{y}{2}=\dfrac{z+1}{1}$,及平面 $\pi:x-y+z=0$,则直线 L ( ).

(A)平行于 π (B)在 π 上   (C)垂直于 π (D)与 π 斜交

4. 以曲线 $\begin{cases}2y^2+x^2=a^2\\z=0\end{cases}$ 为母线,以 x 轴为旋转轴的旋转曲面方程是( ).

(A)$2y^2+(x^2+z^2)=a^2$ (B)$x^2+2(y^2+z^2)=a^2$

(C)$2(x^2+y^2)+z^2=a^2$ (D)$2(x^2+z^2)+y^2=a^2$

5. 原点 $(0,0,0)$ 关于平面 $x-4y+2z+42=0$ 的对称点为( ).

(A)$(-4,16,-8)$ (B)$(6,12,-18)$

(C)$(4,16,-8)$ (D)$(-8,4,-12)$

三、计算题(本题共 5 小题,每题 10 分,共 50 分)

1. 设 $|\boldsymbol{a}|=1,|\boldsymbol{b}|=1,(\boldsymbol{a},\boldsymbol{b})=\dfrac{\pi}{6}$,求以向量 $\boldsymbol{a}+2\boldsymbol{b}$ 和 $\boldsymbol{a}+\boldsymbol{b}$ 为邻边的平行四边形的面积.

2. 求点 $M_0(3,1,2)$ 到直线 $L: \begin{cases} x - y + z = 6 \\ 2y + z = 3 \end{cases}$ 的距离.

3. 求过点 $M_0(1,0,2)$ 且和两平面 $\pi_1: 2x - y + z = 0$ 和 $\pi_2: x - 2y + 3z + 1 = 0$ 平行的直线方程.

4. 求过直线 $L: \begin{cases} x + 5y + z - 3 = 0 \\ x - z + 7 = 0 \end{cases}$ 和平面 $\pi: x - 4y - 8z + 1 = 0$ 相交成 $\dfrac{\pi}{4}$ 角的平面方程.

5. 试写出 xOy 坐标面上双曲线 $\dfrac{y^2}{4} - \dfrac{x^2}{9} = 1$ 分别绕 y 轴和 x 轴旋转而产生的旋转曲面的方程.

第八章 多元函数微分学

第一节 多元函数的极限与连续

【知识要点回顾】

1. 二元函数的极限

设函数 $f(P) = f(x, y)$ 在某 $U^o(P_0, \delta)$ 内有定义, 如果对于任意给定的正数 ε, 总存在正数 δ, 使得对于适合不等式 $0 < |PP_0| = \sqrt{(x - x_0)^2 + (y - y_0)^2} < \delta$ 的一切点 $P(x, y)$, 都有 $|f(x, y) - A| < \varepsilon$ 成立, 其中 A 是一个确定的常数, 则称 A 为函数 $f(P) = f(x, y)$ 当 $x \to x_0$, $y \to y_0$ 时的极限, 记为 $\lim\limits_{\substack{x \to x_0 \\ y \to y_0}} f(x, y) = A$.

2. 二元函数的连续性

设函数 $z = f(x, y)$ 在某 $U(P_0, \delta)$ 内有定义, 如果 $\lim\limits_{\substack{x \to x_0 \\ y \to y_0}} f(x, y) = f(x_0, y_0)$, 则称二元函数 $z = f(x, y)$ 在点 $P_0(x_0, y_0)$ 处连续.

3. 二元函数的间断点

如果函数 $z = f(x, y)$ 在点 $P_0(x_0, y_0)$ 处没有定义, 或 $\lim\limits_{\substack{x \to x_0 \\ y \to y_0}} f(x, y)$ 不存在, 或 $\lim\limits_{\substack{x \to x_0 \\ y \to y_0}} f(x, y)$ 虽然存在但极限值不等于函数在该点的函数值

$f(x_0,y_0)$,则 $P_0(x_0,y_0)$ 就是函数的间断点.

【答疑解惑】

【问1】如何证明二元函数的极限不存在?

【答】根据极限的定义可知,只要说明当 $P(x,y)$ 以不同的方式趋于 $P_0(x_0,y_0)$ 时,$f(x,y)$ 趋于不同的值,就可以断定 $\lim\limits_{\substack{x\to x_0 \\ y\to y_0}} f(x,y)$ 不存在.

【问2】二重极限与累次极限一样吗?

【答】二重极限与累次极限是不一样的,累次极限的存在不等于二重极限也存在,反过来,一个二重极限存在,两个累次极限可能不存在.

【问3】若点 (x,y) 以无穷多方式趋近于 (x_0,y_0),函数 $f(x,y)$ 都趋近于 A,能否说明 $f(x,y)$ 的极限为 A?

【答】不能说明 $f(x,y)$ 的极限为 A,注意无穷多方式不等于任意方式.

【典型例题精解】

一、求二元函数的定义域

【例1】求下列函数的定义域.

$(1)\, z = \dfrac{1}{\sqrt{x+y}} + \dfrac{1}{\sqrt{x-y}}$;

$(2)\, z = \arcsin(x-y^2) + \ln[\ln(10-x^2-4y^2)]$.

【问题分析】二元函数的定义域指的是使表达式有意义的集合.

【解】(1)只有当 $x+y>0$ 且 $x-y>0$ 时,表达式才有意义故其定义域为 $D=\{(x,y)\mid x-y>0,x+y>0\}$.

(2)只有当 $-1\le x-y^2\le 1$ 且 $\ln(10-x^2-4y^2)>0$ 时,表达式才

有意义,故其定义域为 $D = \{(x,y)\mid \mid x - y^2\mid \leqslant 1, x^2 + 4y^2 < 9\}$.

二、求二元函数的极限

【例2】求下列函数的极限:

(1) $\lim\limits_{(x,y)\to(0,0)} \dfrac{1 - \cos(x^2 + y^2)}{(x^2 + y^2)\,\mathrm{e}^{x^2y^2}}$; 　　(2) $\lim\limits_{(x,y)\to(0,0)} \dfrac{xy}{\sqrt{xy + 1} - 1}$.

【问题分析】一元函数中的极限四则运算法则,两个重要极限,等价无穷小代换、变量代换等求极限的方法均可推广到二元函数中.

【解】(1)类似于一元函数的等价无穷小代换,$1 - \cos(x^2 + y^2) \sim \dfrac{1}{2}(x^2 + y^2)^2$,可知

$$\lim\limits_{(x,y)\to(0,0)} \dfrac{1 - \cos(x^2 + y^2)}{(x^2 + y^2)\,\mathrm{e}^{x^2y^2}} = \lim\limits_{(x,y)\to(0,0)} \dfrac{\frac{1}{2}(x^2 + y^2)^2}{(x^2 + y^2)} \cdot \dfrac{1}{\mathrm{e}^{x^2y^2}} = 0.$$

(2)分子分母同乘以 $\sqrt{xy + 1} + 1$,

$$\lim\limits_{(x,y)\to(0,0)} \dfrac{xy}{\sqrt{xy + 1} - 1} = \lim\limits_{(x,y)\to(0,0)} \sqrt{xy + 1} + 1 = 2.$$

【例3】设 $f(x,y) = \begin{cases} \dfrac{x^2 - y^2}{x^2 + y^2}, & (x,y) \neq (0,0), \\ 0, & (x,y) = (0,0). \end{cases}$ 证明 $\lim\limits_{(x,y)\to(0,0)} f(x,$

$y)$ 不存在.

【问题分析】只要能证明当 (x,y) 沿不同的方式趋近于 $(0,0)$ 时,$f(x,y)$ 趋于不同的常数即可证明极限不存在.

【证明】当 (x,y) 沿直线 $y = kx$ 的方式趋近于 $(0,0)$ 时,有

$$\lim\limits_{(x,y)\to(0,0)} \dfrac{x^2 - y^2}{x^2 + y^2} = \lim\limits_{(x,kx)\to(0,0)} \dfrac{x^2 - (kx)^2}{x^2 + (kx)^2} = \lim\limits_{x\to 0} \dfrac{1 - k^2}{1 + k^2},$$

可见随着 k 不断变化,当 (x,y) 趋近于 $(0,0)$ 时,$f(x,y)$ 的极限值是在不断变化的,故在 $(0,0)$ 处的极限不存在.

第二节　偏导数与全微分

【知识要点回顾】

1. 二元函数的偏导数

设函数 $z = f(x,y)$ 在点 (x_0, y_0) 的某一邻域内有定义,当 y 固定在 y_0,而 x 在 x_0 处有增量 Δx 时,相应地函数有增量 $f(x_0 + \Delta x, y_0) - f(x_0, y_0)$,如果 $\lim\limits_{\Delta x \to 0} \dfrac{f(x_0 + \Delta x, y_0) - f(x_0, y_0)}{\Delta x}$ 存在,则称此极限为函数 $z = f(x,y)$ 在点 (x_0, y_0) 处对 x 的偏导数,记为

$$\frac{\partial z}{\partial x}\bigg|, \frac{\partial f}{\partial x}\bigg|, z_x\bigg|_{(x_0, y_0)} \text{ 或 } f_x(x_0, y_0).$$

类似可定义函数 $z = f(x,y)$ 在点 (x_0, y_0) 处对于 y 的偏导数.

2. 高阶偏导数

设 $z = f(x,y)$ 具有偏导数 $\dfrac{\partial z}{\partial x}, \dfrac{\partial z}{\partial y}$,则称 $\dfrac{\partial^2 z}{\partial x^2}, \dfrac{\partial^2 z}{\partial y^2}, \dfrac{\partial^2 z}{\partial x \partial y}, \dfrac{\partial^2 z}{\partial y \partial x}$ 为二阶偏导数,其中 $\dfrac{\partial^2 z}{\partial x \partial y}, \dfrac{\partial^2 z}{\partial y \partial x}$ 称为混合偏导数.

二阶及二阶以上的偏导数统称为高阶偏导数.

3. 全微分

若二元函数 $z = f(x,y)$ 在点 (x,y) 的全增量

$$\Delta z = f(x + \Delta x, y + \Delta y) - f(x,y)$$

可以表示为

$$\Delta z = A\Delta x + B\Delta y + o(\rho).$$

其中 A, B 与 $\Delta x, \Delta y$ 无关,只与 x, y 有关,$\rho = \sqrt{x^2 + y^2}$,$o(\rho)$ 是当

$\rho \to 0$ 时比 ρ 高阶的无穷小. 则称二元函数 $z = f(x,y)$ 在点 (x,y) 可微,并把 $A\Delta x + B\Delta y$ 叫作函数 $z = f(x,y)$ 在点 (x,y) 的全微分,记作

$$\mathrm{d}z = A\Delta x + B\Delta y.$$

4. 重要结论

（1）如果函数 $z = f(x,y)$ 的两个二阶混合偏导数在点 (x,y) 连续,那么在该点有 $\dfrac{\partial^2 z}{\partial x \partial y} = \dfrac{\partial^2 z}{\partial y \partial x}$.

以上定理说明,二阶混合偏导数在连续条件下与求导的次序无关.

对于三元以上的函数也可类似地定义高阶偏导数,而且在偏导数连续时,混合偏导数也与求偏导的次序无关.

（2）如果函数 $z = f(x,y)$ 在点 (x,y) 可微分,则函数在该点的偏导数必存在,且函数 $z = f(x,y)$ 在点 (x,y) 的全微分为 $\mathrm{d}z = \dfrac{\partial z}{\partial x}\mathrm{d}x + \dfrac{\partial z}{\partial y}\mathrm{d}y$.

（3）如果函数 $z = f(x,y)$ 在点 (x,y) 的两个偏导数存在而且连续,则函数在该点可微分.

5. 二元函数连续、偏导数存在与全微分之间的关系

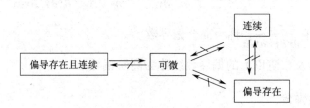

6. 全微分在近似计算中的公式

在近似计算中主要用以下两个公式：

$$f(x_0 + \Delta x, y_0 + \Delta y) - f(x_0, y_0) \approx f'_x(x_0, y_0)\Delta x + f'_y(x_0, y_0)\Delta y,$$
$$f(x_0 + \Delta x, y_0 + \Delta y) \approx f(x_0, y_0) + f'_x(x_0, y_0)\Delta x + f'_y(x_0, y_0)\Delta y.$$

7. 方向导数与梯度

(1)设函数 $z=f(x,y)$ 在点 $P(x,y)$ 的某一邻域内有定义. 自点 P 引射线 l. 设 x 轴正向到射线 l 的转角为 φ(逆时针方向：$\varphi>0$；顺时针方向：$\varphi<0$)，并设 $P'(x+\Delta x,y+\Delta y)$ 为 l 上的另一点，称 $\dfrac{\partial f}{\partial l}=\lim\limits_{\rho\to 0}\dfrac{f(x+\Delta x,y+\Delta y)-f(x,y)}{\rho}$ 为函数 $z=f(x,y)$ 在点 P 沿方向 l 的方向导数，其中 $\rho=\sqrt{(\Delta x)^2+(\Delta y)^2}$.

(2)设函数 $z=f(x,y)$ 在平面区域 D 内具有一阶连续偏导数，则对于每一点 $P(x,y)\in D$，都可定出一个向量 $\dfrac{\partial f}{\partial x}\boldsymbol{i}+\dfrac{\partial f}{\partial y}\boldsymbol{j}$，这向量称为函数 $z=f(x,y)$ 在点 $P(x,y)$ 的梯度，记作 $\mathrm{grad}f(x,y)$.

(3)如果函数 $z=f(x,y)$ 点 $P(x,y)$ 是可微分的，那么函数在该点沿任一方向的方向导数都存在，且有 $\dfrac{\partial f}{\partial l}=\dfrac{\partial f}{\partial x}\cos\varphi+\dfrac{\partial f}{\partial y}\sin\varphi$，其中 φ 为 x 轴到方向 l 的转角.

【答疑解惑】

【问 1】如何求偏导数？

【答】对于 $z=f(x,y)$，求 f'_x 时只要把 y 暂时看成常量而对 x 求导数；求 f'_y 时只要把 x 暂时看成常量而对 y 求导数.

【问 2】一元函数 $y=f(x)$ 的微分 $\mathrm{d}y$ 和二元函数 $z=f(x,y)$ 全微分 $\mathrm{d}z=\dfrac{\partial z}{\partial x}\mathrm{d}x+\dfrac{\partial z}{\partial y}\mathrm{d}y$ 中的 $\mathrm{d}y$ 的意义一样吗？

【答】二者意义完全不同. 对于 $y=f(x)$ 的微分 $\mathrm{d}y=f'(x)\mathrm{d}x$ 是 Δy 的近似值，而全微分中的 $\mathrm{d}y$ 是自变量 y 的改变量.

【典型例题精解】

一、求多元函数的一阶偏导数

【例1】求下列函数的偏导数:

$(1) z = (1 + xy)^y$;　　　　　$(2) u = \ln(x + 2^{yz})$.

【问题分析】多元函数求偏导数法则是:对其中一个变量求偏导时,将其余变量看成常数,然后把多元函数看成是关于这个变量的一元函数,按照一元函数的求导法则求导即可.

【解】(1)首先将这个幂指函数转换为基本函数 $z = e^{y\ln(1+xy)}$,根据偏导数计算法则可知,

$$\frac{\partial z}{\partial x} = e^{y\ln(1+xy)} \frac{y^2}{1+xy} = (1+xy)^y \frac{y^2}{1+xy} = y^2 (1+xy)^{y-1},$$

$$\frac{\partial z}{\partial y} = e^{y\ln(1+xy)}\left(\ln(1+xy) + \frac{xy}{1+xy}\right) = (1+xy)^y\left[\left(\ln(1+xy) + \frac{xy}{1+xy}\right)\right].$$

(2)多元函数中含有三个自变量,故应有三个偏导数.

$$\frac{\partial u}{\partial x} = \frac{1}{x+2^{yz}}, \frac{\partial u}{\partial y} = \frac{2^{yz}\ln 2 \cdot z}{x+2^{yz}}, \frac{\partial u}{\partial z} = \frac{2^{yz}\ln 2 \cdot y}{x+2^{yz}}.$$

【例2】设 $z = f(x,y) = \sqrt{|xy|}$,求 $f'_x(0,0), f'_y(0,0)$.

【问题分析】求分段函数的分界点的偏导数,由于分界点左右表达式不一样,故需用偏导数定义来求偏导数.

【解】$f'_x(0,0) = \lim\limits_{\Delta x \to 0} \frac{f(0+\Delta x, 0) - f(0,0)}{\Delta x} = \lim\limits_{\Delta x \to 0} \frac{\sqrt{|\Delta x \cdot 0|} - 0}{\Delta x} = 0,$

$f'_y(0,0) = \lim\limits_{\Delta y \to 0} \frac{f(0, 0+\Delta y) - f(0,0)}{\Delta y} = \lim\limits_{\Delta y \to 0} \frac{\sqrt{|0 \cdot \Delta y|} - 0}{\Delta y} = 0.$

【例3】求 $z = x^2 e^y + (x-1)\arctan\sqrt{\dfrac{y}{x}}$ 在点 $(1,0)$ 的偏导数.

【问题分析】根据偏导数的定义可知,求 x 的偏导数时,可先把 y 的值代入,然后对 x 求导,最后再把 x 的值带入即可得到该点的偏导

数值. 也可先求出关于 x 的偏导数,然后再带入该点的值.

【解】 解法一:先将 $(1,0)$ 点的 y 值带入得 $z = x^2$,故可知 $\left.\dfrac{\partial z}{\partial x}\right|_{(1,0)} =$ $2x|_{x=1} = 2.$

解法二: $\left.\dfrac{\partial z}{\partial x}\right|_{(1,0)} = 2x\mathrm{e}^y + \arctan\sqrt{\dfrac{y}{x}} - \left.\dfrac{\sqrt{xy}}{2x(x+y)}\right|_{(1,0)} = 2.$

同理可得 $\left.\dfrac{\partial z}{\partial y}\right|_{(1,0)} = 1.$

二、求多元函数的高阶偏导数

【例4】 求下列函数指定的三阶偏导数:

$(1)z = y^x$,求 z_{xyx}; $(2)u = x^a y^b z^c$,求 $\dfrac{\partial^6 u}{\partial x \partial y^2 \partial z^3}$.

【问题分析】 根据求高阶偏导数的法则,要求三阶偏导数,需先求二阶、一阶偏导数.

【解】 $(1)z_x = y^x \ln y, z_{xy} = y^{x-1}(x\ln y + 1), z_{xyx} = y^{x-1}\ln y(x\ln y + 2).$

$(2)\dfrac{\partial u}{\partial x} = ax^{a-1}y^b z^c, \dfrac{\partial^2 u}{\partial x \partial y} = abx^{a-1}y^{b-1}z^c, \dfrac{\partial^3 u}{\partial x \partial y^2} = ab(b-1)x^{a-1}y^{b-2}z^c,$

$$\dfrac{\partial^4 u}{\partial x \partial y^2 \partial z} = abc(b-1)x^{a-1}y^{b-2}z^{c-1},$$

$$\dfrac{\partial^5 u}{\partial x \partial y^2 \partial z^2} = abc(c-1)(b-1)x^{a-1}y^{b-2}z^{c-2},$$

$$\dfrac{\partial^6 u}{\partial x \partial y^2 \partial z^3} = abc(b-1)(c-1)(c-2)x^{a-1}y^{b-2}z^{c-3}.$$

三、关于多元函数可微的条件

【例5】 证明 $f(x,y) = \begin{cases} \dfrac{x^2 y}{x^2 + y^2}, & (x,y) \neq (0,0) \\ 0, & (x,y) = (0,0) \end{cases}$ 在点 $(0,0)$ 处两个

偏导数存在但是不可微.

【问题分析】讨论分段函数分界点处的各种性质都要从其定义入手.

【证明】$f'_x(0,0) = \lim\limits_{\Delta x \to 0} \dfrac{f(0+\Delta x,0) - f(0,0)}{\Delta x} = \lim\limits_{\Delta x \to 0} \dfrac{\dfrac{(\Delta x)^2 \cdot 0}{(\Delta x)^2 + 0} - 0}{\Delta x} = 0.$

同理可得 $f'_y(0,0) = 0.$

但是 $\Delta z - \left[f'_x(0,0)\Delta x + f'_y(0,0)\Delta y \right]$

$= f(\Delta x, \Delta y) = \dfrac{(\Delta x)^2 \Delta y}{(\Delta x)^2 + (\Delta y)^2},$

当 $(\Delta x, \Delta y)$ 沿直线 $y = x$ 趋于 $(0,0)$,则令 $\rho = \sqrt{(\Delta x)^2 + (\Delta y)^2}$,

$\dfrac{\dfrac{(\Delta x)^2 \Delta y}{(\Delta x)^2 + (\Delta y)^2}}{\rho} = \dfrac{\dfrac{(\Delta x)^2 \Delta y}{(\Delta x)^2 + (\Delta y)^2}}{\sqrt{(\Delta x)^2 + (\Delta y)^2}} = 2^{-\frac{3}{2}} \dfrac{(\Delta x)^3}{(\Delta x)^3} \to 2^{-\frac{3}{2}},$

它不能随 $\rho \to 0$ 而趋于 0,这表明当 $\rho \to 0$ 时,$\Delta z - \left[f'_x(0,0)\Delta x + f'_y(0,0)\Delta y \right]$ 不是较 ρ 的高阶无穷小量,因此,在 $(0,0)$ 处不可微.

四、求全微分

【例6】求下列函数的全微分:

$(1) z = \dfrac{x}{\sqrt{x^2 + y^2}};$ $(2) u = x^{yz}.$

【问题分析】求函数全微分一般有两种方法:一种是利用导数与微分之间的关系求微分,一种是利用微分自身的运算法则求微分.

【解】(1)解法一:根据微分与导数的运算法则可知

$$dz = z_x dx + z_y dy = \frac{y^2 dx}{(x^2 + y^2)\sqrt{x^2 + y^2}} - \frac{xy dy}{(x^2 + y^2)\sqrt{x^2 + y^2}}.$$

解法二:根据微分自己的运算法则可知

$$dz = d\left(\frac{x}{\sqrt{x^2 + y^2}} \right) = \frac{\sqrt{x^2 + y^2}\, dx - x\, d\left(\sqrt{x^2 + y^2} \right)}{(x^2 + y^2)},$$

而 $d(\sqrt{x^2+y^2}) = \frac{1}{2}(x^2+y^2)^{-\frac{1}{2}}d(x^2+y^2) = (x^2+y^2)^{-\frac{1}{2}}(xdx+ydy)$，

故可知

$$dz = \frac{(x^2+y^2)dx - x(xdx+ydy)}{(x^2+y^2)\sqrt{x^2+y^2}}$$

$$= \frac{y^2dx}{(x^2+y^2)\sqrt{x^2+y^2}} - \frac{xydy}{(x^2+y^2)\sqrt{x^2+y^2}}.$$

(2)解法一：

$$du = u_x dx + u_y dy + u_z dz = yzx^{(yz-1)}dx + zx^{yz}\ln x dy + yx^{yz}\ln x dz.$$

解法二：

$$du = d(x^{yz}) = d(e^{yz\ln x}) = e^{yz\ln x}d(yz\ln x)$$

$$= e^{yz\ln x}(yzd(\ln x) + z\ln x dy + y\ln x dz)$$

$$= x^{yz}\left(\frac{yz}{x}dx + z\ln x dy + y\ln x dz\right)$$

$$= yzx^{yz-1}dx + x^{yz}z\ln x dy + x^{yz}y\ln x dz.$$

【例7】求函数 $z = e^{xy}$ 在 $x=1, y=1, \Delta x = 0.1, \Delta y = -0.2$ 时的全增量和全微分.

【问题分析】本题只需根据全增量和全微分的定义计算即可.

【解】$\Delta z = f(x+\Delta x, y+\Delta y) - f(x,y)$

$$= f(1.1, 0.8) - f(1,1) = e^{0.88} - e = -0.3074.$$

$$dz(1,1) = z_x(1,1)\Delta x + z_y(1,1)\Delta y = e(\Delta x + \Delta y) = -0.1e = -0.278.$$

五、全微分近似计算

【例8】计算 $\sqrt{1.02^3 + 0.97^3}$ 的近似值.

【问题分析】根据全微分近似计算公式找到对应的 $f(x,y)$，(x_0, y_0)，$\Delta x, \Delta y$ 即可.

【解】通过与全微分近似计算公式对比可知

$$f(x,y) = \sqrt{x^3 + y^3}, (x_0, y_0) = (1,1), \Delta x = 0.02, \Delta y = -0.03,$$

故 $\sqrt{1.02^3 + 0.97^3}$

$$\approx \sqrt{x^3 + y^3}\Big|_{(1,1)} + \frac{3x^2}{2\sqrt{x^3 + y^3}}\Big|_{(1,1)}\Delta x + \frac{3y^2}{2\sqrt{x^3 + y^3}}\Big|_{(1,1)}\Delta y = 1.40.$$

【例9】测得一块三角形土地的两边边长分别为(63 ± 0.1)m 和 (78 ± 0.1)m,这两边的夹角为$(60 \pm 1)°$试求三角形面积的近似值.

【问题分析】主要是根据题意列出面积公式,然后按照全微分近似计算公式计算即可.

【解】根据题意设一条边长为 x,另一条边长为 y,这两边的夹角为 θ,根据面积公式可知

$$S = \frac{1}{2}xy\sin(\theta), \text{即可知}(x_0, y_0, \theta_0) = \left(63, 78, \frac{\pi}{3}\right),$$

$$\Delta x = \pm 0.1, \Delta y = \pm 0.1, \Delta\theta = \pm\frac{\pi}{180},$$

故 $\overline{S} \approx S\left(63, 78, \frac{\pi}{3}\right) + S'_x\left(63, 78, \frac{\pi}{3}\right)\Delta x + S'_y\left(63, 78, \frac{\pi}{3}\right)\Delta y +$

$$S'_\theta\left(63, 78, \frac{\pi}{3}\right)\Delta\theta,$$

将以上各数代入可知三角形面积的近似值为 2125.3 ± 9.8.

六、方向导数和梯度的计算

【例10】求函数 $z = xe^{2y}$ 在点 $P(1,0)$ 处沿从点 $P(1,0)$ 到点 $Q(2, -1)$ 方向的方向导数.

【解】这里方向向量为 $\overrightarrow{PQ} = (1, -1)$,因此 x 轴到方向向量的转角为 $\varphi = -\frac{\pi}{4}$,因为 $\frac{\partial z}{\partial x} = e^{2y}$,$\frac{\partial z}{\partial y} = 2xe^{2y}$,在 $(1,0)$ 处的值为 $\frac{\partial z}{\partial x} = 1$,$\frac{\partial z}{\partial y} = 2$,故所求方向导数为:

$$\frac{\partial f}{\partial l} = 1 \cdot \cos\left(-\frac{\pi}{4}\right) + 2 \cdot \sin\left(-\frac{\pi}{4}\right) = -\frac{\sqrt{2}}{2}.$$

【例11】求 $\text{grad}\,\dfrac{1}{x^2 + y^2}$.

【解】这里 $f(x,y) = \dfrac{1}{x^2+y^2}$，故

$$\frac{\partial f}{\partial x} = -\frac{2x}{(x^2+y^2)^2}, \frac{\partial f}{\partial y} = -\frac{2y}{(x^2+y^2)^2},$$

可得　$\text{grad}\dfrac{1}{x^2+y^2} = -\dfrac{2x}{(x^2+y^2)^2}\boldsymbol{i} - \dfrac{2y}{(x^2+y^2)^2}\boldsymbol{j}.$

第三节　多元复合函数微分法与
隐函数微分法

【知识要点回顾】

1. 多元复合函数的链式法则

(1)若 $z = f(u,v)$，$u = \varphi(t)$，$v = \phi(t)$，则 $z = f(\varphi(t),\phi(t))$，且

$$\frac{\mathrm{d}z}{\mathrm{d}t} = \frac{\partial z}{\partial u}\frac{\mathrm{d}u}{\mathrm{d}t} + \frac{\partial z}{\partial v}\frac{\mathrm{d}v}{\mathrm{d}t}.$$

(2)若 $z = f(u,v)$，$u = \varphi(x,y)$，$v = \phi(x,y)$，则

$$\frac{\partial z}{\partial x} = \frac{\partial z}{\partial u}\frac{\partial u}{\partial x} + \frac{\partial z}{\partial v}\frac{\partial v}{\partial x}, \frac{\partial z}{\partial y} = \frac{\partial z}{\partial u}\frac{\partial u}{\partial y} + \frac{\partial z}{\partial v}\frac{\partial v}{\partial y}.$$

(3)若 $z = f(u,v)$，$u = \varphi(x,y)$，$v = \phi(x)$，则

$$\frac{\partial z}{\partial x} = \frac{\partial z}{\partial u}\frac{\partial u}{\partial x} + \frac{\partial z}{\partial v}\frac{\mathrm{d}v}{\mathrm{d}x}, \frac{\partial z}{\partial y} = \frac{\partial z}{\partial u}\frac{\partial u}{\partial y}.$$

(4)若 $z = f(u,x,y)$，$u = \varphi(x,y)$，则

$$\frac{\partial z}{\partial x} = \frac{\partial f}{\partial u}\frac{\partial u}{\partial x} + \frac{\partial f}{\partial x}, \frac{\partial z}{\partial y} = \frac{\partial f}{\partial u}\frac{\partial u}{\partial y} + \frac{\partial f}{\partial y}.$$

2. 多元复合函数的偏导数一些记法

若 f 表示为抽象的多元复合函数，为方便高阶求导，f_1' 表示对第

一个位置的变量求偏导,f'_2 表示对第二个位置的变量求偏导,f''_{12} 表示先对第一个位置的变量求偏导,然后再对第二个位置的变量求偏导. 同理还有 $f''_{22},f'''_{122},f'''_{122}$ 等.

3. 多元隐函数求导法则

若函数 $y=f(x)$ 由方程 $F(x,y)=0$ 确定,则 $\dfrac{\mathrm{d}y}{\mathrm{d}x} = -\dfrac{F_x}{F_y}$;若函数 $z = f(x,y)$ 由方程 $F(x,y,z)=0$ 确定,则 $\dfrac{\partial z}{\partial x} = -\dfrac{F_x}{F_z},\dfrac{\partial z}{\partial y} = -\dfrac{F_y}{F_z}$.

【答疑解惑】

【问】对于 $z=f(x,u)$,$u=\varphi(x,y)$ 如何正确理解复合函数偏导数符号 $\dfrac{\partial z}{\partial x}$ 与 $\dfrac{\partial f}{\partial x}$?

【答】$\dfrac{\partial z}{\partial x}$ 表示 z,u 复合完以后的函数(自变量为 x,y)对应的偏导数,$\dfrac{\partial f}{\partial x}$ 表示复合之前外层函数 f(对应自变量为 x,u)的偏导数.

【典型例题精解】

一、求具体多元函数的一阶偏导数

【例 1】求下列函数的一阶偏导数:

(1)设 $z=u^2\ln v$,其中 $u=\dfrac{x}{y}$,$v=3x-2y$;

(2)设 $z=f(x,y)=\arctan(xy)$,其中 $y=\mathrm{e}^x$;

(3)设 $u=\dfrac{\mathrm{e}^{ax}(y-z)}{a^2+1}$,其中 $y=a\sin x$,$z=\cos x$,求 $\dfrac{\mathrm{d}u}{\mathrm{d}x}$.

【问题分析】画出其变量对应的关系图,然后按照复合函数求偏导数的方法求即可.

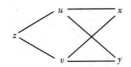

【解】(1) $\dfrac{\partial z}{\partial x} = \dfrac{\partial z}{\partial u}\dfrac{\partial u}{\partial x} + \dfrac{\partial z}{\partial v}\dfrac{\partial v}{\partial x} = \dfrac{2x\ln(3x-2y)}{y^2} + \dfrac{3x^2}{y^2(3x-2y)}$,

$\dfrac{\partial z}{\partial y} = \dfrac{\partial z}{\partial u}\dfrac{\partial u}{\partial y} + \dfrac{\partial z}{\partial v}\dfrac{\partial v}{\partial y} = \dfrac{-2x^2\ln(3x-2y)}{y^3} - \dfrac{2x^2}{y^2(3x-2y)}$.

(2) $\dfrac{\partial z}{\partial x} = \dfrac{\partial f}{\partial x} + \dfrac{\partial z}{\partial y}\dfrac{\partial y}{\partial x} = \dfrac{y}{1+(xy)^2} + \dfrac{xe^x}{1+(xy)^2}$, $\dfrac{\partial z}{\partial y} = \dfrac{\partial f}{\partial y} = \dfrac{x}{1+(xy)^2}$.

(3) $\dfrac{du}{dx} = \dfrac{\partial u}{\partial x} + \dfrac{\partial u}{\partial y}\dfrac{dy}{dx} + \dfrac{\partial u}{\partial z}\dfrac{dz}{dx} = \sin xe^{ax}$

【例2】求下列函数的一阶偏导数 $\dfrac{\partial y}{\partial x}$,$\dfrac{\partial z}{\partial x}$,$\dfrac{\partial z}{\partial y}$:

(1) $\ln(\sqrt{x^2+y^2}) = \arctan\dfrac{y}{x}$; 　(2) $\ln\dfrac{z}{y} - \dfrac{x}{z} = 0$.

【解】(1) 令 $F(x,y) = \ln(\sqrt{x^2+y^2}) - \arctan\dfrac{y}{x}$, 则可知 $\dfrac{\partial F}{\partial x} =$

$\dfrac{x+y}{x^2+y^2}$, $\dfrac{\partial F}{\partial y} = \dfrac{y-x}{x^2+y^2}$.

故可得, $\dfrac{dy}{dx} = -\dfrac{F'_x}{F'_y} = \dfrac{x+y}{x-y}$.

(2) 令 $F(x,y,z) = \ln\dfrac{z}{y} - \dfrac{x}{z}$, 则可知 $F'_x = -\dfrac{1}{z}$, $F'_y = -\dfrac{1}{y}$, $F'_z = \dfrac{1}{z} + \dfrac{x}{z^2}$,

故可得, $\dfrac{\partial z}{\partial x} = -\dfrac{F'_x}{F'_z} = \dfrac{z}{x+z}$, $\dfrac{\partial z}{\partial y} = -\dfrac{F'_y}{F'_z} = \dfrac{z^2}{y(x+z)}$.

【例3】求由方程 $xyz + \sqrt{x^2+y^2+z^2} = \sqrt{2}$ 所确定的函数 $z = f(x,y)$ 在点 $(1,0,-1)$ 处的全微分.

【解】令 $F(x,y,z) = xyz + \sqrt{x^2 + y^2 + z^2} - \sqrt{2}$,则可知

$$F'_x = yz + \frac{x}{\sqrt{x^2 + y^2 + z^2}},$$

$$F'_y = xz + \frac{y}{\sqrt{x^2 + y^2 + z^2}},$$

$$F'_z = xy + \frac{z}{\sqrt{x^2 + y^2 + z^2}},$$

故可得, $\frac{\partial z}{\partial x}\Big|_{(1,0,-1)} = -\frac{F'_x}{F'_z}\Big|_{(1,0,-1)} = 1, \frac{\partial z}{\partial y}\Big|_{(1,0,-1)} = -\frac{F'_y}{F'_z}\Big|_{(1,0,-1)} = -\sqrt{2}.$

即 $\mathrm{d}z = \mathrm{d}x - \sqrt{2}\,\mathrm{d}y.$

二、求含有抽象函数的一阶偏导数

【例4】求下列函数的一阶偏导数(其中 f 具有一阶连续偏导数):

$(1) u = f\left(\frac{x}{y}, \frac{y}{x}\right);$　　$(2) u = f(x, xy, xyz).$

【解】引入记号 f'_1, f'_2, f'_3 分别表示对位于函数 f 第一、二、三个位置的变量求偏导. 利用复合函数求导法则可得:

$(1) \dfrac{\partial u}{\partial x} = f'_1 \dfrac{1}{y} + f'_2 \cdot \left(-\dfrac{y}{x^2}\right), \dfrac{\partial u}{\partial y} = f'_1 \cdot \left(-\dfrac{x}{y^2}\right) + f'_2 \dfrac{1}{x}.$

$(2) \dfrac{\partial u}{\partial x} = f'_1 + yf'_2 + yzf'_3, \dfrac{\partial u}{\partial y} = xf'_2 + xzf'_3, \dfrac{\partial u}{\partial z} = xyf'_3.$

【例5】设 $u = \sin x + f(\sin y - \sin x)$,求 $\dfrac{\partial u}{\partial y}\cos x + \dfrac{\partial u}{\partial x}\cos y.$

【解】根据复合函数求导法则可知

$$\frac{\partial u}{\partial y} = f'(\sin y - \sin x)\cos y, \frac{\partial u}{\partial x} = \cos x[1 - f'(\sin y - \sin x)],$$

于是

$$\frac{\partial u}{\partial y}\cos x + \frac{\partial u}{\partial x}\cos y = f'(\sin y - \sin x)\cos x\cos y$$

$$+ \cos x \cos y [\, 1 - f'(\sin y - \sin x)\,]$$

$$= \cos x \cos y.$$

三、求含有抽象多元函数的高阶偏导数

【例6】设 $u = x\varphi(x+y) + y\varphi(x+y)$ ，求 $\dfrac{\partial^2 u}{\partial x^2} - 2\dfrac{\partial^2 u}{\partial x \partial y} + \dfrac{\partial^2 u}{\partial y^2}$.

【解】根据多元复合函数求导法则可得：

$$\frac{\partial u}{\partial x} = \varphi(x+y) + \varphi'(x+y)(x+y), \frac{\partial u}{\partial y} = \varphi(x+y) + \varphi'(x+y)(x+y),$$

$$\frac{\partial^2 u}{\partial x^2} = 2\varphi' + \varphi'' \cdot (x+y), \frac{\partial^2 u}{\partial y^2} = 2\varphi' + \varphi'' \cdot (x+y),$$

$$\frac{\partial^2 u}{\partial x \partial y} = 2\varphi' + \varphi'' \cdot (x+y).$$

由此可知，$\dfrac{\partial^2 u}{\partial x^2} - 2\dfrac{\partial^2 u}{\partial x \partial y} + \dfrac{\partial^2 u}{\partial y^2} = 0.$

【例7】求下列函数的二阶偏导数（其中 f 具有一阶连续偏导数）：

$(1) z = f\left(x, \dfrac{x}{y}\right)$；　　$(2) z = f(\sin x, \cos y, \mathrm{e}^{x+y})$.

【解】根据多元复合函数求导法则可得：

$(1) \dfrac{\partial z}{\partial x} = f_1' + f_2' \dfrac{1}{y}, \dfrac{\partial z}{\partial y} = -f_2' \dfrac{x}{y^2},$

$$\frac{\partial^2 x}{\partial x^2} = f_{11}'' + \frac{1}{y}(f_{12}'' + f_{21}'') + \frac{1}{y^2}f_{22}'',$$

$$\frac{\partial^2 z}{\partial y^2} = \frac{2x}{y^3}f_2' + \frac{x^2}{y^4}f_{22}'',$$

$$\frac{\partial^2 z}{\partial x \partial y} = -\frac{x}{y^2}\left(f_{21}'' + \frac{1}{y}f_{22}''\right) - \frac{1}{y^2}f_2'.$$

$(2) \dfrac{\partial z}{\partial x} = \cos x f_1' + \mathrm{e}^{(x+y)}f_3', \dfrac{\partial z}{\partial y} = -\sin y f_2' + \mathrm{e}^{(x+y)}f_3',$

$$\frac{\partial^2 z}{\partial x^2} = -\sin x f_1' + \cos^2 x f_{11}'' + \mathrm{e}^{x+y}(f_3' + 2\cos x f_{13}'' + \mathrm{e}^{x+y}f_{33}''),$$

$$\frac{\partial^2 z}{\partial y^2} = -\cos y f_2' + \sin^2 y f_{22}'' + e^{x+y}(f_3' - 2\sin f_{23}'' + e^{x+y}f_{33}''),$$

$$\frac{\partial^2 z}{\partial x \partial y} = \cos x(-\sin y f_{12}'' + e^{(x+y)}f_{13}'')$$

$$+ e^{(x+y)}f_3' + e^{(x+y)}(-\sin y f_{32}'' + e^{(x+y)}f_{33}'').$$

四、求具体函数的高阶偏导数

【例8】(1)设 $z^3 - 3xyz = a^3$，求 $\dfrac{\partial^2 z}{\partial x \partial y}$；　(2)设 $e^z - xyz = 0$，求 $\dfrac{\partial^2 z}{\partial x^2}$.

【解】根据多元隐函数求导法则，

令 $F(x,y,z) = z^3 - 3xyz - a^2$，则可知

$$F_x' = -3yz, F_y' = -3xz, F_z' = 3z^2 - 3xy.$$

$$\frac{\partial z}{\partial x} = \frac{yz}{z^2 - xy}, \frac{\partial^2 z}{\partial x \partial y} = \frac{z^5 - 3xyz^3 + xz^3 - x^2 yz}{(z^2 - xy)^3}.$$

(2)令 $F(x,y,z) = e^z - xyz$，则可知 $F_x' = -yz$，$F_y' = -xz$，$F_z' = e^z - xy$.

$$\frac{\partial z}{\partial x} = \frac{yz}{e^z - xy}, \frac{\partial^2 z}{\partial x^2} = \frac{2y^2 ze^z - 2xy^3 z - y^2 z^2 e^z}{(e^z - xy)^3}.$$

第四节　多元函数极值及其应用

【知识要点回顾】

1. 重要定理

(1)设函数 $z = f(x,y)$ 在点 (x_0, y_0) 具有一阶偏导数且在点 (x_0, y_0) 处有极值，则该点偏导数为零，即 $f_x'(x_0, y_0) = 0$，$f_y'(x_0, y_0) = 0$.

(2)设函数 $z = f(x,y)$ 在点 (x_0, y_0) 的某领域内连续且存在二阶偏导数且 $f_x'(x_0, y_0) = 0$，$f_y'(x_0, y_0) = 0$，引入记号 $A = f_{xx}''(x_0, y_0)$，

$$B = f''_{xy}(x_0, y_0), C = f''_{yy}(x_0, y_0).$$

若 $AC - B^2 > 0$，则有极值，且当 $A < 0$ 时有极大值，当 $A > 0$ 时有极小值；若 $AC - B^2 < 0$，则没有极值；若 $AC - B^2 = 0$，则需另作讨论.

2. 拉格朗日乘数法

函数 $z = f(x, y)$ 在条件 $\varphi(x, y) = 0$ 下取得极值 $\Rightarrow \varphi(x_0, y_0) = 0$

且 $f'_x(x_0, y_0) - f'_y(x_0, y_0) \dfrac{\varphi'_x(x_0, y_0)}{\varphi'_y(x_0, y_0)} = 0.$

函数 $L(x, y) = f(x, y) - \lambda\varphi(x, y)$ 称为拉格朗日函数，参数 λ 称为拉格朗日乘子.

具体步骤如下：

首先，作出拉格朗日函数 $L(x, y) = f(x, y) - \lambda\varphi(x, y)$，列出方程组：

$$\begin{cases} L'_x(x, y) = f'_x(x, y) + \lambda\varphi'_x(x, y) = 0, \\ L'_y(x, y) = f'_y(x, y) + \lambda\varphi'_y(x, y) = 0, \\ \varphi(x, y) = 0. \end{cases}$$

其次，解出 x, y, λ，其中点 (x, y) 即为函数 $z = f(x, y)$ 在附加条件 $\varphi(x, y) = 0$ 下的可能极值点.

【答疑解惑】

【问】如何求无条件极值？

【答】无条件极值是指自变量不受定义域的限制，无其他附加条件. 具体步骤如下：

(1) 求驻点，即解方程组 $\begin{cases} f'_x(x, y) = 0, \\ f'_x(x, y) = 0. \end{cases}$

(2) 根据定理判定：根据 $AC - B^2$ 的符号判定是否为极值.

(3) 将判定为是极值点代入函数求出极值.

【典型例题精解】

【例1】求下列函数的极值：

$(1)f(x,y)=f(x,y)=1-\sqrt{x^2+y^2}$;

$(2)f(x,y)=e^{2x}(x+y^2+2y)$;

$(3)f(x,y)=(6x-x^2)(4y-y^2)$.

【解】$(1)f_x=\dfrac{-x}{\sqrt{x^2+y^2}}, f_y=\dfrac{-y}{\sqrt{x^2+y^2}}$，解方程组 $\begin{cases}\dfrac{-x}{\sqrt{x^2+y^2}}=0\\[2mm]\dfrac{-y}{\sqrt{x^2+y^2}}=0\end{cases}$ 可得

驻点$(0,0)$，故极大值为1.

(2)解方程组 $\begin{cases}f_x=e^{2x}(2x+2y^2+4y-1)=0\\ f_y=e^{2x}(2y+2)=0\end{cases}$ 得驻点为$(1.5,-1)$，

接着求二阶偏导

$A=f_{xx}=2e^{2x}(2x+2y^2+4y), B=e^{2x}(4y+4), C=2e^{2x}$，显然，$AC-B^2=1>0$ 且 $A=1>0$，故极小值为 $f\left(\dfrac{3}{2},-1\right)=\dfrac{1}{2}e^3$.

(3)解方程组 $\begin{cases}f_x=(6-2x)(4y-y^2)=0\\ f_y=(6x-x^2)(4-2y)=0\end{cases}$ 得驻点为$(0,0),(0,4)$，

$(6,0),(6,4),(3,2)$，接着求二阶偏导 $A=f_{xx}=2(y^2-4y), B=f_{xy}=(6-2x)(4-2y), C=f_{yy}=2(x^2-6x)$，将以上驻点逐个代入判断 $AC-B^2$ 符号可知有极大值为 $f(3,2)=36$.

【例2】求下列函数在指定条件下的极值：

$(1)f(x,y)=\dfrac{1}{x}+\dfrac{4}{y}$，如果 $x+y=3$;

$(2)z=x+y$，如果 $\dfrac{1}{x}+\dfrac{1}{y}=1, x>0, y>0$.

【解】(1)构造拉格朗日函数. $L(x,y,\lambda)=\dfrac{1}{x}+\dfrac{4}{y}-\lambda(x+y-3)$，

解方程组

$$\begin{cases} L_x = -\dfrac{1}{x^2} - \lambda = 0 \\ L_y = -\dfrac{4}{y^2} - \lambda = 0 \\ L_\lambda = x + y - 3 = 0 \end{cases}$$

得 $(x,y) = (1,2), (-3,6)$,可知极大值为 $f(1,2) = 3$,极小值为 $f(-3,6) = \dfrac{1}{3}$.

(2)构造拉格朗日函数. 函数 $L(x,y,\lambda) = x + y - \lambda\left(\dfrac{1}{x} + \dfrac{1}{y} - 1\right)$,

解方程组

$$\begin{cases} L_x = 1 + \dfrac{\lambda}{x^2} = 0 \\ L_y = 1 + \dfrac{\lambda}{y^2} = 0 \\ L_\lambda = \dfrac{1}{x} + \dfrac{1}{y} - 1 = 0 \end{cases}$$

得 $(x,y) = (2,2)$,可知极小值为 $f(2,2) = 4$.

考研解析与综合提高

【例1】(2015 年数学一)设函数 $f(u,v)$ 可微,$z = z(x,y)$ 由方程 $(x+1)z - y^2 = x^2 f(x-z,y)$ 确定,则 $dz|_{(0,1,1)} = $ _____.

【问题分析】本题主要考查全微分的计算公式:$dz = \dfrac{\partial z}{\partial x}dx + \dfrac{\partial z}{\partial y}dy$.

【解】令 $F(x,y,z) = (x+1)z - y^2 - x^2 f(x-z,y)$,则

$$F_y = -2y - x^2 f_2'(x-z,y),$$

$$F_x = z - 2xf(x-z,y) - x^2 f_1'(x-z,y), \quad F_z = x + 1 + x^2 f_1'(x-z,y),$$

可知,

$$\left.\frac{\partial z}{\partial x}\right|_{(0,1,1)} = \left.-\frac{F_x}{F_z}\right|_{(0,1,1)} = \left.-\frac{z - 2xf(x-z,y) - x^2 f_1'(x-z,y)}{x + 1 + x^2 f_1'(x-z,y)}\right|_{(0,1,1)} = -1,$$

$$\left.\frac{\partial z}{\partial y}\right|_{(0,1,1)} = \left.-\frac{F_y}{F_z}\right|_{(0,1,1)} = \left.-\frac{-2y - x^2 f_2'(x-z,y)}{x + 1 + x^2 f_1'(x-z,y)}\right|_{(0,1,1)} = 2,$$

即可得 $\mathrm{d}z|_{(0,1,1)} = -\mathrm{d}x + 2\mathrm{d}y.$

【例 2】(2015 年数学一、三)若函数 $z = f(x,y)$ 由方程 $\mathrm{e}^{x+2y+3z} + xyz = 1$ 确定,则 $\mathrm{d}z|_{(0,0)} = $ _____.

【问题分析】本题主要考查全微分的计算公式: $\mathrm{d}z = \frac{\partial z}{\partial x}\mathrm{d}x + \frac{\partial z}{\partial y}\mathrm{d}y.$

【解】令 $F(x,y,z) = \mathrm{e}^{x+2y+3z} + xyz - 1,$

则 $F_x = \mathrm{e}^{x+2y+3z} + yz, F_y = 2\mathrm{e}^{x+2y+3z} + xz, F_z = 3\mathrm{e}^{x+2y+3z} + xy.$

可知, $\left.\frac{\partial z}{\partial x}\right|_{(0,0)} = \left.-\frac{F_x}{F_z}\right|_{(0,0)} = \left.-\frac{\mathrm{e}^{x+2y+3z} + yz}{3\mathrm{e}^{x+2y+3z} + xy}\right|_{(0,0)} = -\frac{1}{3},$

$$\left.\frac{\partial z}{\partial y}\right|_{(0,0)} = \left.-\frac{F_y}{F_z}\right|_{(0,0)} = \left.-\frac{2\mathrm{e}^{x+2y+3z} + xz}{3\mathrm{e}^{x+2y+3z} + xy}\right|_{(0,0)} = -\frac{2}{3},$$

即可得 $\mathrm{d}z|_{(0,0)} = -\frac{1}{3}\mathrm{d}x - \frac{2}{3}\mathrm{d}y.$

【例 3】(2015 年数学二)设函数 $f(u,v)$ 满足 $f\left(x+y,\frac{y}{x}\right) = x^2 - y^2,$ 则 $\left.\frac{\partial f}{\partial u}\right|_{\substack{u=1\\v=1}}$ 与 $\left.\frac{\partial f}{\partial v}\right|_{\substack{u=1\\v=1}}$ 依次是(　　).

(A) $\frac{1}{2}$,0　　　(B)0, $\frac{1}{2}$　　　(C) $-\frac{1}{2}$,0　　　(D)0, $-\frac{1}{2}$

【问题分析】本题主要考查复合函数的求导法则.

【解】解法一:由题意可知 $u = x + y, v = \frac{y}{x}$,所以 $x = \frac{u}{v+1}, y = \frac{uv}{v+1}$,即

$$f(u,v) = \frac{u^2}{(v+1)^2} - \frac{u^2 v^2}{(v+1)^2} = \frac{u^2(1-v)}{v+1}.$$

根据偏导数的计算法则可知 $\dfrac{\partial f}{\partial u} = \dfrac{2u(1-v)}{v+1}$, $\dfrac{\partial f}{\partial v} = u^2 \dfrac{-2}{(v+1)^2}$. 将

$(u,v) = (0,0)$ 代入可得: $\dfrac{\partial f}{\partial u}\Big| = 0$, $\dfrac{\partial f}{\partial v}\Big| = -\dfrac{1}{2}$, 故答案为(D).

解法二: 对方程 $f\left(x+y, \dfrac{x}{y}\right) = x^2 - y^2$ 中的 x,y 分别求偏导得,

$$\frac{\partial f}{\partial u} - \frac{y}{x^2}\frac{\partial f}{\partial v} = 2x, \quad \frac{\partial f}{\partial u} + \frac{1}{x}\frac{\partial f}{\partial v} = -2y.$$

由于 $u = 1, v = 1$, 可得 $x = y = \dfrac{1}{2}$, 代入 $\dfrac{\partial f}{\partial u} - \dfrac{y}{x^2}\dfrac{\partial f}{\partial v} = 2x$.

$\dfrac{\partial f}{\partial u} + \dfrac{1}{x}\dfrac{\partial f}{\partial v} = -2y$, 解得 $\dfrac{\partial f}{\partial u}\Big| = 0$, $\dfrac{\partial f}{\partial v}\Big| = -\dfrac{1}{2}$.

【例4】(2015 年数学一) 已知函数 $f(x,y) = x + y + xy$, 曲线 C: $x^2 + y^2 + xy = 3$, 求 $f(x,y)$ 在曲线 C 上的最大方向导数.

【问题分析】本题主要考查方向导数与梯度的关系, 函数在某点的梯度是这样一个向量, 它的方向与取得最大方向导数的方向一致, 而它的模为方向导数的最大值.

【解】根据已知函数, 可知 $\mathrm{grad}f(x,y) = \left(\dfrac{\partial f}{\partial x}, \dfrac{\partial f}{\partial y}\right) = (1+y, 1+x)$,

故 $f(x,y)$ 在曲线 C 上的最大方向的导数为 $\sqrt{(1+y)^2 + (1+x)^2}$, 其中 x,y 满足 $x^2 + y^2 + xy = 3$, 即问题转化为求函数 $z = (1+y)^2 + (1+x)^2$ 在约束条件 $x^2 + y^2 + xy - 3 = 0$ 下的最大值.

构造拉格朗日函数

$$F(x,y,\lambda) = (1+y)^2 + (1+x)^2 + \lambda(x^2 + y^2 + xy - 3).$$

令

$$\begin{cases} \dfrac{\partial F}{\partial x} = 2(1+x) + 2\lambda x + \lambda y = 0 \\[2mm] \dfrac{\partial F}{\partial y} = 2(1+y) + 2\lambda y + \lambda x = 0 \\[2mm] \dfrac{\partial F}{\partial \lambda} = x^2 + y^2 + xy - 3 = 0 \end{cases}.$$

可解得(x,y)分别为:$(1,1),(-1,-1),(2,-2),(-1,2)$,其中$z(1,1)=4,z(-1,-1)=0,z(2,-1)=z(-1,2)=9$.综上根据题意可知$f(x,y)$在曲线$C$上的最大方向导数为3.

【例5】(2014年数学二)设函数$u(x,y)$在有界闭区域D上连续,在D的内部具有二阶连续偏导数,且$\dfrac{\partial u}{\partial x \partial y}\neq 0$及$\dfrac{\partial^2 u}{\partial x^2}+\dfrac{\partial^2 u}{\partial y^2}=0$,则(　　).

(A)$u(x,y)$的最大值和最小值都在D的边界上取得

(B)$u(x,y)$的最大值和最小值都在D的内部上取得

(C)$u(x,y)$的最大值在D的内部上取得,最小值都在D的边界上取得

(D)$u(x,y)$的最大值在D的边界上取得,最小值都在D的内部上取得

【问题分析】本题主要考查二元函数极值满足的条件:$\Delta=B^2-AC<0$的应用.

【解】函数$u(x,y)$在有界闭区域D上连续,则函数$u(x,y)$在有界闭区域D上必有最值存在. 同时由于$\dfrac{\partial^2 u}{\partial x^2}+\dfrac{\partial^2 u}{\partial y^2}=0$,故$\dfrac{\partial^2 u}{\partial x^2}$与$\dfrac{\partial^2 u}{\partial y^2}$必然是异号,即$AC=\dfrac{\partial^2 u}{\partial x^2}\dfrac{\partial^2 u}{\partial y^2}<0$,,最终可知$\Delta=B^2-AC>0$,显然最值不在内部,故答案应选(A).

【例6】(2013年数学一)求函数$f(x,y)=\left(y+\dfrac{x^3}{3}\right)e^{x+y}$的极值.

【问题分析】本题主要考查二元函数极值的计算方法.

【解】先求驻点. 令
$$\begin{cases} f_x=\left(x^2+y+\dfrac{1}{3}x^3\right)e^{x+y}=0 \\ f_y=\left(1+y+\dfrac{1}{3}x^3\right)e^{x+y}=0 \end{cases},$$

解得 (x,y) 为 $\left(-1,-\dfrac{2}{3}\right)$ 和 $\left(1,-\dfrac{4}{3}\right)$.

为了判断这两个驻点是否为极值点,求二阶导数

$$\begin{cases} f_{xx} = \left(2x + 2x^2 + y + \dfrac{1}{3}x^3\right)e^{x+y} \\[2mm] f_{xy} = \left(x^2 + 1 + y + \dfrac{1}{3}x^3\right)e^{x+y} \\[2mm] f_{yy} = \left(2 + y + \dfrac{1}{3}x^3\right)e^{x+y} \end{cases}$$

在点 $\left(-1,-\dfrac{2}{3}\right)$ 处:

$$A = f_{xx}\left(-1,-\dfrac{2}{3}\right) = -e^{-\frac{5}{3}}, B = f_{xy}\left(-1,-\dfrac{2}{3}\right) = e^{-\frac{5}{3}},$$

$$C = f_{yy}\left(-1,-\dfrac{2}{3}\right) = e^{-\frac{5}{3}}.$$

因为 $A < 0, AC - B^2 < 0$,所以 $\left(-1,-\dfrac{2}{3}\right)$ 不是极值点.

类似地,在点 $\left(1,-\dfrac{4}{3}\right)$ 处:

$$A = f_{xx}\left(1,-\dfrac{4}{3}\right) = 3e^{-\frac{1}{3}}, B = f_{xy}\left(1,-\dfrac{4}{3}\right) = e^{-\frac{1}{3}},$$

$$C = f_{yy}\left(1,-\dfrac{4}{3}\right) = e^{-\frac{1}{3}}.$$

因为 $A > 0, AC - B^2 = 2e^{-\frac{2}{3}} > 0$,所以 $\left(1,-\dfrac{4}{3}\right)$ 是极小值点,极小值

为 $f\left(1,-\dfrac{4}{3}\right) = \left(-\dfrac{4}{3}+\dfrac{1}{3}\right)e^{-\frac{1}{3}} = -e^{-\frac{1}{3}}$.

【例 7】(2013 年数学三)设函数 $z = z(x,y)$ 由方程 $(z+y)^x = xy$ 确定,则 $\dfrac{\partial z}{\partial x}\bigg|_{(1,2)} = $ _____.

【问题分析】本题主要考查二元隐函数求偏导法则,只需按隐函数求偏导法则计算即可.

【解】方程两边取对数得 $x\ln(z+y)=\ln x+\ln y$，令 $F(x,y,z)=x\ln(z+y)-\ln x-\ln y$，则 $F_x=\ln(z+y)-x^{-1}$，$F_z=\dfrac{x}{z+y}$，可知

$$\left.\frac{\partial z}{\partial x}\right|_{(1,2)}=-\left.\frac{F_x}{F_z}\right|_{(1,2)}=2(1-\ln 2).$$

【例8】（2012年数学一、二）如果 $f(x,y)$ 在 $(0,0)$ 处连续，那么下列命题正确的是（　　）.

（A）若极限 $\lim\limits_{\substack{x\to 0\\y\to 0}}\dfrac{f(x,y)}{|x|+|y|}$ 存在，则 $f(x,y)$ 在 $(0,0)$ 处可微

（B）若极限 $\lim\limits_{\substack{x\to 0\\y\to 0}}\dfrac{f(x,y)}{x^2+y^2}$ 存在，则 $f(x,y)$ 在 $(0,0)$ 处可微

（C）若 $f(x,y)$ 在 $(0,0)$ 处可微，则极限 $\lim\limits_{\substack{x\to 0\\y\to 0}}\dfrac{f(x,y)}{|x|+|y|}$ 存在

（D）若 $f(x,y)$ 在 $(0,0)$ 处可微，则极限 $\lim\limits_{\substack{x\to 0\\y\to 0}}\dfrac{f(x,y)}{x^2+y^2}$ 存在

【问题分析】本题主要考查二元函数连续和可微的定义.

【解】由于 $f(x,y)$ 在 $(0,0)$ 处连续，可知如果 $\lim\limits_{\substack{x\to 0\\y\to 0}}\dfrac{f(x,y)}{x^2+y^2}$ 存在，则必有 $f(0,0)=\lim\limits_{\substack{x\to 0\\y\to 0}}f(x,y)=0$. 这样，$\lim\limits_{\substack{x\to 0\\y\to 0}}\dfrac{f(x,y)}{x^2+y^2}$ 就可以写成 $\lim\limits_{\substack{\Delta x\to 0\\\Delta y\to 0}}\dfrac{f(\Delta x,\Delta y)-f(0,0)}{\Delta x^2+\Delta y^2}$，也即极限 $\lim\limits_{\substack{\Delta x\to 0\\\Delta y\to 0}}\dfrac{f(\Delta x,\Delta y)-f(0,0)}{\Delta x^2+\Delta y^2}$ 存在，可知 $\lim\limits_{\substack{\Delta x\to 0\\\Delta y\to 0}}\dfrac{f(\Delta x,\Delta y)-f(0,0)}{\sqrt{\Delta x^2+\Delta y^2}}=0$，也即

$$f(\Delta x,\Delta y)-f(0,0)=0\Delta x+0\Delta y+o(\sqrt{\Delta x^2+\Delta y^2}).$$

由可微的定义可知 $f(x,y)$ 在 $(0,0)$ 处可微. 故答案应该选（B）.

【例9】（2012年数学一、二）$\left.\mathrm{grad}\left(xy+\dfrac{z}{y}\right)\right|_{(2,1,1)}=$ ＿＿＿.

【问题分析】本题主要考查梯度的概念 $\mathrm{grad}\,f(x,y,z)=(f_x,f_y,f_z)$.

【解】 $\operatorname{grad}\left(xy+\dfrac{z}{y}\right)\Big|_{(2,1,1)}=\left\{y,x-\dfrac{z}{y^2},\dfrac{1}{y}\right\}\Big|_{(2,1,1)}=\{1,1,1\}.$

【例10】（2012年数学一）求 $f(x,y)=xe-\dfrac{x^2+y^2}{2}$ 的极值.

【问题分析】 本题主要考查二元函数计算极值的方法.

【解】 先求函数的驻点. 令 $f'_x(x,y)=e-x=0,f'_y(x,y)=-y=0$,
联立方程组解得函数的驻点为 $(e,0)$.

又 $A=f''_{xx}(e,0)=-1,B=f''_{xy}(e,0)=0,C=f''_{yy}(e,0)=-1$,所以
$B^2-AC<0,A<0$,故 $f(x,y)$ 在点 $(e,0)$ 处取得极大值 $f(e,0)=\dfrac{1}{2}e^2$.

【例11】（2012年数学二）设函数 $f(x,y)$ 可微,且对任意 x,y 都有
$\dfrac{\partial f(x,y)}{\partial x}>0,\dfrac{\partial f(x,y)}{\partial y}<0,f(x_1,y_1)<f(x_2,y_2)$ 成立的一个充分条件是
（　　）.

(A) $x_1>x_2,y_1<y_2$　　　　　(B) $x_1>x_2,y_1>y_2$

(C) $x_1<x_2,y_1<y_2$　　　　　(D) $x_1<x_2,y_1>y_2$

【问题分析】 本题主要考查二元函数偏导数的定义.

【解】 由于 $\dfrac{\partial f(x,y)}{\partial x}>0,\dfrac{\partial f(x,y)}{\partial y}<0$ 表示函数 $f(x,y)$ 关于变量 x
是单调递增的,关于变量 y 是单调递减的. 因此,当 $x_1<x_2,y_1>y_2$ 时,
必有 $f(x_1,y_1)<f(x_2,y_2)$,故选(D).

【例12】（2012年数学二）设 $z=f\left(\ln x+\dfrac{1}{y}\right)$,其中函数 $f(u)$ 可微,
则 $x\dfrac{\partial z}{\partial x}+y^2\dfrac{\partial z}{\partial y}=$ _____.

【问题分析】 本题主要考查二元函数偏导数的链式法则.

【解】 因为 $\dfrac{\partial z}{\partial x}=f'\cdot\dfrac{1}{x},\dfrac{\partial z}{\partial y}=f'\cdot\left(-\dfrac{1}{y^2}\right)$,所以 $x\dfrac{\partial z}{\partial x}+y^2\dfrac{\partial z}{\partial y}=0.$

【例13】（2012年数学三）函数 $z=f(x,y)$ 满足

$$\lim_{\substack{x\to 0\\y\to 1}}\frac{f(x,y)-2x+y-2}{\sqrt{x^2+(y-1)^2}}=0,$$

则 $\mathrm{d}z\big|_{(0,1)}=$ _____.

【问题分析】本题主要考查二元函数全微分的定义.

【解】由题意可知分子应为分母的高阶无穷小,即

$f(x,y)=2x-y+2+o(\sqrt{x^2+(y-1)^2})$,所以 $\dfrac{\partial z}{\partial x}\Big|_{(0,1)}=2$,

$\dfrac{\partial z}{\partial y}\Big|_{(0,1)}=-1$,故 $\mathrm{d}z\big|_{(0,1)}=2\mathrm{d}x-\mathrm{d}y$.

【例14】(2011年数学一、二)设函数 $f(x)$ 具有二阶连续导数,且 $f(x)>0,f(0)'=0$,则函数 $z=f(x)\ln f(y)$ 在点(0,0)处取得极小值的一个充分条件是(　　).

(A)$f(0)>1,f''(0)>0$　　　　(B)$f(0)>1,f''(0)<0$

(C)$f(0)<1,f''(0)>0$　　　　(D)$f(0)<1,f''(0)<0$

【问题分析】本题主要考查二元函数有极小值的条件:$B^2-AC<0,A>0$.

【解】由 $z=f(x)\ln f(y)$ 知 $z'_x=f'(x)\ln f(y)$,$z'_y=\dfrac{f(x)}{f(y)}f'(y)$,

$A=z''_{xx}=f''(x)\ln f(y)$,$B=z''_{xy}=\dfrac{f'(x)f'(y)}{f(y)}$,

$C=z''_{yy}=f(x)\dfrac{f''(y)f(y)-(f'(y))^2}{f^2(y)}$.

所以 $A=f''(0)\ln f(0)$,$B=0$,$C=f''(0)$,要使得函数 $z=f(x)\cdot\ln f(y)$ 在点(0,0)处取得极小值,仅需 $f''(0)\ln f(0)>0,f''(0)\ln f(0)\cdot f''(0)>0$ 所以有 $f(0)>1,f''(0)>0$.故答案选(A).

【例15】(2011年数学一)设函数 $F(x,y)=\displaystyle\int_0^{xy}\frac{\sin t}{1+t^2}\mathrm{d}t$,则 $\dfrac{\partial^2 F}{\partial x^2}\Big|_{\substack{x=0\\y=2}}=$ _____.

【问题分析】本题考查偏导数的计算.

【解】$\dfrac{\partial F}{\partial x} = \dfrac{y\sin xy}{1+x^2y^2}$，$\dfrac{\partial^2 F}{\partial^2 x} = \dfrac{y^2\cos xy(1+x^2y^2) - 2xy^3\sin xy}{(1+x^2y^2)^2}$. 故

$\dfrac{\partial^2 F}{\partial x^2}\bigg|_{\substack{x=0 \\ y=2}} = 4.$

【例16】(2011年数学一、二)设 $z = f(xy, yg(x))$，其中函数 f 具有二阶连续偏导数，函数 $g(x)$ 可导，且在 $x=1$ 处取得极值 $g(1)=1$，求 $\dfrac{\partial^2 z}{\partial x \partial y}\bigg|_{(1,1)}$.

【问题分析】本题综合考查偏导数的计算和二元函数取极值的条件，主要考查考生的计算能力，计算量较大.

【解】$\dfrac{\partial z}{\partial x} = f_1'(xy, yg(x))y + f_2'(xy, yg(x))yg'(x)$

$\quad\dfrac{\partial^2 z}{\partial x \partial y} = f_{11}''(xy, yg(x))xy + f_{12}''(xy, yg(x))yg(x)$

$\qquad\qquad + f_1'(xy, yg(x))x + f_{21}''(xy, yg(x))xyg'(x)$

$\qquad\qquad + f_{22}''(xy, yg(x))yg(x)g'(x) + f_2'(xy, yg(x))g'(x).$

由于 $g(x)$ 在 $x=1$ 处取得极值 $g(1)=1$，可知 $g'(1)=0$. 故

$\dfrac{\partial^2 z}{\partial x \partial y}\bigg|_{(1,1)} = f_{11}''(1, g(1)) + f_{12}''(1, g(1))g(1) + f_1'(1, g(1)) +$

$f_{21}''(1, g(1))g'(1) + f_{22}''(1, g(1))g(1)g'(1) + f_2'(1, g(1))g'(1)$

$= f_{11}''(1,1) + f_{12}''(1,1).$

【例17】(2011年数学三)设函数 $z = \left(1 + \dfrac{x}{y}\right)^{\frac{x}{y}}$，则 $\mathrm{d}z\,|_{(1,1)} =$

_____.

【问题分析】遇到讨论幂指函数的问题时一般可将幂指函数转化为指数函数的形式.

【解】原函数可转化为 $z = \mathrm{e}^{\frac{x}{y}\ln\left(1+\frac{x}{y}\right)}$，则

$\dfrac{\partial z}{\partial x} = \left(1 + \dfrac{x}{y}\right)^{\frac{x}{y}}\left[\dfrac{1}{y}\ln\left(1 + \dfrac{x}{y}\right) + \dfrac{x}{y}\cdot\dfrac{\dfrac{1}{y}}{1+\dfrac{x}{y}}\right],$

$$\frac{\partial z}{\partial y} = \left(1 + \frac{x}{y}\right)^{\frac{x}{y}}\left[-\frac{x}{y^2}\ln\left(1 + \frac{x}{y}\right) + \frac{x}{y} \cdot \frac{-\dfrac{x}{y^2}}{1 + \dfrac{x}{y}}\right],$$

所以　　　　$\left.\dfrac{\partial z}{\partial x}\right|_{(1,1)} = 2\ln 2 + 1, \left.\dfrac{\partial z}{\partial y}\right|_{(1,1)} = -1 - 2\ln 2.$

从而 $\mathrm{d}z\big|_{(1,1)} = (1 + 2\ln 2)\mathrm{d}x - (1 + 2\ln 2)\mathrm{d}y$

或　　　　　　$\mathrm{d}z\big|_{(1,1)} = (1 + 2\ln 2)(\mathrm{d}x - \mathrm{d}y).$

【例 18】(2011 年数学三)已知函数 $f(u,v)$ 具有连续的二阶偏导

数,$f(1,1) = 2$ 是 $f(u,v)$ 的极值,$z = f[x + y, f(x,y)]$,求 $\left.\dfrac{\partial^2 z}{\partial x \partial y}\right|_{(1,1)}$.

【问题分析】主要考查极值存在的条件和极值的计算.

【解】$\dfrac{\partial z}{\partial x} = f_1'\big[(x + y), f(x,y)\big] + f_2'\big[(x + y), f(x,y)\big] \cdot f_1'(x,y),$

$$\frac{\partial^2 z}{\partial x \partial y} = f_{11}''\big[(x + y), f(x + y)\big] \cdot 1 +$$

$$f_{12}''\big[(x + y), f(x + y)\big] \cdot f_2'(x,y) +$$

$$\left\{ \begin{matrix} f_{21}''\big[(x + y), f(x + y)\big] + \\ f_{22}''\big[(x + y), f(x + y)\big]f_2'(x,y) \end{matrix} \right\} \cdot f_1''(x,y) +$$

$$f_2'\big[(x + y), f(x + y)\big] \cdot f_{12}''(x,y).$$

由于 $f(1,1) = 2$ 为 $f(u,v)$ 的极值,故 $f_1'(1,1) = f_2'(1,1) = 0.$

所以,$\dfrac{\partial^2 z}{\partial x \partial y} = f_{11}''(2,2) + f_2'(2,2) \cdot f_{12}''(1,1).$

【例 19】(2010 年数学三)求函数 $u = xy + 2yz$ 在约束条件 $x^2 + y^2 + z^2 = 10$ 下的最大值和最小值.

【问题分析】这是一道典型的有条件极值问题,用拉格朗日乘数法即可.

【解】令 $F(x,y,z,\lambda) = xy + 2yz + \lambda(x^2 + y^2 + z^2 - 10)$,用拉格朗日乘数法得

$$\begin{cases} F_x' = y + 2\lambda x = 0, \\ F_y' = x + 2z + 2\lambda y = 0, \\ F_z' = 2y + 2\lambda z = 0, \\ F_\lambda' = x^2 + y^2 + z^2 - 10 = 0. \end{cases}$$

解方程组得六个点分别为：

$A(1,\sqrt{5},2)$，$B(-1,-\sqrt{5},-2)$，$C(1,-\sqrt{5},2)$，

$D(-1,\sqrt{5},-2)$，$E(2\sqrt{2},0,-\sqrt{2})$，$F(-2\sqrt{2},0,\sqrt{2})$.

由于在点 A 与 B 点处，$u = 5\sqrt{5}$；在点 C 与 D 处，$u = -5\sqrt{5}$；在点 E 与 F 处，$u = 0$. 又因为该问题必存在最值，并且不可能在其他点处，所以 $u_{\max} = 5\sqrt{5}$，$u_{\min} = -5\sqrt{5}$.

【例 20】（2009 年数学一、三）求二元函数 $f(x,y) = x^2(2 + y^2) + y\ln y$ 的极值.

【问题分析】这是一道典型的求极值问题.

【解】$f_x'(x,y) = 2x(2 + y^2)$，$f_y'(x,y) = 2x^2 y + \ln y + 1$. 令 $\begin{cases} f_x'(x,y) = 0 \\ f_y'(x,y) = 0 \end{cases}$，解得唯一驻点 $\left(0, \dfrac{1}{e}\right)$. 由于 $A = f_{xx}''\left(0,\dfrac{1}{e}\right) = 2(2 + y^2)\big|_{(0,\frac{1}{e})} = 2\left(2 + \dfrac{1}{e^2}\right)$，$B = f_{xy}''\left(0,\dfrac{1}{e}\right) = 4xy\big|_{(0,\frac{1}{e})} = 0$，$C = f_{yy}''\left(0,\dfrac{1}{e}\right) = \left(2x^2 + \dfrac{1}{y}\right)\Big|_{(0,\frac{1}{e})} = e$. 显然，$B^2 - AC = -2e\left(2 + \dfrac{1}{e^2}\right) < 0$，且 $A > 0$.

从而 $f\left(0,\dfrac{1}{e}\right)$ 是 $f(x,y)$ 的极小值，极小值为 $f\left(0,\dfrac{1}{e}\right) = -\dfrac{1}{e}$.

【例 21】（2009 年数学二）设 $z = f(x + y, x - y, xy)$，其中 f 具有二阶连续偏导数，求 $\mathrm{d}z$ 与 $\dfrac{\partial^2 z}{\partial x \partial y}$.

【解】因为 $\dfrac{\partial z}{\partial x} = f_1' + f_2' + yf_3'$，$\dfrac{\partial z}{\partial y} = f_1' - f_2' + xf_3'$，

所以 $\mathrm{d}z = \dfrac{\partial z}{\partial x}\mathrm{d}x + \dfrac{\partial z}{\partial y}\mathrm{d}y = (f_1' + f_2' + yf_3')\mathrm{d}x + (f_1' - f_2' + xf_3')\mathrm{d}y$，

$$\frac{\partial^2 z}{\partial x \partial y} = f''_{11} \cdot 1 + f''_{12} \cdot (-1) + f''_{13} \cdot x + f''_{21} \cdot 1 + f''_{22} \cdot (-1) +$$

$$f''_{23} \cdot x + f'_3 + y[f''_{31} \cdot 1 + f''_{32} \cdot (-1) + f''_{33} \cdot x]$$

$$= f'_3 + f''_{11} - f''_{22} + xyf''_{33} + (x+y)f''_{13} + (x-y)f''_{23}.$$

【例22】(2008年数学三)设 $f(x,y) = e^{\sqrt{x^2+y^4}}$,则函数在原点偏导数存在的情况是(　　).

(A)$f'_x(0,0)$存在,$f'_y(0,0)$存在

(B)$f'_x(0,0)$存在,$f'_y(0,0)$不存在

(C)$f'_x(0,0)$不存在,$f'_y(0,0)$存在

(D)$f'_x(0,0)$不存在,$f'_y(0,0)$不存在

【解】$f'_x(0,0) = \lim_{x \to 0} \dfrac{f(x,0) - f(0,0)}{x - 0} = \lim_{x \to 0} \dfrac{e^{\sqrt{x^2+0^4}} - 1}{x} = \lim_{x \to 0} \dfrac{e^{|x|} - 1}{x}$,

$\lim_{x \to 0^+} \dfrac{e^{|x|} - 1}{x} = \lim_{x \to 0^+} \dfrac{e^x - 1}{x} = 1$, $\lim_{x \to 0^-} \dfrac{e^{|x|} - 1}{x} = \lim_{x \to 0^-} \dfrac{e^{-x} - 1}{x} = -1$.

故 $f'_x(0,0)$不存在.

$$f'_y(0,0) = \lim_{y \to 0} \frac{f(0,y) - f(0,0)}{y - 0} = \lim_{y \to 0} \frac{e^{\sqrt{0^2+y^4}} - 1}{y}$$

$$= \lim_{y \to 0} \frac{e^{y^2} - 1}{y} = \lim_{y \to 0} \frac{y^2}{y} = 0.$$

所以 $f'_y(0,0)$存在. 故选(C).

【例23】(2008年数学三)设 $z = z(x,y)$ 是由方程 $x^2 + y^2 - z = \varphi(x+y+z)$ 所确定的函数,其中 φ 具有二阶导数且 $\varphi' \neq -1$.

(Ⅰ)求 $\mathrm{d}z$;(Ⅱ)记 $u(x,y) = \dfrac{1}{x-y}\left(\dfrac{\partial z}{\partial x} - \dfrac{\partial z}{\partial y}\right)$,求$\dfrac{\partial u}{\partial x}$.

【解】(Ⅰ)$2x\mathrm{d}x + 2y\mathrm{d}y - \mathrm{d}z = \varphi'(x+y+z) \cdot (\mathrm{d}x + \mathrm{d}y + \mathrm{d}z)$

$$\Rightarrow (\varphi' + 1)\mathrm{d}z = (-\varphi' + 2x)\mathrm{d}x + (-\varphi' + 2y)\mathrm{d}y$$

$$\Rightarrow \mathrm{d}z = \frac{(-\varphi' + 2x)\mathrm{d}x + (-\varphi' + 2y)\mathrm{d}y}{\varphi' + 1} (\varphi' \neq -1)$$

(Ⅱ)由上一问可知$\dfrac{\partial z}{\partial x} = \dfrac{-\varphi' + 2x}{\varphi' + 1}$,$\dfrac{\partial z}{\partial y} = \dfrac{-\varphi' + 2y}{\varphi' + 1}$,

所以　$u(x,y) = \dfrac{1}{x-y}\left(\dfrac{\partial z}{\partial x} - \dfrac{\partial z}{\partial y}\right) = \dfrac{1}{x-y}\left(\dfrac{-\varphi' + 2x}{\varphi' + 1} - \dfrac{-\varphi' + 2y}{\varphi' + 1}\right)$

$$= \dfrac{1}{x-y} \cdot \dfrac{-2y + 2x}{\varphi' + 1} = \dfrac{2}{\varphi' + 1},$$

所以　$\dfrac{\partial u}{\partial x} = \dfrac{-2\varphi''\left(1 + \dfrac{\partial z}{\partial x}\right)}{(\varphi' + 1)^2} = -\dfrac{2\varphi''\left(1 + \dfrac{2x - \varphi'}{1 + \varphi'}\right)}{(\varphi' + 1)^2}$

$$= -\dfrac{2\varphi''(1 + \varphi' + 2x - \varphi')}{(\varphi' + 1)^3} = -\dfrac{2\varphi''(1 + 2x)}{(\varphi' + 1)^3}.$$

【例 24】(2008 年数学一)函数 $f(x,y) = \arctan \dfrac{x}{y}$ 在点 $(0,1)$ 处的梯度等于(　　).

(A)i　　　　(B)$-i$　　　　(C)j　　　　(D)$-j$

【解】因为 $f'_x = \dfrac{1/y}{1 + x^2/y^2}, f'_y = \dfrac{-x/y^2}{1 + x^2/y^2}$,

所以 $f'_x(0,1) = 1, f'_y(0,1) = 0$. 所以 $\mathrm{grad}f(0,1) = 1 \cdot i + 0 \cdot j = i$, 故选(A).

【例 25】(2008 年数学一)已知曲线 $C:\begin{cases}x^2 + y^2 - 2z^2 = 0 \\ x + y + 3z = 5\end{cases}$,求曲线 C 距离 xOy 面最远的点和最近的点.

【解】点 (x,y,z) 到 xOy 面的距离为 $|z|$,故求 C 上距离 xOy 面的最远点和最近点的坐标,等价于求函数 $H = z^2$ 在条件 $x^2 + y^2 - 2z^2 = 0$ 与 $x + y + 3z = 5$ 下的最大值点和最小值点.

令　$L(x,y,z,\lambda,\mu) = z^2 + \lambda(x^2 + y^2 - 2z^2) + \mu(x + y + 3z - 5)$,

所以 $\begin{cases} L'_x = 2\lambda x + \mu = 0 & (1) \\ L'_y = 2\lambda y + \mu = 0 & (2) \\ L'_z = 2z - 4\lambda z + 3\mu = 0. & (3) \\ x^2 + y^2 - 2z^2 = 0 & (4) \\ x + y + 3z = 5 & (5) \end{cases}$

由(1)、(2)式得 $x = y$，代入(4)、(5)式有 $\begin{cases} x^2 - z^2 = 0 \\ 2x + 3z = 5 \end{cases}$.

解得 $\begin{cases} x = -5 \\ y = -5 \\ z = 5 \end{cases}$ 或 $\begin{cases} x = 1 \\ y = 1 \\ z = 1 \end{cases}$.

【例 26】(2008 年数学二) 求函数 $u = x^2 + y^2 + z^2$ 在约束条件 $z = x^2 + y^2$ 和 $x + y + z = 4$ 下的最大值和最小值.

【解】

解法一：作拉格朗日函数.

$F(x, y, z, \lambda, \mu) = x^2 + y^2 + z^2 + \lambda(x^2 + y^2 - z) + \mu(x + y + z - 4)$,

令 $\begin{cases} F'_x = 2x + 2\lambda x + \mu = 0 \\ F'_y = 2y + 2\lambda y + \mu = 0 \\ F'_z = 2z - \lambda + \mu = 0 \\ F'_\lambda = x^2 + y^2 - z = 0 \\ F'_\mu = x + y + z - 4 = 0 \end{cases}$.

解方程组得 $(x_1, y_1, z_1) = (1, 1, 2)$, $(x_2, y_2, z_2) = (-2, -2, 8)$. 故所求的最大值为 72, 最小值为 6.

解法二：问题可转化为求 $u = x^2 + y^2 + x^4 + 2x^2y^2 + y^4$ 在 $x + y + x^2 + y^2 = 4$ 条件下的最值.

设 $F(x, y, \lambda) = u = x^4 + y^4 + 2x^2y^2 + x^2 + y^2 + \lambda(x + y + x^2 + y^2 - 4)$,

令 $\begin{cases} F'_x = 4x^3 + 4xy^2 + 2x + \lambda(1 + 2x) = 0 \\ F'_y = 4y^3 + 4x^2y + 2y + \lambda(1 + 2y) = 0 \\ F'_\lambda = x + y + x^2 + y^2 - 4 = 0 \end{cases}$,

解得 $(x_1, y_1) = (1, 1)$, $(x_2, y_2) = (-2, -2)$, 代入 $z = x^2 + y^2$, 得 $z_1 = 2$, $z_2 = 8$. 故所求的最大值为 72, 最小值为 6.

同步测试

一、填空题(本题共 5 小题每题 5 分)

1. $\lim\limits_{(x,y)\to(1,1)} \dfrac{1+2xy}{x^2+y^3} = $ _____.

2. $f(x,y) = \dfrac{\sqrt{x}}{\ln(1-x^2-y^2)}$ 的定义域为 _____.

3. 设函数 $z = e^{\frac{y}{x}}$,则全微分 $\mathrm{d}z = $ _____.

4. 设 $z = f(u,x,y)$,$u = xe^y$,其中 f 具有连续的偏导数,则 $\dfrac{\partial z}{\partial x} = $ _____.

5. 已知 $\dfrac{(x+ay)\,\mathrm{d}x + y\,\mathrm{d}y}{(x+y)^2}$ 为某函数的全微分,则 a 等于 _____.

二、选择题(本题共 5 小题每题 5 分)

1. $\dfrac{\partial f}{\partial x}$,$\dfrac{\partial f}{\partial y}$ 在点 (x_0,y_0) 处均存在是函数 $f(x,y)$ 在该点处连续的 ( ) 条件.

  (A)充要   (B)必要

  (C)充分   (D)既不充分也不必要

2. 函数 $f(x,y) = \begin{cases} \dfrac{xy}{x^2+y^2}, & x^2+y^2 = 0 \\ 0, & x^2+y^2 \neq 0 \end{cases}$ 在点 $(0,0)$ 处( ).

  (A)连续但不存在偏导   (B)存在偏导但不连续

  (C)连续且存在偏导   (D)既不连续又不存在偏导

3. 设 $z = \dfrac{y}{f(x^2-y^2)}$,其中 $f(u)$ 为可导函数,则 $\dfrac{\partial z}{\partial x} = $ ( ).

(A) $-\dfrac{2xy}{f^2(x^2-y^2)}$ (B) $-\dfrac{2xyf'(x^2-y^2)}{f^2(x^2-y^2)}$

(C) $-\dfrac{yf'(x^2-y^2)}{f^2(x^2-y^2)}$ (D) $\dfrac{f(x^2-y^2)-yf'(x^2-y^2)}{f^2(x^2-y^2)}$

4. $(1.04)^{2.02}$ 近似值为（　　）.

(A) 1.07　　(B) 1.06　　(C) 1.08　　(D) 1.09

5. 设 z = uv + tan t, 而 $u=\cos t, v=e^t$, 则 $\dfrac{dz}{dt}=$（　　）.

(A) $e^t(\cos t-\sin t)+\tan t$ (B) $e^t(\cos t-\sin t)+\sec^2 t$

(C) $e^t(\sin t-\cos t)+\sec^2 t$ (D) $e^t(\sin t-\cos t)+\tan t$

三、计算题(本题共5小题每题10分)

1. 设 $\dfrac{x}{z}=\ln\dfrac{z}{y}$, 求 $\dfrac{\partial z}{\partial y}, \dfrac{\partial^2 z}{\partial y\partial x}$.

2. 设 $u=\arctan\dfrac{yz}{x}$, 求 $\dfrac{\partial u}{\partial x}, \dfrac{\partial u}{\partial y}, \dfrac{\partial u}{\partial z}$.

3. 求函数 $f(x,y)=4(x-y)-x^2-y^2$ 的极值.

4. 某厂生产两种型号的重型机器,其联合成本为 $f(x,y)=x^2+2y^2-xy$,其中 x,y 分别表示两种机器的产量台数. 如果限制两种机器只能生产 8 台,要使它们的成本最小,试问两种机器各应生产几台?

5. 某商店卖两种牌子的果汁,本地牌子每瓶进价 1 元,外地牌子每瓶进价 1.2 元. 店主估计,如果本地牌子的每瓶卖 x 元,外地牌子的每瓶卖 y 元,则每天可卖出本地牌子的果汁 $70-5x+4y$ 瓶,外地牌子的果汁 $80+6x-7y$ 瓶. 问:店主每天以什么价格卖两种牌子的果汁可取得最大收益?

第九章 重积分

第一节 二重积分的概念和性质

【知识要点回顾】

1. 二重积分的概念

定义:设二元函数 $z = f(x,y)$ 在有界闭区域 D 上有定义,将区域 D 任意分割成 n 个小区域:$\Delta\sigma_1, \Delta\sigma_2, \cdots, \Delta\sigma_i, \cdots, \Delta\sigma_n$,其中 $\Delta\sigma_i$ 表示第 i 个小区域,也表示它的面积. 在 $\Delta\sigma_i$ 上任意选取一点 (ξ_i, η_i),作乘积 $f(\xi_i, \eta_i)\Delta\sigma_i (i = 1, 2, \cdots, n)$,并求和 $\sum_{i=1}^{n} f(\xi_i, \eta_i)\Delta\sigma_i$. 如果当各小区域的直径中的最大值 λ 趋于零时,这个和式极限存在,则称此极限值为函数 $z = f(x,y)$ 在区域 D 上的二重积分,记作 $\iint\limits_{D} f(x,y)\mathrm{d}\sigma$,即

$$\iint\limits_{D} f(x,y)\mathrm{d}\sigma = \lim_{\lambda \to 0} \sum_{i=1}^{n} f(\xi_i, \eta_i)\Delta\sigma_i.$$

此时称 $z = f(x,y)$ 在区域 D 上可积,区域 D 称为积分区域,$f(x,y)$ 称为被积函数,$f(x,y)\mathrm{d}\sigma$ 称为被积表达式,$\mathrm{d}\sigma$ 称为面积元素.

几何意义:

当 $z = f(x,y) \geq 0$,$(x,y) \in D$ 时,$\iint\limits_{D} f(x,y)\mathrm{d}\sigma$ 表示以区域 D 为底,以 $z = f(x,y)$ 图形为顶的曲顶柱体的体积;

当 $z = f(x,y) \leqslant 0, (x,y) \in D$ 时, $\iint\limits_{D} f(x,y)\mathrm{d}\sigma$ 表示以区域 D 为底, 以 $z = f(x,y)$ 图形为顶的曲顶柱体的体积的相反数;

当 $z = f(x,y) \equiv 1, (x,y) \in D$ 时, $\iint\limits_{D} f(x,y)\mathrm{d}\sigma = \iint\limits_{D} 1\mathrm{d}\sigma = \iint\limits_{D} \mathrm{d}\sigma$ 表示区域 D 的面积.

2. 二重积分的性质

设函数 $f(x,y), g(x,y)$ 在 D 上可积,则

性质 1 $\iint\limits_{D} kf(x,y)\mathrm{d}\sigma = k\iint\limits_{D} f(x,y)\mathrm{d}\sigma (k$ 为常数$)$.

性质 2 $\iint\limits_{D} [f(x,y) \pm g(x,y)]\mathrm{d}\sigma = \iint\limits_{D} f(x,y)\mathrm{d}\sigma \pm \iint\limits_{D} g(x,y)\mathrm{d}\sigma$.

性质 3 $D = D_1 + D_2, \iint\limits_{D} f(x,y)\mathrm{d}\sigma = \iint\limits_{D_1} f(x,y)\mathrm{d}\sigma + \iint\limits_{D_2} f(x,y)\mathrm{d}\sigma$.

性质 4 $\iint\limits_{D} 1\mathrm{d}\sigma = \iint\limits_{D} \mathrm{d}\sigma = \sigma (\sigma$ 为 D 的面积$)$.

性质 5 在 D 上,如果 $f(x,y) \leqslant g(x,y)$ 则

$$\iint\limits_{D} f(x,y)\mathrm{d}\sigma \leqslant \iint\limits_{D} g(x,y)\mathrm{d}\sigma.$$

性质 6 $f(x,y)$ 在 D 上的最大值和最小值分别为 M, m, σ 为 D 的面积,则有

$$m\sigma \leqslant \iint\limits_{D} f(x,y)\mathrm{d}\sigma \leqslant M\sigma.$$

性质 7(积分的中值定理) 设 $f(x,y)$ 在闭区域 D 上连续, σ 是 D 的面积,则在 D 上至少存在一点 (ξ, η),使 $\iint\limits_{D} f(x,y)\mathrm{d}\sigma = f(\xi, \eta)\sigma$.

性质 8(对称性定理) 设 $f(x,y)$ 在有界闭区域 D 上连续.

①若积分区域 D 关于 x 轴对称,且 $f(x,y)$ 为 y 的奇函数(即 $f(x, -y) = -f(x,y)$)或偶函数(即 $f(x, -y) = f(x,y)$),则

$$\iint\limits_{D} f(x,y)\,\mathrm{d}\sigma = \begin{cases} 0, & f(x,y)\text{为}y\text{的奇函数}; \\ 2\iint\limits_{D_1} f(x,y)\,\mathrm{d}\sigma, & f(x,y)\text{为}y\text{的偶函数}. \end{cases}$$

其中 D_1 是积分区域 D 在 x 轴上面的部分.

②若积分区域 D 关于 y 轴对称,且 $f(x,y)$ 为 x 的奇函数(即 $f(-x,y)=-f(x,y)$)或偶函数(即 $f(-x,y)=f(x,y)$),则

$$\iint\limits_{D} f(x,y)\,\mathrm{d}\sigma = \begin{cases} 0, & f(x,y)\text{为}x\text{的奇函数}; \\ 2\iint\limits_{D_1} f(x,y)\,\mathrm{d}\sigma, & f(x,y)\text{为}x\text{的偶函数}. \end{cases}$$

其中 D_1 是积分区域 D 在 y 轴右面的部分.

③ 若积分区域 D 关于原点对称,且 $f(x,y)$ 同时为 x,y 的奇函数(即 $f(-x,-y)=-f(x,y)$)或偶函数(即 $f(-x,-y)=f(x,y)$),则

$$\iint\limits_{D} f(x,y)\,\mathrm{d}\sigma = \begin{cases} 0, & f(x,y)\text{为}x\text{的奇函数}; \\ 2\iint\limits_{D_1} f(x,y)\,\mathrm{d}\sigma, & f(x,y)\text{为}y\text{的偶函数}. \end{cases}$$

其中 D_1 是积分区域 D 的右半部分.

定理(存在性)　若 $z=f(x,y)$ 在区域 D 内分段连续,则二重积分 $\iint\limits_{D} f(x,y)\,\mathrm{d}\sigma$ 存在.

【答疑解惑】

【问】判断下列各命题是否成立:

(1)若 $f(M)$ 在闭几何形体 Ω 上可积,则 $f(M)$ 在 Ω 上有界;

(2)若 $f(M)$ 在闭几何形体 Ω 上可积,则 $f(M)$ 在 Ω 上连续;

(3)若 $f(M)$ 在闭几何形体 Ω 上有界,则 $f(M)$ 在 Ω 上可积;

(4)若 $f^2(M)$ 在闭几何形体 Ω 上可积,则 $f(M)$ 在 Ω 上可积.

【答】当在区间$[a,b]$时,几何形体上的积分$\int_{\Omega} f(M)\,\mathrm{d}\Omega$即为定积分$\int_a^b f(x)\,\mathrm{d}x$,因而以下均以定积分为例.

(1)成立. 因为若$f(x)$在$[a,b]$上无界,当任意分割$[a,b]$时,则必须存在一个子区间$[x_{k-1},x_k]$,使f在此区间上无界,因而对无论多大的$M>0$,总能找到$\xi_k \in [x_{k-1},x_k]$,使$|f(\xi_i)\Delta x_i|$任意大,导致极限$\lim\limits_{\lambda\to 0}\sum\limits_{i=1}^n |f(\xi_i)\Delta x_i|$不存在,即$\int_a^b f(x)\,\mathrm{d}x$不存在. 矛盾.

(2)不一定成立. 因为$f(M)$在Ω上连续是$f(M)$在Ω上可积的充分条件,而不是必要条件. 例如$f(x)=\begin{cases}1, & 0\leqslant x<1\\ 2, & 1\leqslant x<2\end{cases}$在$[0,2]$上不连续,但积分$\int_0^2 f(x)\,\mathrm{d}x$却存在.

(3)不一定成立. 因为$f(M)$在Ω上有界只是$f(M)$在Ω上可积的必要条件而不是充分条件. 例如$D(x)=\begin{cases}1, & x\text{ 为有理数}\\ 0, & x\text{ 为无理数}\end{cases}$有界,但在$[0,1]$区间上却不可积.

(4)不一定成立. 例如$f(x)=\begin{cases}1, & x\text{ 为有理数}\\ -1, & x\text{ 为无理数}\end{cases}$在$[0,1]$上$f^2(x)=1$可积,但$f(x)$却不可积.

【典型题型精解】

一、有关二重积分概念与性质的命题

【例 1】根据二重积分的几何意义,计算下列积分值$\iint\limits_{D_1}\sqrt{R^2-x^2-y^2}\,\mathrm{d}\sigma$,$\iint\limits_{D_2}(1-x-y)\,\mathrm{d}\sigma$,$\iint\limits_{D_3}(2-\sqrt{x^2+y^2})\,\mathrm{d}\sigma$(其中$D_1:x^2+y^2\leqslant R^2,D_2:x+y\leqslant 1,x\geqslant 0,y\geqslant 0,D_3:x^2+y^2\leqslant 4$).

【问题分析】应用二重积分的几何意义:当$z=f(x,y)\geqslant 0,(x,y)\in$

D 时，$\iint\limits_{D} f(x,y)\,\mathrm{d}\sigma$ 表示以区域 D 为底，以 $z = f(x,y)$ 图形为顶的曲顶柱体的体积.

【解】

$$\iint\limits_{D_1} \sqrt{R^2 - x^2 - y^2}\,\mathrm{d}\sigma$$

$$= 上半球体体积 = \frac{2}{3}\pi R^3\,;$$

$$\iint\limits_{D_2} (1 - x - y)\,\mathrm{d}\sigma$$

$$= 四面体的体积 = \frac{1}{6}\,;$$

$$\iint\limits_{D_3} (2 - \sqrt{x^2 + y^2})\,\mathrm{d}\sigma$$

$$= \frac{1}{3} \cdot (\pi \cdot 2^2) \cdot 2 = \frac{8}{3}\pi.\ (参见图 9-1)$$

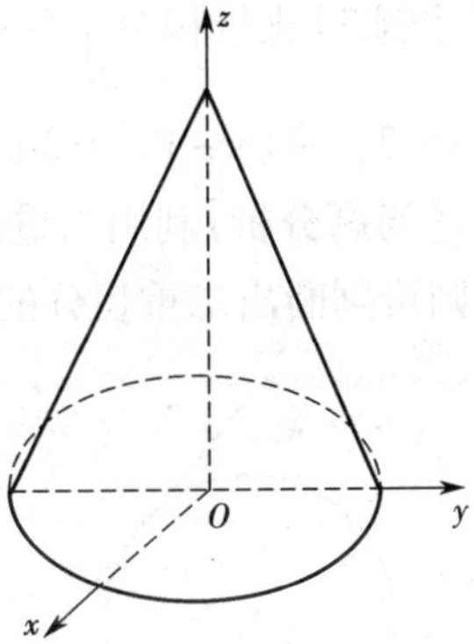

图 9-1

【例 2】计算下列积分值：

$(1)\ \iint\limits_{D} y\sqrt{x^2 + y^2}\,\mathrm{d}\sigma\,;(2)\ \iint\limits_{D} (3 - x^2 \sin xy)\,\mathrm{d}\sigma.\ (其中积分区间 D：$|x| + |y| \leqslant 10$).

【问题分析】利用二重积分的对称性原理，可以简化计算.

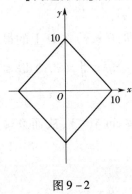

【解】（1）由于积分区域 D 关于 x 轴对称，被积函数 $y\sqrt{x^2 + y^2}$ 为关于 y 的奇函数，故 $\iint\limits_{D} y\sqrt{x^2 + y^2}\,\mathrm{d}\sigma = 0$（如图 9-2 所示区域）；

（2）由于积分区域 D 关于 y 轴对称，$x^2 \sin xy$ 又是关于 x 的奇函数，所以 $\iint\limits_{D} (x^2 \sin xy)\,\mathrm{d}\sigma = 0.$

图 9-2

$$\iint\limits_{D}(3-x^{2}\sin xy)\mathrm{d}\sigma =3\iint\limits_{D}\mathrm{d}\sigma -\iint\limits_{D}(x^{2}\sin xy)\mathrm{d}\sigma$$
$$=3\cdot(10\sqrt{2})^{2}=600.$$

【例3】比较积分 $\iint\limits_{D}(x+y)^{2}\mathrm{d}\sigma$ 与 $\iint\limits_{D}(x+y)^{3}\mathrm{d}\sigma$ 的大小,其中 D 是由 $(x-2)^{2}+(y-1)^{2}=2$ 围成的区域.

【问题分析】利用二重积分的性质,如果能够比较出被积函数的大小,则可判断出二重积分的大小.

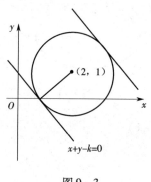

图 9 – 3

【解】区域 D 为圆域,设圆的切线方程为 $x+y-k=0$(如图 9 – 3 所示),利用点到直线的距离公式,圆心到切线的距离为圆半径 $\sqrt{2}$,即 $\sqrt{2}=\dfrac{|1\cdot 2+1\cdot 1-k|}{\sqrt{1^{2}+1^{2}}}$ 解得 $k_{1}=1,k_{2}=5$,即总有 $x+y\geqslant 1$,故
$$(x+y)^{2}\leqslant(x+y)^{3},则$$
$$\iint\limits_{D}(x+y)^{2}\mathrm{d}\sigma\leqslant\iint\limits_{D}(x+y)^{3}\mathrm{d}\sigma.$$

【例4】试估计二重积分值 $I=\iint\limits_{D}\sin^{2}x\sin^{2}y\mathrm{d}\sigma$,其中
$$D=\{(x,y)\mid 0\leqslant x\leqslant\pi,0\leqslant y\leqslant\pi\}.$$

【问题分析】利用积分性质中的估值定理,即:$f(x,y)$ 在 D 上的最大值和最小值分别为 M,m,σ 为 D 的面积,则有 $m\sigma\leqslant\iint\limits_{D}f(x,y)\mathrm{d}\sigma\leqslant M\sigma$. 即可估计二重积分值.

【解】在积分区域 D 上,$0\leqslant\sin x\leqslant 1,0\leqslant\sin y\leqslant 1$,从而 $0\leqslant\sin^{2}x\sin^{2}y\leqslant 1$,又 D 的面积等于 π^{2},因此
$$0\leqslant\iint\limits_{D}\sin^{2}x\sin^{2}y\mathrm{d}\sigma\leqslant\pi^{2}.$$

第二节 二重积分的计算

【知识要点回顾】

1. 掌握直角坐标系下二重积分的计算

(1)先 y 后 x 的累次积分

设 $f(x,y) \geqslant 0$,积分区域为 $D = \{(x,y) \mid a \leqslant x \leqslant b, \varphi_1(x) \leqslant y \leqslant \varphi_2(x)\}$(如图 9-4).

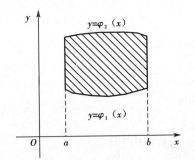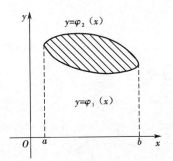

图 9-4

在 $[a,b]$ 上任取一点 x,作平行于 yOz 面的平面,此平面与曲顶柱体相交,截面是一个以区间 $[\varphi_1(x), \varphi_2(x)]$ 为底,曲线 $z = f(x,y)$ 为曲边的曲边梯形(图 9-5 中阴影部分).

根据定积分中"计算平行截面面积为已知立体的体积"的方法,设该曲边梯形的面积为 $A(x)$,由于 x 的变化范围是 $a \leqslant x \leqslant b$,则所求的曲顶柱体体积为

$$V = \int_a^b A(x)\,\mathrm{d}x.$$

由定积分的意义

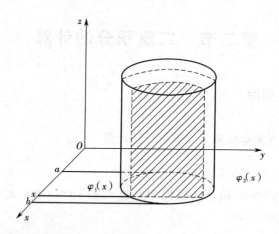

图 9-5

$$A(x) = \int_{\varphi_1(x)}^{\varphi_2(x)} f(x,y) \, \mathrm{d}y,$$

于是

$$V = \int_a^b A(x) \, \mathrm{d}x$$

$$= \int_a^b \left[\int_{\varphi_1(x)}^{\varphi_2(x)} f(x,y) \, \mathrm{d}y \right] \mathrm{d}x,$$

即

$$\iint_D f(x,y) \, \mathrm{d}\sigma = \int_a^b \left[\int_{\varphi_1(x)}^{\varphi_2(x)} f(x,y) \, \mathrm{d}y \right] \mathrm{d}x. \qquad ①$$

这就是直角坐标系下二重积分的计算公式,它把二重积分化为累次积分. 在该类积分区域下,它是一个先对 y 后对 x 的累次积分. 公式①也可记为

$$\iint_D f(x,y) \, \mathrm{d}\sigma = \int_a^b \mathrm{d}x \int_{\varphi_1(x)}^{\varphi_2(x)} f(x,y) \, \mathrm{d}y.$$

在上述讨论中,我们假定 $f(x,y) \geq 0$,可以证明,公式①并不受此限制.

(2)先对 x 后对 y 的累次积分

如图 9-6 所示,积分区域为

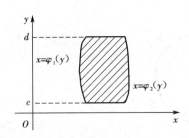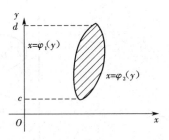

图 9 - 6

$$D = \left\{ (x,y) \mid c \leqslant y \leqslant d, \varphi_1(y) \leqslant x \leqslant \varphi_2(y) \right\}.$$

类似地可得公式

$$\iint\limits_{D} f(x,y)\,\mathrm{d}\sigma = \int_{c}^{d} \mathrm{d}y \int_{\varphi_1(y)}^{\varphi_2(y)} f(x,y)\,\mathrm{d}x. \qquad ②$$

这是一个先对 x 后对 y 的累次积分.

称图 9 - 4 所示的积分区域为 X 型区域, 称图 9 - 6 所示的区域为 Y 型区域.

若积分区域 D 既是 X 型区域又是 Y 型区域, 则

$$\iint\limits_{D} f(x,y)\,\mathrm{d}\sigma = \int_{a}^{b} \mathrm{d}x \int_{\varphi_1(x)}^{\varphi_2(x)} f(x,y)\,\mathrm{d}y$$

$$= \int_{c}^{d} \mathrm{d}y \int_{\varphi_1(y)}^{\varphi_2(y)} f(x,y)\,\mathrm{d}x.$$

若积分区域 D(图 9 - 7)既非 X 型区域又非 Y 型区域, 则此时, 须用平行于 x 轴或 y 轴的直线将区域 D 划分成 X 型或 Y 型区域. 图 9 - 7 中 D 分割成了 D_1, D_2, D_3 三个 X 型小区域. 由二重积分的性质得:

$$\iint\limits_{D} f(x,y)\,\mathrm{d}\sigma = \iint\limits_{D_1} f(x,y)\,\mathrm{d}\sigma + \iint\limits_{D_2} f(x,y)\,\mathrm{d}\sigma + \iint\limits_{D_3} f(x,y)\,\mathrm{d}\sigma.$$

在实际计算中, 化二重积分为累次积分, 选用何种积分次序, 不但要考虑积分区域 D 的类型, 还要考虑被积函数的特点.

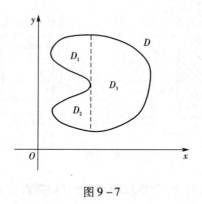

图 9 - 7

2. 极坐标系下二重积分的计算法

(1)若极坐标与直角坐标的关系为 $\begin{cases} x = r\cos\theta \\ y = r\sin\theta \end{cases}$,则有

$$\iint\limits_{D} f(x,y)\,\mathrm{d}x\mathrm{d}y = \iint\limits_{D} f(r\cos\theta, r\sin\theta)\,r\mathrm{d}r\mathrm{d}\theta. \qquad ③$$

若 D 为 $r_1(\theta) \leqslant r \leqslant r_2(\theta), \alpha \leqslant \theta \leqslant \beta$,则

$$\iint\limits_{D} f(x,y)\,\mathrm{d}x\mathrm{d}y = \int_{\alpha}^{\beta} \mathrm{d}\theta \int_{r_1(\theta)}^{r_2(\theta)} f(r\cos\theta, r\sin\theta)\,r\mathrm{d}r.$$

一般来说,当 D 为圆域及与圆有关的区域,如圆环域、扇形域等,还有边界曲线用极坐标方程表示比较简单的区域,以及被积函数用极坐标表示比较简单时,如 $f(x,y)$ 中含 $x^2 + y^2, \dfrac{y}{x}$ 等,可考虑用极坐标计算. 式③的记忆方法:

$$\iint\limits_{D} f(x,y)\,\mathrm{d}x\mathrm{d}y \Rightarrow \begin{cases} x \to r\cos\theta \\ y \to r\sin\theta \\ \mathrm{d}x\mathrm{d}y \to r\mathrm{d}r\mathrm{d}\theta \end{cases} \Rightarrow \iint\limits_{D} f(r\cos\theta, r\sin\theta)\,r\mathrm{d}r\mathrm{d}\theta$$

(2)极坐标下的二重积分计算类型

极坐标系中的二重积分,同样可以化为二次积分来计算.

类型一 积分区域 D 可表示成如图 9-8 所示形式.

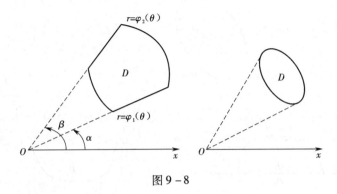

图 9-8

$$\alpha \leqslant \theta \leqslant \beta, \quad \varphi_1(\theta) \leqslant r \leqslant \varphi_2(\theta).$$

其中函数 $\varphi_1(\theta), \varphi_2(\theta)$ 在 $[\alpha, \beta]$ 上连续,则

$$\iint_D f(x,y) \mathrm{d}x\mathrm{d}y = \int_\alpha^\beta \mathrm{d}\theta \int_{\varphi_1(\theta)}^{\varphi_2(\theta)} f(r\cos\theta, r\sin\theta) r\mathrm{d}r.$$

类型二 积分区域 D 如图 9-9 所示.

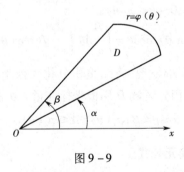

图 9-9

显然,这只是类型一的特殊形式 $\varphi_1(\theta) \equiv 0$(即极点在积分区域的边界上),故

$$\iint_D f(r\cos\theta, r\sin\theta) r\mathrm{d}r\mathrm{d}\theta = \int_\alpha^\beta \mathrm{d}\theta \int_0^{\varphi(\theta)} f(r\cos\theta, r\sin\theta) r\mathrm{d}r.$$

类型三 积分区域 D 如图 9-10 所示.

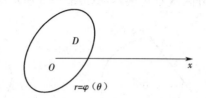

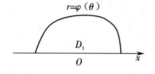
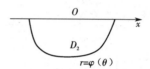

图 9 – 10

显然,这类区域是类型二的一种变形(极点包围在积分区域 D 的内部),D 可剖分为 D_1 与 D_2,而

$$D_1:0\leqslant\theta\leqslant\pi,0\leqslant\theta\leqslant\varphi(\theta),D_2:\pi\leqslant\theta\leqslant2\pi,0\leqslant\theta\leqslant\varphi(\theta).$$

故 $D:0\leqslant\theta\leqslant2\pi,0\leqslant\theta\leqslant\varphi(\theta)$,

则　　$\iint\limits_D f(r\cos\theta,r\sin\theta)rdrd\theta=\int_0^{2\pi}d\theta\int_0^{\varphi(\theta)}f(r\cos\theta,r\sin\theta)rdr.$

由上面的讨论不难发现,将二重积分化为极坐标形式进行计算,其关键之处在于:将积分区域 D 用极坐标变量 r,θ 表示成如下形式:

$$\alpha\leqslant\theta\leqslant\beta,\varphi_1(\theta)\leqslant r\leqslant\varphi_2(\theta).$$

3. 二重积分的换元公式

定理　设 $f(x,y)$ 在 D 上连续,$x=x(u,v),y=y(u,v)$ 在平面 uOv 上的某区域 D^* 上具有连续的一阶偏导数和雅可比(Jacobi, C. G. J)行列式

$$J=\begin{vmatrix} x'_u & x'_v \\ y'_u & y'_v \end{vmatrix},$$

D^* 对应于 xOy 平面上的区域 D,则

$$\iint\limits_{D} f(x,y)\,\mathrm{d}x\mathrm{d}y = \iint\limits_{D} f[x(u,v),y(u,v)]\,|J|\,\mathrm{d}u\mathrm{d}v. \qquad ④$$

公式④称为二重积分的换元公式.

【答疑解惑】

【问】当二重积分的被积函数含有绝对值符号,或带有 max,min, sgn 等符号时,如何计算它的值?

【答】与定积分的被积函数含有绝对值等特殊符号时的处理方法类似,一般可以通过把被积函数表示为分块函数来去掉这些特殊符号,再利用积分对区域的可加性来分块计算,最后把结果相加.

例如,计算 $\iint\limits_{D} |\sin(x+y)|\,\mathrm{d}x\mathrm{d}y$,其中 $D = \{(x,y)\,|\,0 \leq x \leq \pi, 0 \leq y \leq 2\pi\}$

因为当 $0 \leq x+y \leq \pi$ 时,$\sin(x+y) \geq 0$;当 $\pi \leq x+y \leq 2\pi$ 时, $\sin(x+y) \leq 0$;当 $2\pi \leq x+y \leq 3\pi$ 时,$\sin(x+y) \geq 0$. 故将区域 D 分为三个小区域 D_1, D_2, D_3:

$$\iint\limits_{D} |\sin(x+y)|\,\mathrm{d}x\mathrm{d}y$$

$$= \iint\limits_{D_1} \sin(x+y)\,\mathrm{d}x\mathrm{d}y - \iint\limits_{D_2} \sin(x+y)\,\mathrm{d}x\mathrm{d}y + \iint\limits_{D_3} \sin(x+y)\,\mathrm{d}x\mathrm{d}y$$

$$= \int_0^{\pi} \mathrm{d}x \int_0^{\pi-x} \sin(x+y)\,\mathrm{d}y - \int_0^{\pi} \mathrm{d}x \int_{\pi-x}^{2\pi-x} \sin(x+y)\,\mathrm{d}y$$

$$+ \int_0^{\pi} \mathrm{d}x \int_{2\pi-x}^{2\pi} \sin(x+y)\,\mathrm{d}y$$

$$= \int_0^{\pi} (1+\cos x)\,\mathrm{d}x + \int_0^{\pi} 2\,\mathrm{d}x + \int_0^{\pi} (1-\cos x)\,\mathrm{d}x = 4\pi.$$

【典型题型精解】

一、直角坐标系下二重积分的计算

在直角坐标系下计算二重积分,计算步骤是:

①画出积分区域的图形;

②根据积分区域的形状及被积函数的表达式确定积分顺序;

③确定内外层积分的积分限,外层的积分限与两个积分变量无关,是常数;内层的积分限一般是外层积分变量的函数;

④计算二次积分,先算内层积分,其结果作为外层积分的被积函数,再算外层积分.

【例1】计算二重积分 $\iint\limits_{D}(x^2+y^2)\mathrm{d}\sigma$,其中

$$D=\{(x,y)\mid |x|\leqslant 1,|y|\leqslant 1\}.$$

【问题分析】区域 D 为: $\{(x,y)\mid -1\leqslant x\leqslant 1, -1\leqslant y\leqslant 1\}$,直接利用 X 型(或 Y 型)区域变为二次积分即可.

【解】 $\iint\limits_{D}(x^2+y^2)\mathrm{d}\sigma=\int_{-1}^{1}\mathrm{d}x\int_{-1}^{1}(x^2+y^2)\mathrm{d}y=\int_{-1}^{1}\left[x^2y+\frac{1}{3}y^3\right]_{-1}^{1}\mathrm{d}x$

$$=\int_{-1}^{1}\left(2x^2+\frac{2}{3}\right)\mathrm{d}x=\left[\frac{2}{3}x^3+\frac{2}{3}x\right]_{-1}^{1}=\frac{8}{3}.$$

【例2】计算二重积分 $\iint\limits_{D}xy^2\mathrm{d}\sigma$,其中 D 是由圆周 $x^2+y^2=4$ 及 y 轴所围成的右半闭区域.

【问题分析】积分区域如图9-11所示.并且

$$D=\{(x,y)\mid -2\leqslant y\leqslant 2,0\leqslant x\leqslant\sqrt{4-y^2}\}.$$

【解】 $\iint\limits_{D}xy^2\mathrm{d}\sigma=\int_{-2}^{2}\mathrm{d}y\int_{0}^{\sqrt{4-y^2}}xy^2\mathrm{d}x=\int_{-2}^{2}\left[\frac{1}{2}x^2y^2\right]_{0}^{\sqrt{4-y^2}}\mathrm{d}y$

$$=\int_{-2}^{2}\left(2y^2-\frac{1}{2}y^4\right)\mathrm{d}y=\left[\frac{2}{3}y^3-\frac{1}{10}y^5\right]_{-2}^{2}=\frac{64}{15}.$$

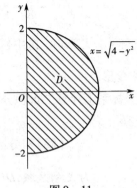

图 9 – 11

【例 3】计算二重积分 $\iint\limits_{D} (x^2 + y^2 - x)\,\mathrm{d}\sigma$，其中 D 是由直线 $y = 2$，$y = x$ 及 $y = 2x$ 所围成的闭区域.

【问题分析】积分区域如图 9 – 12，并且 $D = \left\{ (x, y) \,\middle|\, \dfrac{y}{2} \leqslant x \leqslant y, \right.$ $\left. 0 \leqslant y \leqslant 2 \right\}$，此题应用 Y 型区域比较方便.

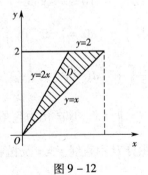

图 9 – 12

【解】$\displaystyle\iint\limits_{D} (x^2 + y^2 - x)\,\mathrm{d}\sigma = \int_0^2 \mathrm{d}y \int_{\frac{y}{2}}^{y} (x^2 + y^2 - x)\,\mathrm{d}x$

$\displaystyle = \int_0^2 \left[\frac{1}{3}x^3 + y^2 x - \frac{1}{2}x^2 \right]_{\frac{y}{2}}^{y} \mathrm{d}y$

$$= \int_0^2 \left(\frac{19}{24}y^3 - \frac{3}{8}y^2 \right) \mathrm{d}y = \frac{13}{6}.$$

【例4】计算二重积分 $\iint\limits_D \mathrm{e}^{-y^2}\mathrm{d}x\mathrm{d}y$,其中区域 D 是以点 $(0,0)$,
$(1,1)$,$(0,1)$ 为顶点的三角形.

【问题分析】在直角坐标系下计算二重积分时,应根据被积函数的特点,注意积分次序的选择.

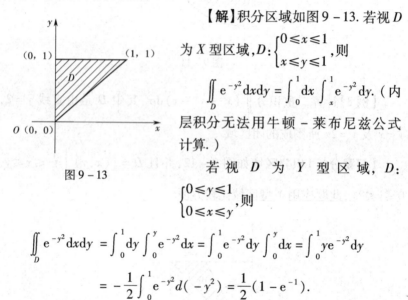

图 9 – 13

【解】积分区域如图 9 – 13. 若视 D 为 X 型区域,$D:\begin{cases} 0 \leqslant x \leqslant 1 \\ x \leqslant y \leqslant 1 \end{cases}$,则

$$\iint\limits_D \mathrm{e}^{-y^2}\mathrm{d}x\mathrm{d}y = \int_0^1 \mathrm{d}x \int_x^1 \mathrm{e}^{-y^2}\mathrm{d}y.$$ (内层积分无法用牛顿 – 莱布尼兹公式计算.)

若视 D 为 Y 型区域,$D:\begin{cases} 0 \leqslant y \leqslant 1 \\ 0 \leqslant x \leqslant y \end{cases}$,则

$$\iint\limits_D \mathrm{e}^{-y^2}\mathrm{d}x\mathrm{d}y = \int_0^1 \mathrm{d}y \int_0^y \mathrm{e}^{-y^2}\mathrm{d}x = \int_0^1 \mathrm{e}^{-y^2}\mathrm{d}y \int_0^y \mathrm{d}x = \int_0^1 y\mathrm{e}^{-y^2}\mathrm{d}y$$

$$= -\frac{1}{2}\int_0^1 \mathrm{e}^{-y^2}\mathrm{d}(-y^2) = \frac{1}{2}(1 - \mathrm{e}^{-1}).$$

【例5】将二重积分 $I = \iint\limits_D f(x,y)\mathrm{d}\sigma$ 化为直角坐标系下的两种不同顺序的二次积分. 其中积分 D 由直线 $y = x$ 及抛物线 $y^2 = 4x$ 所围成的闭区域.

【问题分析】将二重积分化为二次积分时,需要根据积分区域的边界曲线的情况选取恰当的积分次序.

【解】直线 $y = x$ 及抛物线 $y^2 = 4x$ 的交点为 $(0,0)$,$(4,4)$(图 9 – 14). 于是

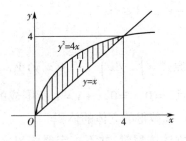

图 9 – 14

$$I = \int_0^4 \mathrm{d}x \int_x^{\sqrt{4x}} f(x,y)\,\mathrm{d}y,$$

$$I = \int_0^4 \mathrm{d}y \int_{\frac{y^2}{4}}^{y} f(x,y)\,\mathrm{d}x.$$

【例 6】改变二次积分 $\int_0^1 \mathrm{d}y \int_{-\sqrt{1-y^2}}^{\sqrt{1-y^2}} f(x,y)\,\mathrm{d}x$ 的积分次序.

【问题分析】交换积分次序的关键是要画出积分区域的图形,根据图形来确定积分区间.

【解】所给积分为 Y 型区域下的二次积分(图 9 – 15),即二重积分 $\iint\limits_{D} f(x,y)\,\mathrm{d}\sigma$,其中

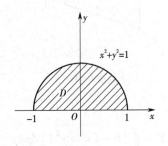

图 9 – 15

$D = \{(x,y) \mid -\sqrt{1-y^2} \leqslant x \leqslant \sqrt{1-y^2}, 0 \leqslant y \leqslant 1\}$. 又 D 可表示为

$$\{(x,y) \mid 0 \le y \le \sqrt{1-x^2}, -1 \le x \le 1\}.$$

因此

$$原式 = \int_{-1}^{1} dx \int_{0}^{\sqrt{1-x^2}} f(x,y) dy.$$

【例7】求由平面 $x=0, y=0, x+y=1$ 所围成的柱体被平面 $z=0$ 及抛物面 $x^2+y^2=6-z$ 截得的立体的体积.

【问题分析】求立体体积时,并不一定要画出立体的准确图形,但一定要会求出立体在坐标面上的投影区域,并知道立体的底和顶的方程.

【解】此立体为一曲顶柱体,它的底是 xOy 面上的闭区域 $D=\{(x,y) \mid 0 \le y \le 1-x, 0 \le x \le 1\}$,顶是曲面 $z=6-(x^2+y^2)$(图 9-16).

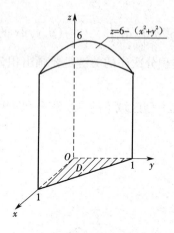

图 9-16

故体积

$$V = \iint_{D} [6-(x^2+y^2)] dx dy$$

$$= \int_{0}^{1} dx \int_{0}^{1-x} (6-x^2-y^2) dy$$

$$= \int_0^1 \left[6(1-x) - x^2 + x^3 - \frac{1}{3}(1-x)^3 \right] dx$$

$$= \frac{17}{6}.$$

二、极坐标系下二重积分的计算

当被积函数含有 $x^2 + y^2$ 或 $\dfrac{y}{x}$ 等,或积分区域为圆域、圆环或圆周的一部分所围成的区域时,常采用极坐标系计算二重积分. 注意极坐标系的面积元素为 $d\sigma = r dr d\theta$.

【例8】将二次积分 $\displaystyle\int_0^2 dx \int_x^{\sqrt{3}x} f(\sqrt{x^2+y^2}) dy$ 化为极坐标形式的二次积分.

【问题分析】直角坐标与极坐标之间的转化公式为 $\begin{cases} x = r\cos\theta \\ y = r\sin\theta \end{cases} (r \geqslant 0)$,通过积分区域 D 的图形,即可确定 r 与 θ 的变化范围.

【解】如图 9-17 所示,在极坐标系中,直线 $x=2$,$y=x$ 和 $y=\sqrt{3}x$ 的方程分别为 $r=2\sec\theta$,$\theta=\dfrac{\pi}{4}$,$\theta=\dfrac{\pi}{3}$. 因此

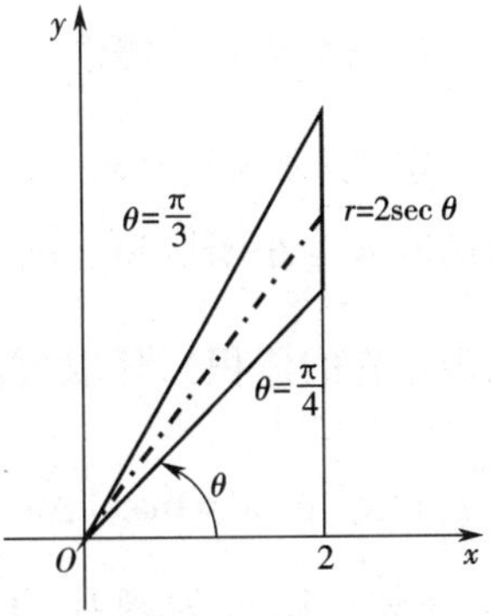

图 9-17

$$D = \left\{ (r,\theta) \middle| 0 \leqslant r \leqslant 2\sec\theta, \frac{\pi}{4} \leqslant \theta \leqslant \frac{\pi}{3} \right\},$$

又 $f(\sqrt{x^2+y^2}) = f(r)$. 于是

$$原式 = \int_{\frac{\pi}{4}}^{\frac{\pi}{3}} d\theta \int_0^{2\sec\theta} f(r) r dr.$$

【例9】利用极坐标计算 $\displaystyle\iint_D \arctan\frac{y}{x} d\sigma$,其中 D 是由圆周 $x^2+y^2=4$,$x^2+y^2=1$ 及直线 $y=0$,$y=x$ 所围成的在第一象限内的闭区域.

【问题分析】积分区域为圆环的一部分,积分区域为:

$$D = \left\{ (r,\theta) \,\middle|\, 1 \leqslant r \leqslant 2, 0 \leqslant \theta \leqslant \frac{\pi}{4} \right\}, \arctan \frac{y}{x} = \theta.$$

【解】$\iint\limits_{D} \arctan \frac{y}{x} \mathrm{d}\sigma = \iint\limits_{D} \theta r \mathrm{d}r \mathrm{d}\theta = \int_0^{\frac{\pi}{4}} \theta \mathrm{d}\theta \int_1^2 r \mathrm{d}r$

$$= \frac{1}{2}\left(\frac{\pi}{4}\right)^2 \cdot \frac{1}{2}(2^2 - 1) = \frac{3}{64}\pi^2.$$

第三节　三重积分

【知识要点回顾】

1. 三重积分的概念

定义:设函数 $f(x,y,z)$ 是有界闭区域 Ω 上的有界函数. 将 Ω 任意分割成 n 个小闭区域:$\Delta v_1, \Delta v_2, \cdots, \Delta v_n$($\Delta v_i$ 既表示第 i 个小闭区域,也表示它的体积),任取 $(\xi_i, \eta_i, \zeta_i) \in \Delta v_i (i = 1, 2, \cdots n)$ 作和 $\sum_{i=1}^{n} f(\xi_i, \eta_i, \zeta_i)\Delta v_i$. 记 $\lambda = \max\{\Delta v_i \text{ 的直径}\}$,若极限 $\lim_{\lambda \to 0} \sum_{i=1}^{n} f(\xi_i, \eta_i, \zeta_i)\Delta v_i$ 存在,则称极限值为函数 $f(x,y,z)$ 在闭区域 Ω 上的三重积分,记作 $\iiint\limits_{\Omega} f(x,y,z)\mathrm{d}v.$ 即

$$\iiint\limits_{\Omega} f(x,y,z)\mathrm{d}v = \lim_{\lambda \to 0} \sum_{i=1}^{n} f(\xi_i, \eta_i, \zeta_i)\Delta v_i.$$

其中 $f(x,y,z)$ 为被积函数,Ω 为积分区域,$\mathrm{d}v$ 为体积微元,x,y,z 为体积变量,$f(x,y,z)\mathrm{d}v$ 为被积表达式,$\sum_{i=1}^{n} f(\xi_i, \eta_i, \zeta_i)\Delta v_i$ 为积分和.

注:①$\mathrm{d}v$ 相应于积分和中的 Δv_i,故 $\mathrm{d}v > 0$.

②若 $\iiint\limits_{\Omega} f(x,y,z)\,\mathrm{d}v$ 存在,则当直角坐标系中坐标平面网分割区域

Ω 时,除去边沿部分外,其内部的小区域均为长方体,其体积为
$\Delta v_i = \Delta x_i \Delta y_i \Delta z_i$.

$$\iiint\limits_{\Omega} f(x,y,z)\,\mathrm{d}v = \lim_{\lambda \to 0} \sum_{i=1}^{n} f(\xi_i, \eta_i, \zeta_i)\,\Delta v_i$$

$$= \lim_{\lambda \to 0} \sum_{i=1}^{n} f(\xi_i, \eta_i, \zeta_i)\,\Delta x_i \Delta y_i \Delta z_i$$

$$= \iiint\limits_{\Omega} f(x,y,z)\,\mathrm{d}x\mathrm{d}y\mathrm{d}z,$$

即在直角坐标系下, $\mathrm{d}v = \mathrm{d}x\mathrm{d}y\mathrm{d}z$ 且

$$\iiint\limits_{\Omega} f(x,y,z)\,\mathrm{d}v = \iiint\limits_{\Omega} f(x,y,z)\,\mathrm{d}x\mathrm{d}y\mathrm{d}z.$$

③当 $f(x,y,z) \equiv 1$ 时, $\iiint\limits_{\Omega} \mathrm{d}v$ 积分值等于积分区域 Ω 的体积,即

$$V_{\Omega} = \iiint\limits_{\Omega} \mathrm{d}v.$$

2. 三重积分的计算

(1)在直角坐标系下三重积分的计算

空间 Z 型简单区域:平行于 z 轴的直线穿过 Ω 时,与 Ω 的边界曲线的交点不超过两个.

设:① Ω 是空间的 Z 型简单区域,且依此将 Ω 的边界曲面分为上、下两部分: $\Sigma_1 : z = z_1(x,y)$ 与 $\Sigma_2 : z = z_2(x,y)$ 即

$$z_1(x,y) \leq z \leq z_2(x,y);$$

② Ω 在 xOy 坐标面上的投影区域 D 是平面的 X 型域

$$D : \begin{cases} a \leq x \leq b \\ y_1(x) \leq y \leq y_2(x) \end{cases};$$

③ 对于 Ω 上的任意一点 (x,y,z),均满足不等式

$$\Omega : \begin{cases} a \leqslant x \leqslant b \\ y_1(x) \leqslant y \leqslant y_2(x) \\ z_1(x,y) \leqslant z \leqslant z_2(x,y) \end{cases}.$$

再利用二重积分的几何意义，有

$$\iiint\limits_{\Omega} \mathrm{d}v = V_{\Omega} = V_2 - V_1 = \iint\limits_{D} z_2(x,y)\mathrm{d}\sigma - \iint\limits_{D} z_1(x,y)\mathrm{d}\sigma$$

$$= \iint\limits_{D} \{ z_2(x,y) - z_1(x,y) \} \mathrm{d}\sigma$$

$$= \iint\limits_{D} \left\{ \int_{z_1(x,y)}^{z_2(x,y)} \mathrm{d}z \right\} \mathrm{d}\sigma = \iint\limits_{D} \mathrm{d}\sigma \int_{z_1(x,y)}^{z_2(x,y)} \mathrm{d}z$$

$$= \int_a^b \mathrm{d}x \int_{y_1(x)}^{y_2(x)} \mathrm{d}y \int_{z_1(x,y)}^{z_2(x,y)} \mathrm{d}z.$$

事实上，对于 $f(x,y,z)$ 不恒为 1 的情形，在上述的区域 Ω 上仍然有

$$\iiint\limits_{\Omega} f(x,y,z)\mathrm{d}v = \iint\limits_{D} \mathrm{d}\sigma \int_{z_1(x,y)}^{z_2(x,y)} f(x,y,z)\mathrm{d}z$$

$$= \int_a^b \mathrm{d}x \int_{y_1(x)}^{y_2(x)} \mathrm{d}y \int_{z_1(x,y)}^{z_2(x,y)} f(x,y,z)\mathrm{d}z.$$

注：（ⅰ）若空间区域在平面上的投影区域为 Y 型区域，则有

$$D : \begin{cases} c \leqslant y \leqslant d \\ x_1(y) \leqslant x \leqslant x_2(y) \end{cases},$$

$$\iiint\limits_{\Omega} f(x,y,z)\mathrm{d}v = \iint\limits_{D} \mathrm{d}\sigma \int_{z_1(x,y)}^{z_2(x,y)} f(x,y,z)\mathrm{d}z$$

$$= \int_c^d \mathrm{d}y \int_{x_1(y)}^{x_2(y)} \mathrm{d}x \int_{z_1(x,y)}^{z_2(x,y)} f(x,y,z)\mathrm{d}z.$$

（ⅱ）根据上面的讨论，在直角坐标系下的三重积分共有 6 种不同顺序的累次积分. 当区域 Ω 为 Y 型简单区域（平行于 y 轴的直线穿过区域 Ω 时，与区域边界曲面的交点不超过两个）且 $y_1(x,z) \leqslant y \leqslant y_1(x,z)$，以及 Ω 在 xOz 坐标面上的投影 D 为：

$$D:\begin{cases} a \leqslant x \leqslant b \\ z_1(x) \leqslant z \leqslant z_1(x) \end{cases},$$

则直角坐标系下的三重积分为

$$\iiint\limits_{\Omega} f(x,y,z)\,dv = \iint\limits_{D} d\sigma \int_{y_1(x,z)}^{y_2(x,z)} f(x,y,z)\,dy$$

$$= \int_a^b dx \int_{z_1(x)}^{z_2(x)} dz \int_{y_1(x,z)}^{y_2(x,z)} f(x,y,z)\,dy.$$

（iii）计算三重积分时，要求必须画出投影区域 D 的图形.

（iv）计算三重积分时，首先对 z 作定积分，然后再在投影区域上对 x,y 作二重积分，称之为"先一后二".

（2）柱坐标系下三重积分的计算

①柱坐标系

$$p(x,y,z) \Longleftrightarrow$$

$$p(x,y,z)\begin{cases} x = r\cos\theta \\ y = r\sin\theta\ (0 \leqslant r \leqslant +\infty, 0 \leqslant \theta \leqslant 2\pi, -\infty < z < +\infty). \\ z = z \end{cases}$$

②柱坐标系中的坐标平面

$r =$ 常数，表示圆柱面；$\theta =$ 常数，表示过 z 轴的半平面；$z =$ 常数，表示平行于 xOy 坐标面的平面.

用上述的坐标面构成的曲面网分割空间区域 Ω，除去边沿部分外，均有 $\Delta v_i \approx (r_i \Delta\theta_i) \cdot \Delta r_i \cdot \Delta z_i$.

$$\iiint\limits_{\Omega} f(x,y,z)\,dv = \lim_{\lambda \to 0} \sum_{i=1}^n f(\xi_i, \eta_i, \zeta_i)\Delta v_i$$

$$= \lim_{\lambda \to 0} \sum_{i=1}^n f(r_i\cos\theta_i, r_i\sin\theta_i, \zeta_i) r_i \Delta\theta_i \cdot \Delta r_i \cdot \Delta z_i$$

$$= \iiint\limits_{\Omega} f(r\cos\theta, r\sin\theta, z) r\,dr\,d\theta\,dz.$$

在柱面坐标系中，$x = r\cos\theta, y = r\sin\theta, z = z, dv = r\,dr\,d\theta\,dz$，则

$$\iiint\limits_{\Omega} f(x,y,z)\,dv = \iiint\limits_{\Omega} f(r\cos\theta,r\sin\theta,z)\,rdrd\theta dz.$$

设空间区域 D 是 Z 型简单区域,在 xOy 面上的投影区域为

$$\begin{cases} \alpha \leqslant \theta \leqslant \beta \\ \varphi_1(\theta) \leqslant r \leqslant \varphi_2(\theta) \\ z_1(r,\theta) \leqslant z \leqslant z_2(r,\theta) \end{cases}.$$

则柱坐标系下的三重积分为

$$\iiint\limits_{\Omega} f(r\cos\theta,r\sin\theta,z)\,rdrd\theta dz$$

$$= \int_{\alpha}^{\beta} d\theta \int_{\varphi_1(\theta)}^{\varphi_2(\theta)} rdr \int_{z_1(r,\theta)}^{z_2(r,\theta)} f(r\cos\theta,r\sin\theta,z)\,dz.$$

(3)球面坐标系下三重积分的计算

①球面坐标系 $P(x,y,z) \Leftrightarrow P(r,\theta,\varphi)$.

②球面坐标系下的坐标面

$r=$ 常数,表示中心在原点的球面,$0 \leqslant r < +\infty$;$\theta=$ 常数,表示过轴的半平面,$0 \leqslant \theta \leqslant 2\pi$;$\varphi=$ 常数,表示原点为顶点的圆锥面,$0 \leqslant \varphi \leqslant \pi$.

③球面坐标与直角坐标的关系

$$\begin{cases} x = r\sin\varphi\cos\theta \\ y = r\sin\varphi\sin\theta \quad (x^2+y^2+z^2=r^2,x^2+y^2=r^2\sin^2\varphi). \\ z = r\cos\varphi \end{cases}$$

用球面坐标系中的曲面网分割空间区域 Ω,除去边缘部分外,均有 $\Delta v_i \approx (r_i\Delta\varphi_i) \cdot (r_i\sin\varphi_i\Delta\theta_i) \cdot \Delta r_i = r_i^2\sin\varphi_i\Delta r_i\Delta\varphi_i\Delta\theta_i$ 则

$$\iiint\limits_{\Omega} f(x,y,z)\,dv = \iiint\limits_{\Omega} f(r\sin\varphi\cos\theta,r\sin\varphi\sin\theta,r\cos\varphi)r^2\sin\varphi drd\theta d\varphi$$

表明 $dv = r^2\sin\varphi drd\theta d\varphi$,则球坐标系下的三重积分为

$$\iiint\limits_{\Omega} f(x,y,z)\,dv$$

$$= \iiint\limits_{\Omega} f(r\sin\varphi\cos\theta,r\sin\varphi\sin\theta,r\cos\varphi)r^2\sin\varphi drd\theta d\varphi$$

$$= \iiint\limits_{\Omega} F(r,\theta,\varphi)\, r^2\sin\varphi \mathrm{d}r\mathrm{d}\theta\mathrm{d}\varphi.$$

【答疑解惑】

【问】计算三重积分在什么情况下采用"先二后一"法较便利?

【答】在以下情况下可考虑使用"先二后一"法:①被积函数只是一个变量的函数;②V 为旋转体,③特别是被积函数在极坐标变换下的形式较为简单. 如旋转体函数如:$\varphi(x^2 + y^2)$.

例 1:设 $\Omega = \{(x,y) \mid x^2 + y^2 + z^2 \leqslant R^2, x^2 + y^2 + (z-R)^2 = R^2\}$,计算 $\iiint\limits_{\Omega} z^2 \mathrm{d}v$.

解:积分区域如图 9 - 18 所示.

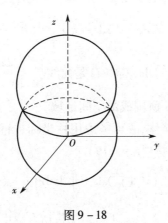

图 9 - 18

解方程组

$$\begin{cases} x^2 + y^2 + z^2 = R^2 \\ x^2 + y^2 + (z-R)^2 = R^2 \end{cases},$$

得 $z = \dfrac{R}{2}$,Ω 在 xOy 平面上的投影域为

$$x^2 + y^2 \leqslant \left(\frac{\sqrt{3}}{2}R\right)^2.$$

利用直角坐标化为三次积分计算

$$I = \int_{-\frac{\sqrt{3}}{2}R}^{\frac{\sqrt{3}}{2}R} \mathrm{d}x \int_{-\sqrt{\frac{3}{4}R^2 - x^2}}^{\sqrt{\frac{3}{4}R^2 - x^2}} \mathrm{d}y \int_{R - \sqrt{R^2 - x^2 - y^2}}^{\sqrt{R^2 - x^2 - y^2}} z^2 \mathrm{d}z.$$

在柱坐标系下

$$I = \int_0^{2\pi} \mathrm{d}\theta \int_0^{\frac{\sqrt{3}}{2}R} r\mathrm{d}r \int_{R - \sqrt{R^2 - r^2}}^{\sqrt{R^2 - r^2}} z^2 \mathrm{d}z.$$

在球面坐标系下

$$I = \int_0^{2\pi} \mathrm{d}\theta \int_0^{\frac{\pi}{3}} \cos^2\varphi \sin\varphi \mathrm{d}\varphi \int_0^R r^4 \mathrm{d}r + \int_0^{2\pi} \mathrm{d}\theta \int_{\frac{\pi}{3}}^{\frac{\pi}{2}} \cos^2\varphi \sin\varphi \mathrm{d}\varphi \int_0^{2R\cos\varphi} r^4 \mathrm{d}r.$$

用"先二后一"法,则有

$$\begin{aligned} I &= \int_0^{\frac{R}{2}} z^2 \mathrm{d}z \iint_{x^2 + y^2 \leqslant 2Rz - z^2} \mathrm{d}x\mathrm{d}y + \int_{\frac{R}{2}}^{R} z^2 \mathrm{d}z \iint_{x^2 + y^2 \leqslant R^2 - z^2} \mathrm{d}x\mathrm{d}y \\ &= \pi \int_0^{\frac{R}{2}} z^2 (2Rz - z^2) \mathrm{d}z + \pi \int_{\frac{R}{2}}^{R^2} z^2 (R^2 - z^2) \mathrm{d}z = \frac{59}{480}\pi R^5. \end{aligned}$$

例 2:求 $\iiint\limits_{\Omega} (x^2 + y^2) \mathrm{d}v$,其中 Ω 是曲线 $\begin{cases} y^2 = 2z \\ x = 0 \end{cases}$,绕 z 轴旋转一周的曲面与平面 $z = 2, z = 8$ 所围成的空间区域.

解:由于 Ω 是旋转体,故可考虑用柱坐标进行代换,需注意的是,要把 Ω 分成两部分计算(图 9 - 19).

$$\begin{aligned} I &= \iint_{D_1} \mathrm{d}x\mathrm{d}y \int_2^8 (x^2 + y^2) \mathrm{d}z + \iint_{D_2} \mathrm{d}x\mathrm{d}y \int_{\frac{x^2 + y^2}{2}}^8 (x^2 + y^2) \mathrm{d}z \\ &= \int_0^{2\pi} \mathrm{d}\theta \int_0^2 r^2 \cdot r\mathrm{d}r \int_2^8 \mathrm{d}z + \int_0^{2\pi} \mathrm{d}\theta \int_2^4 r^2 \cdot r\mathrm{d}r \int_{\frac{r^2}{2}}^8 \mathrm{d}z \\ &= 48\pi + 288\pi = 336\pi. \end{aligned}$$

用"先二后一"法,有

$$\begin{aligned} I &= \int_2^8 \mathrm{d}z \iint_{D_2} (x^2 + y^2) \mathrm{d}x\mathrm{d}y \\ &= \int_2^8 \mathrm{d}z \int_0^{2\pi} \mathrm{d}\theta \int_0^{\sqrt{2z}} r^2 \cdot r\mathrm{d}r = 336\pi. \end{aligned}$$

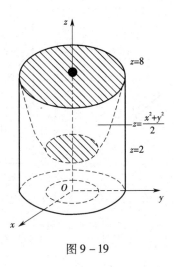

图 9 - 19

【典型题型精解】

一、在直角坐标系下三重积分的计算

【例 1】将三重积分 $I = \iiint\limits_{\Omega} f(x,y,z)\,\mathrm{d}v$ 化为三次积分,其中积分区域 Ω 由平面 $\dfrac{x}{a} + \dfrac{y}{b} + \dfrac{z}{c} = 1$ 与三个坐标面围成(图 9 - 20)($a > 0$,$b > 0$,$c > 0$).

【问题分析】本题将 Ω 向 xOy 面及 yOz 面投影,分别列出三次积分的形式.

【解】① 将 Ω 向 xOy 面投影,投影区域 D(图 9 -21),且

$$0 \leqslant z \leqslant c\left(1 - \frac{x}{a} - \frac{y}{b}\right), D:\begin{cases} 0 \leqslant x \leqslant a \\ 0 \leqslant y \leqslant b\left(1 - \dfrac{x}{a}\right) \end{cases}.$$

$$I = \iiint\limits_{\Omega} f(x,y,z)\,\mathrm{d}v = \iint\limits_{D}\mathrm{d}\sigma\int_{0}^{c\left(1 - \frac{x}{a} - \frac{y}{b}\right)} f(x,y,z)\,\mathrm{d}z$$

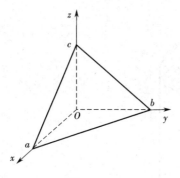

图 9 – 20　　　　　　　　　　　　图 9 – 21

$$= \int_0^a dx \int_0^{b\left(1-\frac{x}{a}\right)} dy \int_0^{c\left(1-\frac{x}{a}-\frac{y}{b}\right)} f(x,y,z)\,dz.$$

（或 $I = \int_0^b dy \int_0^{a\left(1-\frac{y}{b}\right)} dx \int_0^{c\left(1-\frac{x}{a}-\frac{y}{b}\right)} f(x,y,z)\,dz$）

②在此特取 $a=b=c=1$，$f(x,y,z)=x$，则

$$I = \iiint_\Omega x\,dv = \iint_D d\sigma \int_0^{1-x-y} x\,dz = \int_0^1 dx \int_0^{1-x} dy \int_0^{1-x-y} x\,dz$$

$$= \int_0^1 dx \int_0^{1-x} x(1-x-y)\,dy = \int_0^1 x\left[(1-x)^2 - \frac{1}{2}(1-x)^2\right]dx$$

$$= \frac{1}{2}\int_0^1 x(1-x)^2\,dx = \frac{1}{2}\int_0^1 x(x^2-2x+1)\,dx = \frac{1}{24}.$$

③将 Ω 向 yOz 面投影，投影区域 D（图 9 – 22），且

$$0 \leqslant x \leqslant a\left(1-\frac{y}{b}-\frac{z}{c}\right),\ \begin{cases} 0 \leqslant y \leqslant b \\ 0 \leqslant z \leqslant c\left(1-\frac{y}{b}\right) \end{cases},$$

$$I = \iiint_\Omega f(x,y,z)\,dv = \iint_D d\sigma \int_0^{c\left(1-\frac{y}{b}-\frac{z}{c}\right)} f(x,y,z)\,dx$$

$$= \int_0^b dy \int_0^{c\left(1-\frac{y}{b}\right)} dz \int_0^{a\left(1-\frac{x}{a}-\frac{y}{b}\right)} f(x,y,z)\,dx$$

（或 $I = \int_0^c dz \int_0^{b\left(1-\frac{x}{a}\right)} dy \int_0^{a\left(1-\frac{y}{b}-\frac{z}{c}\right)} f(x,y,z)\,dx$）

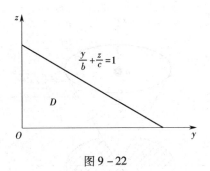

图 9 - 22

【例2】计算 $\iiint\limits_{\Omega} z\mathrm{d}x\mathrm{d}y\mathrm{d}z$，其中 Ω 是由锥面 $z = \dfrac{h}{R}\sqrt{x^2 + y^2}$ 与平面 $z = h(R > 0, h > 0)$ 所围成的区域.

【问题分析】由于在 D_z 上关于 x 和 y 的二重积分易于计算,所以也可以使用"先二后一"的方法,本题通过两种方法计算.

【解】解法一:由 $z = \dfrac{h}{R}\sqrt{x^2 + y^2}$ 与 $z = h$ 消去 z 得

$$x^2 + y^2 = R^2,$$

故 Ω 在 xOy 面上的投影区域 $D_{xy} = \{(x,y) \mid x^2 + y^2 \leqslant R^2\}$（图 9 - 23）,

$$\Omega = \left\{ (x,y,z) \,\left|\, \dfrac{h}{R}\sqrt{x^2 + y^2} \leqslant z \leqslant h, (x,y) \in D_{xy} \right. \right\}.$$

于是 $\iiint\limits_{\Omega} z\mathrm{d}x\mathrm{d}y\mathrm{d}z = \iint\limits_{D_{xy}} \mathrm{d}x\mathrm{d}y \int_{\frac{h}{R}\sqrt{x^2 + y^2}}^{h} z\mathrm{d}z$

$$= \dfrac{1}{2} \iint\limits_{D_{xy}} \left[h^2 - \dfrac{h^2}{R^2}(x^2 + y^2) \right] \mathrm{d}x\mathrm{d}y$$

$$= \dfrac{1}{2} \left[h^2 \iint\limits_{D_{xy}} \mathrm{d}x\mathrm{d}y - \dfrac{h^2}{R^2} \iint\limits_{D_{xy}} (x^2 + y^2)\,\mathrm{d}x\mathrm{d}y \right]$$

$$= \dfrac{h^2}{2} \cdot \pi R^2 - \dfrac{h^2}{2R^2} \int_0^{2\pi} \mathrm{d}\theta \int_0^R \rho^3 \mathrm{d}\rho = \dfrac{1}{4}\pi R^2 h^2.$$

解法二:用过点 $(0,0,z)$、平行于 xOy 面的平面截面 Ω 得平面圆域

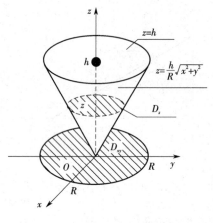

图 9 - 23

D_z,其半径为 $\sqrt{x^2+y^2}=\dfrac{Rz}{h}$,面积为 $\dfrac{\pi R^2}{h^2}z^2$(图 9 - 23).

$$\Omega=\{(x,y,z)\mid(x,y)\in D_z,0\leqslant z\leqslant h\}.$$

于是
$$\iiint\limits_{\Omega}z\mathrm{d}x\mathrm{d}y\mathrm{d}z=\int_0^h z\mathrm{d}z\iint\limits_{D_z}\mathrm{d}x\mathrm{d}y$$
$$=\int_0^h z\cdot\dfrac{\pi R^2}{h^2}\cdot z^2\mathrm{d}z=\dfrac{\pi R^2}{4h^2}\cdot h^4=\dfrac{1}{4}\pi R^2 h^2.$$

二、在柱面坐标系下三重积分的计算

【例3】利用柱面坐标计算 $\iiint\limits_{\Omega}(x^2+y^2)\mathrm{d}v$,其中 Ω 是由曲面 $x^2+y^2=2z$ 及平面 $z=2$ 所围成的闭区域.

【问题分析】根据积分区域的特点和被积函数的形式选择柱面坐标,可以简化三重积分的运算.

【解】由 $x^2+y^2=2z$ 及 $z=2$ 消去 z 得 $x^2+y^2=4$,从而知 Ω 在 xOy 面上的投影区域为 $D_{xy}=\{(x,y)\mid x^2+y^2\leqslant 4\}$. 利用柱面坐标,$\Omega$ 可表示为 $\dfrac{\rho^2}{2}\leqslant z\leqslant 2,0\leqslant\rho\leqslant 2,0\leqslant\theta\leqslant 2\pi$.

于是

$$\iiint\limits_{\Omega} (x^2 + y^2)\,\mathrm{d}v = \iiint\limits_{\Omega} \rho^2 \cdot \rho\mathrm{d}\rho\mathrm{d}\theta\mathrm{d}z = \int_0^{2\pi} \mathrm{d}\theta \int_0^2 \rho^3\,\mathrm{d}\rho \int_{\frac{\rho^2}{2}}^2 \mathrm{d}z$$

$$= \int_0^{2\pi} \mathrm{d}\theta \int_0^2 \rho^3 \left(2 - \frac{\rho^2}{2}\right)\mathrm{d}\rho = 2\pi\left[\frac{\rho^4}{2} - \frac{\rho^6}{12}\right]_0^2 = \frac{16}{3}\pi.$$

考研解析与综合提高

【例1】(2015 年数学一)已知平面区域

$$D = \left\{ (r,\theta)\,|\,2 \leqslant r \leqslant 2(1 + \cos\theta),\ -\frac{\pi}{2} \leqslant \theta \leqslant \frac{\pi}{2} \right\},$$

计算二重积分 $\iint\limits_{D} x\mathrm{d}x\mathrm{d}y$.

【问题分析】由于所给区域为极坐标形式,本题直接按照极坐标形式计算较为方便.

【解】$\displaystyle\int_{-\frac{\pi}{2}}^{\frac{\pi}{2}} \cos\theta\mathrm{d}\theta \int_2^{2(1+\cos\theta)} r^2\,\mathrm{d}r = \frac{8}{3}\int_{-\frac{\pi}{2}}^{\frac{\pi}{2}} (3\cos^2\theta + 3\cos^3\theta + \cos^4\theta)\,\mathrm{d}\theta$

$$= \frac{16}{3}\int_0^{\frac{\pi}{2}} (3\cos^2\theta + 3\cos^3\theta + \cos^4\theta)\,\mathrm{d}\theta$$

$$= 5\pi + \frac{32}{3}.$$

【例2】(2015 年数学一)设 Ω 是由平面 $x + y + z = 1$ 与三个坐标平面所围成的空间区域,则 $\iiint\limits_{\Omega} (x + 2y + 3z)\mathrm{d}x\mathrm{d}y\mathrm{d}z = \underline{\qquad}$.

【问题分析】利用轮换对称性可以简化计算.

【解】由轮换对称性,得

$$\iiint\limits_{\Omega} (x + 2y + 3z)\mathrm{d}x\mathrm{d}y\mathrm{d}z = 6\iiint\limits_{\Omega} z\mathrm{d}x\mathrm{d}y\mathrm{d}z = 6\int_0^1 z\mathrm{d}z \iint\limits_{D_z} \mathrm{d}x\mathrm{d}y.$$

其中 D_z 为平面 $z = z$ 截空间区域 Ω 所得的截面,其面积为

$\frac{1}{2}(1-z)^2$. 所以

$$\iiint\limits_{\Omega}(x+2y+3z)\mathrm{d}x\mathrm{d}y\mathrm{d}z = 6\iiint\limits_{\Omega}z\mathrm{d}x\mathrm{d}y\mathrm{d}z$$

$$= 6\int_0^1 z \cdot \frac{1}{2}(1-z)^2\mathrm{d}z$$

$$= 3\int_0^1 (z^3-2z^2+z)\mathrm{d}z = \frac{1}{4}.$$

【例3】(2015年数学三)计算二重积分$\iint\limits_{D}x(x+y)\mathrm{d}x\mathrm{d}y$,其中

$$D = \{(x,y)\,|\,x^2+y^2\leqslant 2,y\geqslant x^2\}.$$

【问题分析】综合利用二重积分和定积分的解题方法,合理解决问题.

【解】由$\begin{cases}x^2+y^2=2\\y=x^2\end{cases}$得$\begin{cases}x=-1\\y=1\end{cases}$,$\begin{cases}x=1\\y=1\end{cases}$.

令$D_1 = \{(x,y)\,|\,0\leqslant x\leqslant 1,x^2\leqslant y\leqslant\sqrt{2-x^2}\}$,因为区域$D$关于$y$轴对称,所以$\iint\limits_{D}x(x+y)\mathrm{d}x\mathrm{d}y = \iint\limits_{D}x^2\mathrm{d}x\mathrm{d}y$.

故　$I = \iint\limits_{D}x(x+y)\mathrm{d}x\mathrm{d}y = 2\iint\limits_{D_1}x^2\mathrm{d}x\mathrm{d}y = 2\int_0^1 x^2\mathrm{d}x\int_{x^2}^{\sqrt{2-x^2}}\mathrm{d}y$

$$= 2\int_0^1 x^2\sqrt{2-x^2}\mathrm{d}x - 2\int_0^1 x^4\mathrm{d}x$$

$$\xrightarrow{\text{令}\,x=\sqrt{2}\sin t} 2\int_0^{\frac{\pi}{4}}2\sin^2 t\cdot\sqrt{2}\cos t\cdot\sqrt{2}\cos t\mathrm{d}t - \frac{2}{5}$$

$$= 8\int_0^{\frac{\pi}{4}}\sin^2 t\cdot\cos^2 t\mathrm{d}t - \frac{2}{5}$$

$$= 2\int_0^{\frac{\pi}{4}}\sin^2 2t - \frac{2}{5} = \int_0^{\frac{\pi}{4}}\sin^2 2t\mathrm{d}(2t) - \frac{2}{5} = \int_0^{\frac{\pi}{2}}\sin^2 t\mathrm{d}t - \frac{2}{5}$$

$$= \frac{1}{2}\times\frac{\pi}{2} - \frac{2}{5} = \frac{\pi}{4} - \frac{2}{5}$$

【例4】(2014 年数学二)设平面区域 $D = \{(x,y) \mid 1 \leq x^2 + y^2 \leq 4,$ $x \geq 0, y \geq 0\}$，计算 $\iint\limits_{D} \dfrac{x\sin(\pi\sqrt{x^2+y^2})}{x+y}\mathrm{d}x\mathrm{d}y$.

【问题分析】坐标的轮换对称性，简单地说就是将坐标轴重新命名，如果积分区间的函数表达不变，则被积函数中的 x,y,z 也同样作变化后，积分值保持不变. 轮换对称性在重积分中应用为(1)设积分区域 D 关于 x,y 具有轮换对称性，则有

①$\iint\limits_{D} f(x,y)\mathrm{d}\sigma = \iint\limits_{D} f(y,x)\mathrm{d}\sigma = \dfrac{1}{2}\left(\iint\limits_{D} f(x,y)\mathrm{d}\sigma + \iint\limits_{D} f(y,x)\mathrm{d}\sigma\right)$；

②若 D 关于直线 $y=x$ 对称 D 位于 $y=x$ 上半部分为 D_1，则有

$\iint\limits_{D} f(x,y)\mathrm{d}\sigma = \begin{cases} 2\iint\limits_{D_1} f(x,y)\mathrm{d}\sigma, & f(x,y)=f(y,x) \\ 0, & f(x,y)=-f(y,x) \end{cases}$.(2)若积分区域 Ω

关于 x,y,z 具有轮换对称性，则有 $\iiint\limits_{\Omega} f(x,y,z)\mathrm{d}v = \iiint\limits_{\Omega} f(y,z,x)\mathrm{d}v = \iiint\limits_{\Omega} f(z,x,y)\mathrm{d}v = \dfrac{1}{3}\iiint\limits_{\Omega}[f(x,y,z)+f(y,z,x)+f(z,x,y)]\mathrm{d}v$.

【解】积分区域 D 满足轮换对称性，则

$$\iint\limits_{D} \frac{x\sin(\pi\sqrt{x^2+y^2})}{x+y}\mathrm{d}x\mathrm{d}y = \iint\limits_{D} \frac{y\sin(\pi\sqrt{x^2+y^2})}{x+y}\mathrm{d}x\mathrm{d}y.$$

故 $I = \iint\limits_{D} \dfrac{x\sin(\pi\sqrt{x^2+y^2})}{x+y}\mathrm{d}x\mathrm{d}y$

$= \dfrac{1}{2}\iint\limits_{D}\left[\dfrac{x\sin(\pi\sqrt{x^2+y^2})}{x+y}+\dfrac{y\sin(\pi\sqrt{x^2+y^2})}{x+y}\right]\mathrm{d}x\mathrm{d}y$

$= \dfrac{1}{2}\iint\limits_{D}\sin(\pi\sqrt{x^2+y^2})\mathrm{d}x\mathrm{d}y = \dfrac{1}{2}\int_0^{\frac{\pi}{2}}\mathrm{d}\theta\int_1^2 \sin\pi r\cdot r\mathrm{d}r$

$= \dfrac{\pi}{4}\left(-\dfrac{1}{\pi}\right)\int_1^2 r\mathrm{d}\cos\pi r$

$$= -\frac{1}{4}\Big[\cos \pi r \cdot r \big|_1^2 - \int_1^2 \cos \pi r \mathrm{d}r\Big]$$

$$= -\frac{1}{4}\Big[2 + 1 - \frac{1}{\pi}\sin \pi r \big|_1^2\Big] = -\frac{3}{4}.$$

【例5】(2013 年数学二)设平面区域 D 由直线 $x = 3y, y = 3x, x + y = 8$ 围成,求 $\iint\limits_D x^2 \mathrm{d}x\mathrm{d}y$.

【问题分析】将积分区域分割成两部分,分别计算即可.

【解】 $\begin{cases} y = 3x \\ x + y = 8 \end{cases} \Rightarrow \begin{cases} x = 2 \\ y = 6 \end{cases}, \begin{cases} y = \dfrac{1}{3}x \\ x + y = 8 \end{cases} \Rightarrow \begin{cases} x = 6 \\ y = 2 \end{cases}.$

故 $\iint\limits_D x^2 \mathrm{d}x\mathrm{d}y = \int_0^2 \mathrm{d}x \int_{\frac{x}{3}}^{3x} x^2 \mathrm{d}y + \int_2^6 \mathrm{d}x \int_{\frac{x}{3}}^{8-x} x^2 \mathrm{d}y$

$$= \frac{2}{3}x^4 \big|_0^2 + \Big(\frac{8}{3}x^3 - \frac{1}{3}x^4\Big) \big|_2^6 = \frac{32}{3} + 128 = \frac{416}{4}.$$

【例6】(2013 年数学二)设 D_k 是圆域 $\{(x,y) \mid x^2 + y^2 \leq 1\}$ 位于第 k 象限的部分,记 $I_k = \iint\limits_{D_k} (y - x)\mathrm{d}x\mathrm{d}y (k = 1,2,3,4)$,则(　　).

(A)$I_1 > 0$ 　　　(B)$I_2 > 0$ 　　　(C)$I_3 > 0$ 　　　(D)$I_4 > 0$

【问题分析】积分区域为圆域,I_1 与 I_3 可以考虑用极坐标形式表达.

【解】$I_1 = \int_0^{\frac{\pi}{2}} \mathrm{d}\theta \int_0^1 (\sin \theta - \cos \theta)\rho^2 \mathrm{d}\rho = 0,$

$I_2 = \iint\limits_{D_2} (y - x)\mathrm{d}x\mathrm{d}y > 0(因为 y - x > 0),$

$I_3 = \int_\pi^{\frac{3\pi}{2}} \mathrm{d}\theta \int_0^1 (\sin \theta - \cos \theta)\rho^2 \mathrm{d}\rho = 0,$

$I_4 = \iint\limits_{D_4} (y - x)\mathrm{d}x\mathrm{d}y < 0(因为 y - x < 0).$

因此选(B).

【例7】(2012年数学二)设区域 D 由曲线 $y = \sin x, x = \pm \dfrac{\pi}{2}, y = 1$

围成,则 $\displaystyle\iint\limits_{D} (x^5 y - 1) \mathrm{d}x\mathrm{d}y = ($ 　　$)$.

(A) π 　　　　　(B) 2 　　　　　(C) -2 　　　　　(D) $-\pi$

【问题分析】利用函数的奇偶性和积分区域的对称性可以简化二重积分的计算.

【解】
$$\iint\limits_{D} (x^5 y - 1)\mathrm{d}x\mathrm{d}y = \int_{-\frac{\pi}{2}}^{\frac{\pi}{2}} \mathrm{d}x \int_{\sin x}^{1} (x^5 y - 1)\mathrm{d}y$$

$$= \int_{-\frac{\pi}{2}}^{\frac{\pi}{2}} \left(\frac{1}{2} x^5 y^2 - y \right) \Big|_{\sin x}^{1} \mathrm{d}x$$

$$= \int_{-\frac{\pi}{2}}^{\frac{\pi}{2}} \left(\frac{1}{2} x^5 \cos^2 x - 1 + \sin x \right) \mathrm{d}x.$$

由于 $\dfrac{1}{2}x^5, \cos^2 x, \sin x$ 均为奇函数,所以 $\displaystyle\int_{-\frac{\pi}{2}}^{\frac{\pi}{2}} \left(\frac{1}{2} x^5 \cos^2 x \right) \mathrm{d}x = 0,$

$\displaystyle\int_{-\frac{\pi}{2}}^{\frac{\pi}{2}} (\sin x) \mathrm{d}x = 0.$

带入上式,得原式 $= \displaystyle\int_{-\frac{\pi}{2}}^{\frac{\pi}{2}} (-1)\mathrm{d}x = -\pi.$ 故选(D).

【例8】(2012年数学二)计算二重积分 $\displaystyle\iint\limits_{D} xy\mathrm{d}\sigma$,其中区域 D 由曲线 $r = 1 + \cos\theta (0 \leqslant \theta \leqslant \pi)$ 与极轴围成.

【问题分析】极坐标下二重积分的计算关键是确定 ρ 和 θ 的变化范围.

【解】令 $x = \rho\cos\theta, y = \rho\sin\theta, \theta \in [0, \pi]$

$$\iint\limits_{D} xy\mathrm{d}\sigma = \int_{0}^{\pi} \mathrm{d}\theta \int_{0}^{1+\cos\theta} \rho\cos\theta \cdot \rho\sin\theta\rho\mathrm{d}\rho$$

$$= \int_{0}^{\pi} \cos\theta\sin\theta\mathrm{d}\theta \int_{0}^{1+\cos\theta} \rho^3\mathrm{d}\rho$$

$$= \frac{1}{4} \int_0^\pi \cos\theta \sin\theta (1 + \cos\theta)^4 d\theta$$

$$= -\frac{1}{4} \int_0^\pi \cos\theta (1 + \cos\theta)^4 d\cos\theta$$

$$\xrightarrow{\text{令 } t = \cos\theta} -\frac{1}{4} \int_1^{-1} t (1 + t)^4 dt$$

$$= \frac{1}{4} \int_{-1}^1 t (1 + t)^4 dt = \frac{8}{5} - \frac{1}{20} \cdot \frac{1}{6} (1 + t)^6 |_{-1}^1$$

$$= \frac{8}{5} - \frac{8}{15} = \frac{16}{15}.$$

【例9】(2011 年数学二) 已知函数 $f(x, y)$ 具有二阶连续偏导数，且 $f(1, y) = 0$, $f(x, 1) = 0$, $\iint_D f(x, y) dx dy = a$, 其中 $D = \{(x, y) | 0 \leq x \leq 1, 0 \leq y \leq 1\}$, 计算二重积分 $\iint_D xy f''_{xy}(x, y) dx dy$.

【问题分析】把二重积分化为二次积分，用分部积分法.

【解】$\iint_D xy f''_{xy}(x, y) dx dy = \int_0^1 x \left[\int_0^1 y f''_{xy}(x, y) dy \right] dx$

$$= \int_0^1 x \left[\int_0^1 y d f'_x(x, y) \right] dx.$$

用分部积分法

$$\int_0^1 y d f'_x(x, y) = y f'_x(x, y) |_0^1 - \int_0^1 f'_x(x, y) dy = -\int_0^1 f'_x(x, y) dy$$

交换积分次序

$$= \int_0^1 x \left[\int_0^1 y d f'_x(x, y) \right] dx = -\int_0^1 x \left[\int_0^1 f'_x(x, y) dy \right] dx$$

$$= -\int_0^1 \left[\int_0^1 x f'_x(x, y) dx \right] dy.$$

再用分部积分法

$$\int_0^1 x f'_x(x, y) dx = \int_0^1 x d f(x, y) = x f(x, y) |_0^1 - \int_0^1 f(x, y) dx$$

$$= -\int_0^1 f(x,y)\,dx.$$

所以 $\iint\limits_D xyf''_{xy}(x,y)\,dxdy = \int_0^1 dy \int_0^1 f(x,y)\,dx = a.$

【例 10】(2010 年数学一) 设 $\Omega = \{(x,y,z) \mid x^2 + y^2 \leqslant z \leqslant 1\}$，则 Ω 的形心坐标 $\bar{z} = $ _____.

【问题分析】Ω 的形心坐标即均匀闭区域 Ω 的质心坐标，得

$$\bar{x} = \frac{\iiint\limits_\Omega x\,dxdydz}{\iiint\limits_\Omega dxdydz}, \bar{y} = \frac{\iiint\limits_\Omega y\,dxdydz}{\iiint\limits_\Omega dxdydz}, \bar{z} = \frac{\iiint\limits_\Omega z\,dxdydz}{\iiint\limits_\Omega dxdydz},$$

即为形心坐标.

【解】$\bar{z} = \dfrac{\iiint\limits_\Omega z\,dxdydz}{\iiint\limits_\Omega dxdydz}$

$$= \frac{\int_0^{\frac{\pi}{2}} d\theta \int_0^1 r\,dr \int_{r^2}^1 z\,dz}{\int_0^{\frac{\pi}{2}} d\theta \int_0^1 r\,dr \int_{r^2}^1 dz} = \frac{\int_0^{\frac{\pi}{2}} d\theta \int_0^1 r\left(\dfrac{1}{2} - \dfrac{r^4}{2}\right)dr}{\dfrac{\pi}{2}}$$

$$= \frac{\int_0^{2\pi} \left(\dfrac{r^2}{4} - \dfrac{r^6}{12}\right)\Big|_0^1 d\theta}{\dfrac{\pi}{2}} = \frac{\dfrac{1}{6} \cdot 2\pi}{\dfrac{\pi}{2}} = \frac{2}{3}.$$

故应填 $\dfrac{2}{3}$.

【例 11】(2010 年数学二) 计算二重积分

$$\iint\limits_D r^2 \sin\theta \sqrt{1 - r^2\cos 2\theta}\,drd\theta,$$

其中 $D = \left\{(r,\theta) \mid 0 \leqslant r \leqslant \sec\theta, 0 \leqslant \theta \leqslant \dfrac{\pi}{4}\right\}$.

【问题分析】化极坐标积分区域为直角坐标区域,相应的被积函数也化为直角坐标系下的表示形式,然后计算二重积分.

【解】直角坐标系下 $D = \{(x,y)\,|\,0 \leqslant x \leqslant 1, 0 \leqslant y \leqslant x\}$（图 9 - 24）.

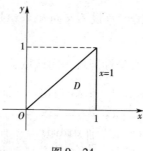

图 9 - 24

所以 $I = \iint\limits_{D} r^2 \sin\theta \sqrt{1 - r^2\cos 2\theta}\,\mathrm{d}r\mathrm{d}\theta$

$\quad = \iint\limits_{D} r\sin\theta \sqrt{1 - r^2(\cos^2\theta - \sin^2\theta)} \cdot r\mathrm{d}r\mathrm{d}\theta$

$\quad = \iint\limits_{D} y \sqrt{1 - x^2 + y^2}\,\mathrm{d}x\mathrm{d}y = \int_0^1 \mathrm{d}x \int_0^x y \sqrt{1 - x^2 + y^2}\,\mathrm{d}y$

$\quad = \int_0^1 \mathrm{d}x \int_0^x \frac{1}{2}\sqrt{1 - x^2 + y^2}\,\mathrm{d}(1 - x^2 + y^2)$

$\quad = \int_0^1 \frac{1}{3}[1 - (1 - x^2)^{\frac{3}{2}}]\,\mathrm{d}x = \frac{1}{3} - \frac{1}{3}\int_0^1 (1 - x^2)^{\frac{3}{2}}\,\mathrm{d}x$

$\quad \xlongequal{\diamondsuit\, x = \sin\theta, 0 \leqslant \theta \leqslant \frac{\pi}{2}} \frac{1}{3} - \frac{1}{3}\int_0^{\frac{\pi}{2}} \cos^4\theta\,\mathrm{d}\theta$

$\quad = \frac{1}{3} - \frac{1}{3}\int_0^{\frac{\pi}{2}} \left(\frac{1 + 2\cos 2\theta}{2}\right)^2\,\mathrm{d}\theta$

$\quad = \frac{1}{3} - \frac{1}{3}\int_0^{\frac{\pi}{2}} \left(\frac{3}{8} + \frac{1}{2}\cos 2\theta + \frac{1}{8}\cos 4\theta\right)\mathrm{d}\theta$

$\quad = \frac{1}{3} - \frac{1}{16}\pi.$

【**例 12**】(2009 年数学一)设 $\Omega = \{(x,y,z) \mid x^2 + y^2 + z^2 \leqslant 1\}$,则
$$\iiint\limits_{\Omega} z^2 \mathrm{d}x\mathrm{d}y\mathrm{d}z = \underline{\qquad}.$$

【**问题分析**】因为 Ω 为对称区域,由轮换对称性,知
$$\iiint\limits_{\Omega} z^2 \mathrm{d}x\mathrm{d}y\mathrm{d}z = \iiint\limits_{\Omega} x^2 \mathrm{d}x\mathrm{d}y\mathrm{d}z = \iiint\limits_{\Omega} y^2 \mathrm{d}x\mathrm{d}y\mathrm{d}z.$$

【**解**】
$$\iiint\limits_{\Omega} z^2 \mathrm{d}x\mathrm{d}y\mathrm{d}z = \frac{1}{3}\iiint\limits_{\Omega}(x^2+y^2+z^2)\mathrm{d}x\mathrm{d}y\mathrm{d}z$$
$$= \frac{1}{3}\int_0^{2\pi}\mathrm{d}\theta \int_0^{\pi} \sin\varphi\mathrm{d}\varphi \int_0^1 r^4\mathrm{d}r = \frac{4\pi}{15}.$$

【**例 13**】(2008 年数学三)设 $D = \{(x,y) \mid x^2 + y^2 \leqslant 1\}$,则 $\iint\limits_{D}(x^2 - y)\mathrm{d}x\mathrm{d}y = \underline{\qquad}$.

【**问题分析**】积分区域为对称区域,一般先利用轮换对称性和被积函数的奇偶性简化积分.

【**解**】
$$\iint\limits_{D}(x^2-y)\mathrm{d}x\mathrm{d}y = \iint\limits_{D} x^2\mathrm{d}x\mathrm{d}y - \iint\limits_{D} y\mathrm{d}x\mathrm{d}y$$
$$= \frac{1}{2}\iint\limits_{D}(x^2+y^2)\mathrm{d}x\mathrm{d}y - 0$$
$$= \frac{1}{2}\int_0^{2\pi}\mathrm{d}\theta\int_0^1 r^2 \cdot r\mathrm{d}r$$
$$= \frac{\pi}{4}.$$

【**例 14**】(2008 年数学二)计算 $\iint\limits_{D}\max\{xy,1\}\mathrm{d}x\mathrm{d}y$,其中
$$D = \{(x,y) \mid 0 \leqslant x \leqslant 2, 0 \leqslant y \leqslant 2\}.$$

【**问题分析**】按照积分区域确定 xy 与 1 的大小关系,利用积分的可加性分区域积分.

【**解**】将积分区域 D 分成三个部分 D_1, D_2, D_3,如图 9-25 所示.

则 $\iint\limits_{D}\max(xy,1)\mathrm{d}x\mathrm{d}y$

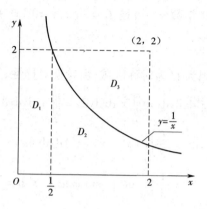

图 9 - 25

$$= \iint\limits_{D_1} \max(xy,1)\,\mathrm{d}x\mathrm{d}y + \iint\limits_{D_2} \max(xy,1)\,\mathrm{d}x\mathrm{d}y + \iint\limits_{D_3} \max(xy,1)\,\mathrm{d}x\mathrm{d}y$$

$$= \int_0^{\frac{1}{2}} \mathrm{d}x \int_0^2 1\,\mathrm{d}y + \int_{\frac{1}{2}}^2 \mathrm{d}x \int_0^{\frac{1}{x}} 1\,\mathrm{d}y + \int_{\frac{1}{2}}^2 \mathrm{d}x \int_{\frac{1}{x}}^2 xy\,\mathrm{d}y$$

$$= 1 + 2\ln 2 + \frac{15}{4} - \ln 2 = \frac{19}{4} + \ln 2.$$

【例 15】(2005 年数学三) 设 $I_1 = \iint\limits_D \cos \sqrt{x^2+y^2}\,\mathrm{d}\sigma$, $I_2 = \iint\limits_D \cos(x^2+y^2)\,\mathrm{d}\sigma$, $I_3 = \iint\limits_D \cos (x^2+y^2)^2\,\mathrm{d}\sigma$, 其中 $D = \{(x,y) \mid x^2+y^2 \leqslant 1\}$ 则(　　).

(A)$I_3 > I_2 > I_1$ 　　　　　　　(B)$I_1 > I_2 > I_3$

(C)$I_3 > I_1 > I_2$ 　　　　　　　(D)$I_2 > I_3 > I_1$

【问题分析】利用二重积分的性质比较被积函数的大小即可.

【解】因为 $D = \{(x,y) \mid x^2+y^2 \leqslant 1\}$, 所以有 $(x^2+y^2)^2 \leqslant x^2+y^2 \leqslant \sqrt{x^2+y^2}$, 由于 $\cos x$ 在 $[0,1] \subset \left[0,\dfrac{\pi}{2}\right]$ 是减函数, 故选(A).

【例 16】(2005 年数学二) 计算二重积分 $\iint\limits_D |x^2+y^2-1|\,\mathrm{d}\sigma$, 其中

$D = \{(x,y) \mid 0 \leqslant x \leqslant 1, 0 \leqslant y \leqslant 1\}$.

【问题分析】被积函数含有绝对值,应当做分区域函数看待,利用积分的可加性分区域积分即可. 形如积分 $\iint\limits_{D} |f(x,y)| \, \mathrm{d}\sigma$、$\iint\limits_{D} \max\{f(x, y), g(x,y)\} \, \mathrm{d}\sigma$、$\iint\limits_{D} \min\{f(x,y), g(x,y)\} \, \mathrm{d}\sigma$、$\iint\limits_{D} [f(x,y)] \, \mathrm{d}\sigma$、$\iint\limits_{D} \mathrm{sgn}\{f(x,y) - g(x,y)\} \, \mathrm{d}\sigma$ 等的被积函数均应当做分区域函数看待,利用积分的可加性分区域积分.

【解】记 $D_1 = \{(x,y) \mid x^2 + y^2 \leqslant 1, (x,y) \in D\}$,

$\quad\quad D_2 = \{(x,y) \mid x^2 + y^2 > 1, (x,y) \in D\}$,

于是
$$\iint\limits_{D} |x^2 + y^2 - 1| \, \mathrm{d}\sigma = \iint\limits_{D_1} (1 - x^2 - y^2) \, \mathrm{d}\sigma + \iint\limits_{D_2} (x^2 + y^2 - 1) \, \mathrm{d}\sigma$$

$$= \int_0^{\frac{\pi}{2}} \mathrm{d}\theta \int_0^1 (1 - r^2) r \, \mathrm{d}r + \iint\limits_{D} (x^2 + y^2 - 1) \, \mathrm{d}\sigma -$$

$$\iint\limits_{D_1} (x^2 + y^2 - 1) \, \mathrm{d}\sigma$$

$$= \frac{\pi}{8} + \int_0^1 \mathrm{d}x \int_0^1 (x^2 + y^2 - 1) \, \mathrm{d}y$$

$$- \int_0^{\frac{\pi}{2}} \mathrm{d}\theta \int_0^1 (r^2 - 1) r \, \mathrm{d}r$$

$$= \frac{\pi}{4} - \frac{1}{3}.$$

【例 17】(2004 年数学三)求极限 $\lim\limits_{x \to 0} \dfrac{\displaystyle\int_0^x \left[\int_0^{u^2} \arctan(1 + t) \, \mathrm{d}t \right] \mathrm{d}u}{x(1 - \cos x)}$.

【问题分析】利用洛必达法则和等价无穷小量替换的方法,解决此类极限问题.

【解】解法一:$\lim\limits_{x \to 0} \dfrac{\displaystyle\int_0^x \left[\int_0^{u^2} \arctan(1 + t) \, \mathrm{d}t \right] \mathrm{d}u}{x(1 - \cos x)}$

$$= \lim_{x \to 0} \frac{\displaystyle\int_0^{x^2} \arctan(1+t)\,dt}{1 - \cos x + x \sin x} = \lim_{x \to 0} \frac{2x\arctan(1+x^2)}{\sin x + \sin x + x\cos x}$$

$$= 2\lim_{x \to 0}\arctan(1+x^2)\lim_{x \to 0}\frac{1}{\dfrac{2\sin x}{x} + \cos x} = 2 \cdot \frac{\pi}{4} \cdot \frac{1}{3}$$

$$= \frac{\pi}{6}.$$

解法二: $\displaystyle\lim_{x \to 0} \frac{\displaystyle\int_0^x \left[\int_0^{u^2} \arctan(1+t)\,dt \right] du}{x(1 - \cos x)}$

$$= 2\lim_{x \to 0} \frac{\displaystyle\int_0^x \left[\int_0^{u^2} \arctan(1+t)\,dt \right] du}{x^3}$$

$$= 2\lim_{x \to 0} \frac{\displaystyle\int_0^{x^2} \arctan(1+t)\,dt}{3x^2}$$

$$= 2\lim_{x \to 0} \frac{2x\arctan(1+x^2)}{6x} = \frac{\pi}{4} \cdot \frac{2}{3} = \frac{\pi}{6}.$$

同步测试

一、填空题(本题共 5 小题,每题 5 分,共 25 分)

1. 将 $\displaystyle\int_0^1 dy \int_{-\sqrt{1-y^2}}^{\sqrt{1-y^2}} f(x,y)\,dx$ 交换积分次序,得到_____.

2. 设 $D = \{(x,y) \mid 0 \leqslant x \leqslant 1, 0 \leqslant y \leqslant 1\}$,试利用二重积分的性质估计 $I = \displaystyle\iint_D xy(x+y)\,d\sigma$ 的值_____.

3. 设区域 D 由 x 轴、y 轴与直线 $x+y=1$ 围成,根据二重积分的性质,试比较积分 $I = \displaystyle\iint_D (x+y)^2\,d\sigma$ 与 $I = \displaystyle\iint_D (x+y)^3\,d\sigma$ 的大小_____.

4. 已知 Ω 是由 $x=0, y=0, z=0, x+2y+z=1$ 所围,按先 z 后 y 再 x 的积分次序将 $I = \iiint\limits_{\Omega} x\mathrm{d}x\mathrm{d}y\mathrm{d}z$ 化为累次积分,则 $I =$ _____.

5. 设区域 $D = \{ (x,y) \mid x^2 + y^2 \leqslant 1, x \geqslant 0 \}$,则 $\iint\limits_{D} \dfrac{1+xy}{1+x^2+y^2}\mathrm{d}x\mathrm{d}y =$

_____.

二、选择题(本题共 5 小题,每题 5 分,共 25 分)

1. 设 $f(x,y)$ 为连续函数,则 $\int_{0}^{\frac{\pi}{4}}\mathrm{d}\theta\int_{0}^{1}f(r\cos\theta, r\sin\theta)r\mathrm{d}r$ 等于( ).

(A) $\int_{0}^{\frac{\sqrt{2}}{2}}\mathrm{d}x\int_{x}^{\sqrt{1-x^2}}f(x,y)\mathrm{d}y$ (B) $\int_{0}^{\frac{\sqrt{2}}{2}}\mathrm{d}x\int_{0}^{\sqrt{1-x^2}}f(x,y)\mathrm{d}y$

(C) $\int_{0}^{\frac{\sqrt{2}}{2}}\mathrm{d}y\int_{y}^{\sqrt{1-y^2}}f(x,y)\mathrm{d}x$ (D) $\int_{0}^{\frac{\sqrt{2}}{2}}\mathrm{d}y\int_{0}^{\sqrt{1-y^2}}f(x,y)\mathrm{d}x$

2. 设有平面闭区域 $D = \{ (x,y) \mid -a\leqslant x\leqslant a, x\leqslant y\leqslant a \}$,$D_1 = \{ (x, y) \mid 0\leqslant x, x\leqslant y\leqslant a \}$,则 $\iint\limits_{D}(xy + \cos x\sin y)\mathrm{d}x\mathrm{d}y = ($).

(A) $2\iint\limits_{D_1}\cos x\sin y\mathrm{d}x\mathrm{d}y$ (B) $2\iint\limits_{D_1}xy\mathrm{d}x\mathrm{d}y$

(C) $4\iint\limits_{D_1}(xy + \cos x\sin y)\mathrm{d}x\mathrm{d}y$ (D) 0

3. 二重积分 $\iint\limits_{D}\mathrm{e}^{-(x^2+y^2)}\mathrm{d}\sigma$ 的值为( ),其中 D 是由圆 $x^2 + y^2 = R^2$ 所围成的区域.

(A) $\mathrm{e}\pi R^2$ (B) $\pi(1 - \mathrm{e}^{-R^2})$ (C) $\pi - \mathrm{e}^{-R^2}$ (D) $\pi R(1-\mathrm{e})$

4. 计算三重积分 $\iiint\limits_{\Omega}\sqrt{x^2+y^2}\mathrm{d}x\mathrm{d}y\mathrm{d}z$,其中积分区域 Ω 是由 $x^2 + y^2 = 2, z = 0$ 及 $z = 2$ 所围成( ).

(A) $\dfrac{8}{3}\sqrt{3}\pi$　　　　(B) $\dfrac{8}{3}\sqrt{2}$　　　　(C) $\dfrac{3}{8}\sqrt{2}\pi$　　　　(D) $\dfrac{8}{3}\sqrt{2}\pi$

5. 设 D 为 $x^2+y^2\leqslant a^2$，且 $\displaystyle\iint_D \sqrt{a^2-x^2-y^2}\,\mathrm{d}x\mathrm{d}y=\pi$，则 $a=($　　　　).

(A) 1　　　　(B) $\sqrt[3]{\dfrac{3}{2}}$　　　　(C) $\sqrt[3]{\dfrac{3}{4}}$　　　　(D) $\sqrt[3]{\dfrac{1}{2}}$

三、计算题(本题共 5 小题,每题 10 分,共 50 分)

1. 计算二重积分 $\displaystyle\iint_D x\sqrt{y}\,\mathrm{d}\sigma$，其中 D 是由两条抛物线 $y=\sqrt{x}$，$y=x^2$ 所围成的闭区域.

2. 计算二重积分 $\displaystyle\iint_D \mathrm{sgn}(y-x^2)\,\mathrm{d}x\mathrm{d}y$，$D:-1\leqslant x\leqslant 1$，$-1\leqslant y\leqslant 1$.

3. 计算积分 $\displaystyle\int_0^1 \mathrm{d}x\int_x^{\sqrt{x}} \dfrac{\sin y}{y}\,\mathrm{d}y$.

4. 利用柱面坐标计算三重积分 $\displaystyle\iiint_\Omega z\mathrm{d}v$，其中 Ω 是由曲面 $z=\sqrt{2-x^2-y^2}$ 及 $z=x^2+y^2$ 所围成的闭区域.

5. 计算二重积分 $I=\displaystyle\iint_D (x^2+xy\mathrm{e}^{x^2+y^2})\,\mathrm{d}x\mathrm{d}y$，其中 D 为圆域 $x^2+y^2\leqslant 1$.

第十章　无穷级数

第一节　常数项级数的概念和性质

【知识要点回顾】

1. 级数的概念

定义 1　级数的敛散性

如果级数 $\sum\limits_{n=1}^{\infty} u_n$ 的部分和数列 $\{s_n\}$ 有极限 s，即 $\lim\limits_{n\to\infty} s_n = s$，则称无

穷级数 $\sum\limits_{n=1}^{\infty} u_n$ 收敛，这时极限 s 叫作这个级数的和，并写成

$$s = \sum_{n=1}^{\infty} u_n = u_1 + u_2 + u_3 + \cdots + u_n + \cdots;$$

如果 $\{s_n\}$ 没有极限，则称无穷级数 $\sum\limits_{n=1}^{\infty} u_n$ 发散.

2. 收敛级数的基本性质

性质 1　如果级数 $\sum\limits_{n=1}^{\infty} u_n$ 收敛于和 s，且 k 为常数，则级数 $\sum\limits_{n=1}^{\infty} ku_n$

也收敛，且 $\sum\limits_{n=1}^{\infty} ku_n = k\sum\limits_{n=1}^{\infty} u_n$.

性质 2　如果 $\sum\limits_{n=1}^{\infty} u_n = s$、$\sum\limits_{n=1}^{\infty} v_n = \sigma$，则 $\sum\limits_{n=1}^{\infty} (u_n \pm v_n) = s \pm \sigma.$

性质3   在级数中去掉、加上或改变有限项,不会改变级数的收敛性.

性质4   收敛级数中的各项(按其原来的次序)任意加括号后所成的级数仍收敛,且其和不变.

注:如果加括号后所成的级数收敛,则不能断定去括号后原来的级数也收敛. 例如,级数$(1-1)+(1-1)+\cdots$收敛于零,但级数$1-1+1-1+\cdots$却是发散的.

推论   如果加括号后所成的级数发散,则原来级数也发散.

性质5(级数收敛的必要条件)   如果$\sum\limits_{n=1}^{\infty}u_n$收敛,则它的一般项$u_n$趋于零,即$\lim\limits_{n\to 0}u_n=0$.

注:级数的一般项趋于零并不是级数收敛的充分条件,有的级数一般项趋于0,但仍是发散的.

推论   如果级数$\sum\limits_{n=1}^{\infty}u_n$的通项$u_n$当$n\to\infty$时不趋于零,则此级数必发散.

3. 柯西收敛原理

定理(柯西收敛原理)   级数$\sum\limits_{n=1}^{\infty}u_n$收敛的充分必要条件为:对于任意给定的正数$\varepsilon$总存在自然数$N$,使得当$n>N$时对任意的自然数$p$都有$|u_{n+1}+u_{n+2}+\cdots+u_{n+p}|<\varepsilon$成立.

【答疑解惑】

【问1】两个函数项级数相加时,应注意什么?

【答】要注意它们的收敛域是否相同. 比如,有人用除法得到

$$\frac{x}{1-x}=x+x^2+\cdots+x^n+\cdots$$

及
$$\frac{x}{x-1} = 1 + \frac{1}{x} + \frac{1}{x^2} + \cdots + \frac{1}{x^n} + \cdots.$$

将两式相加,由于结果为 0,推得
$$\cdots + x^{-n} + \cdots + x^{-2} + x^{-1} + 1 + x + x^2 + \cdots + x^n + \cdots = 0.$$

但这个结果是不成立的. 因为
$$\frac{x}{1-x} = x + x^2 + \cdots + x^n + \cdots$$

只有在 $|x| < 1$ 时才成立;而
$$\frac{x}{x-1} = 1 + \frac{1}{x} + \frac{1}{x^2} + \cdots + \frac{1}{x^n} + \cdots$$

只有在 $|x| > 1$ 时才成立.

由于这两个级数的收敛域没有公共点,因而不能相加.

【问 2】在求函数项级数的和函数的过程中,x 是常量还是变量?

【答】在求和函数的过程中,是对 n 求极限,所以 x 是常量,n 是变量.

【问 3】如果两级数逐项和构成的新级数收敛,是否两个级数一定都收敛? 发散级数的逐项和构成的新级数是否一定发散?

【答】如果两级数逐项和构成的新级数收敛,则两个原级数不一定收敛.

例如级数 $\sum\limits_{n=1}^{\infty} \frac{1}{n}$、$\sum\limits_{n=1}^{\infty} \frac{-1}{n}$ 均发散,但逐项和级数收敛于 0. 由此也可以看出:发散级数的逐项和构成的新级数不一定发散.

【典型题型精解】

一、级数收敛性判定

判定一个级数是否收敛,也可以利用函数项级数的收敛定义,就是看前 n 项和组成的数列是否有极限.

【例 1】用定义讨论级数 $\frac{1}{1\times 2} + \frac{1}{2\times 3} + \cdots + \frac{1}{n\times(n+1)} + \cdots$ 的敛

散性.

【解】$S_n = \dfrac{1}{1 \times 2} + \dfrac{1}{2 \times 3} + \cdots + \dfrac{1}{n \times (n+1)} + \cdots$（拆项）

$$= \left(1 - \dfrac{1}{2}\right) + \left(\dfrac{1}{2} - \dfrac{1}{3}\right) + \cdots + \left(\dfrac{1}{n} - \dfrac{1}{n+1}\right) = 1 - \dfrac{1}{n+1}.$$

因为 $\lim\limits_{n \to \infty} S_n = \lim\limits_{n \to \infty}\left(1 - \dfrac{1}{n+1}\right) = 1$，所以级数收敛且和为 1. 即级数收敛于 1.

【例 2】用定义讨论级数 $\sum\limits_{n=1}^{\infty} (\sqrt{n+1} - \sqrt{n})$ 的敛散性.

【解】$S_n = (\sqrt{2} - \sqrt{1}) + (\sqrt{3} - \sqrt{2}) + (\sqrt{4} - \sqrt{3}) + \cdots + (\sqrt{n+1} - \sqrt{n})$

$$= \sqrt{n+1} - \sqrt{1} \to +\infty \ (n \to \infty),$$

故级数发散.

二、有关级数收敛性证明

许多问题都是根据性质去证明的,但也有一些问题从正面不好证明,这时可以考虑用反证法去证明.

【例 3】证明调和级数 $\sum\limits_{n=1}^{\infty} \dfrac{1}{n}$ 是发散级数.

【证明】(反证法)假设级数 $\sum\limits_{n=1}^{\infty} \dfrac{1}{n}$ 是收敛的,部分和为 S_n,则 $\lim\limits_{n \to \infty} S_n = S$,从而 $\lim\limits_{n \to \infty} S_{2n} = S$,即应有 $\lim\limits_{n \to \infty} (S_{2n} - S_n) = S - S = 0$. 但

$$S_{2n} - S_n = \dfrac{1}{n+1} + \dfrac{1}{n+2} + \cdots + \dfrac{1}{n+n} > \dfrac{1}{2n} + \dfrac{1}{2n} + \cdots + \dfrac{1}{2n} = \dfrac{1}{2} \neq 0.$$

这与假设级数收敛矛盾,证得调和级数 $\sum\limits_{n=1}^{\infty} \dfrac{1}{n}$ 发散.

【例 4】已知级数 $\sum\limits_{n=0}^{\infty} u_n$ 收敛, $\sum\limits_{n=0}^{\infty} v_n$ 发散,证明级数 $\sum\limits_{n=0}^{\infty} (u_n + v_n)$ 发散.

【证明】（反证法）记 $\omega_n = u_n + v_n$，假设级数 $\sum\limits_{n=0}^{\infty} \omega_n = \sum\limits_{n=0}^{\infty} (u_n + v_n)$ 收敛，由于级数 $\sum\limits_{n=0}^{\infty} u_n$ 收敛，由收敛级数的性质 2 可得，级数 $\sum\limits_{n=0}^{\infty} (\omega_n - u_n)$ 收敛，即 $\sum\limits_{n=0}^{\infty} v_n$ 收敛，与假设矛盾，从而结论得证.

三、利用级数收敛的必要条件判断级数的收敛性

【例5】讨论 $-\dfrac{8}{9} + \dfrac{8^2}{9^2} - \dfrac{8^3}{9^3} + \cdots + (-1)^n \dfrac{8^n}{9^n} + \cdots$ 的敛散性.

【解】 $-\dfrac{8}{9} + \dfrac{8^2}{9^2} - \dfrac{8^3}{9^3} + \cdots + (-1)^n \dfrac{8^n}{9^n} + \cdots$

$$= \sum_{n=1}^{\infty} \left(-\frac{8}{9}\right)^n = -\frac{8}{9} \cdot \frac{1}{1+\dfrac{8}{9}} = -\frac{8}{17},$$

故级数收敛，且其和为 $-\dfrac{8}{17}$.

【例6】判断级数 $\dfrac{1}{3} + \dfrac{1}{\sqrt{3}} + \dfrac{1}{\sqrt[3]{3}} + \cdots + \dfrac{1}{\sqrt[n]{3}} + \cdots$ 的敛散性.

【解】该级数的一般项 $u_n = \dfrac{1}{\sqrt[n]{3}} = 3^{-\frac{1}{n}} \to 1 \neq 0 \, (n \to \infty)$，故由级数收敛的必要条件可知，级数发散.

第二节　常数项级数的敛散性

【知识要点回顾】

1. 正项级数

定理1　正项级数 $\sum\limits_{n=1}^{\infty} u_n$ 收敛的充分必要条件是它的部分和数列

$\{S_n\}$ 有界.

推论　如果正项级数 $\sum\limits_{n=1}^{\infty} u_n$ 发散,则它的部分和数列 $S_n \to +\infty$ ($n\to\infty$).

2. 正项级数敛散性判别法

(1)比较判别法

定理2(比较审敛法)　设 $\sum\limits_{n=1}^{\infty} u_n$ 和 $\sum\limits_{n=1}^{\infty} v_n$ 都是正项级数,且 $u_n \leqslant v_n(n=1,2,\cdots)$,则

①若级数 $\sum\limits_{n=1}^{\infty} v_n$ 收敛,则级数 $\sum\limits_{n=1}^{\infty} u_n$ 也收敛;

②反之,若级数 $\sum\limits_{n=1}^{\infty} u_n$ 发散,则级数 $\sum\limits_{n=1}^{\infty} v_n$ 也发散.

推论　设 $\sum\limits_{n=1}^{\infty} u_n$ 和 $\sum\limits_{n=1}^{\infty} v_n$ 都是正项级数,且从级数的某项其恒有 $u_n \leqslant kv_n(k>0)$,则

①若级数 $\sum\limits_{n=1}^{\infty} v_n$ 收敛,则级数 $\sum\limits_{n=1}^{\infty} u_n$ 收敛;

②反之,若级数 $\sum\limits_{n=1}^{\infty} u_n$ 发散,则级数 $\sum\limits_{n=1}^{\infty} v_n$ 发散.

定理3(比较审敛法的极限形式)　设级数 $\sum\limits_{n=1}^{\infty} u_n$ 和 $\sum\limits_{n=1}^{\infty} v_n$ 都是正项级数,

①如果 $\lim\limits_{n\to\infty}\dfrac{u_n}{v_n}=l(0\leqslant l\leqslant+\infty)$,且级数 $\sum\limits_{n=1}^{\infty} v_n$ 收敛,则级数 $\sum\limits_{n=1}^{\infty} u_n$ 收敛;

②如果 $\lim\limits_{n\to\infty}\dfrac{u_n}{v_n}=l>0$ 或 $\lim\limits_{n\to\infty}\dfrac{u_n}{v_n}=+\infty$,且级数 $\sum\limits_{n=1}^{\infty} v_n$ 发散,则级数 $\sum\limits_{n=1}^{\infty} u_n$ 发散.

（2）比值判别法

定理4（比值审敛法，达朗贝尔判别法） 设 $\sum\limits_{n=1}^{\infty} u_n$ 是正项级数，

若 $\lim\limits_{n\to\infty}\dfrac{u_{n+1}}{u_n}=\rho$，则

①当 $\rho<1$ 时，级数收敛；

②当 $\rho>1$（或 $\lim\limits_{n\to\infty}\dfrac{u_{n+1}}{u_n}=\infty$）时级数发散；

③当 $\rho=1$ 时，级数可能收敛也可能发散.

注：①如果 $\rho=1$，则比值判别法失效，可改用正项级数收敛的充分必要条件或比较判别法进行判别；

②用比较判别法时，必须求出比值的极限，再根据定理进行判别.

（3）根值判别法

定理5（根值审敛法，柯西判别法） 设 $\sum\limits_{n=1}^{\infty} u_n$ 是正项级数，如果

$\lim\limits_{n\to\infty}\sqrt[n]{u_n}=\rho$，则

①当 $\rho<1$ 时，级数收敛；

②当 $\rho>1$（或 $\lim\limits_{n\to\infty}\sqrt[n]{u_n}=+\infty$）时，级数发散；

③当 $\rho=1$ 时，级数可能收敛也可能发散.

注：①可以证明，如果 $\lim\limits_{n\to\infty}\dfrac{u_{n+1}}{u_n}=1$，则必有 $\lim\limits_{n\to\infty}\sqrt[n]{u_n}=1$，表面比值法失效时不可再用根值判别法；

②以上的各种判别法，只适用于正项级数，且各自有一定的适用范围，但也有其局限性. 可以进一步建立更为有效的判别法.

3. 交错级数及其敛散性判别法

定理6（莱布尼兹定理） 若交错级数 $\sum\limits_{n=1}^{\infty}(-1)^{n-1}u_n$ 满足

$(1) u_n \geqslant u_{n+1} (n = 1, 2, \cdots)$;

$(2) \lim\limits_{n \to +\infty} u_n = 0$.

则该级数收敛,且其和 $s \leqslant u_1$,其余项 r_n 的绝对值 $|r_n| \leqslant u_{n+1}$.

注:交错级数属于非正项级数,讨论非正项级数的收敛性时应指出是绝对收敛,还是条件收敛. 首先讨论是否绝对收敛,当非绝对收敛时,再讨论是否条件收敛或发散.

4. 绝对收敛与条件收敛

对于一般项级数 $u_1 + u_2 + u_3 + \cdots + u_n + \cdots$,其各项为任意实数,若级数 $\sum\limits_{n=1}^{\infty} u_n$ 各项的绝对值所构成的正项级数 $\sum\limits_{n=1}^{\infty} |u_n|$ 收敛,则称级数 $\sum\limits_{n=1}^{\infty} u_n$ 绝对收敛;若级数 $\sum\limits_{n=1}^{\infty} u_n$ 收敛,而级数 $\sum\limits_{n=1}^{\infty} |u_n|$ 发散,则称级数 $\sum\limits_{n=1}^{\infty} u_n$ 条件收敛. 易知 $\sum\limits_{n=1}^{\infty} (-1)^{n-1} \dfrac{1}{n^2}$ 是绝对收敛级数,而 $\sum\limits_{n=1}^{\infty} (-1)^{n-1} \dfrac{1}{n}$ 是条件收敛级数.

定理7 绝对收敛的级数自身一定收敛,即如果级数 $\sum\limits_{n=1}^{\infty} |u_n|$ 收敛,则级数 $\sum\limits_{n=1}^{\infty} u_n$ 一定收敛.

注:①根据定理7,对于绝对收敛的级数,只需要使用正项级数的收敛判别法即可,从而相当的一类级数的敛散性的讨论转为关于正项级数敛散性的讨论.

②如果 $\sum\limits_{n=1}^{\infty} |u_n|$ 发散,一般推不出级数 $\sum\limits_{n=1}^{\infty} u_n$ 一定发散;但是如果 $\sum\limits_{n=1}^{\infty} |u_n|$ 的发散性是用根值法或比值法确定的,此时可以由 $\sum\limits_{n=1}^{\infty} |u_n|$ 发散推出 $\sum\limits_{n=1}^{\infty} u_n$ 发散.

【答疑解惑】

【问 1】应用比较判别法,关键应注意什么?

【答】应用比较判别法的关键,是把新给的级数与一个敛散性已知的正项级数作比较,常用作比较的正项级数有调和级数、等比级数与 p 级数.

【问 2】如果级数的通项不趋于 0,则级数一定发散. 但是,通项趋于 0 的级数一定收敛吗?

【答】级数收敛的必要条件是其通项趋于 0,因此,如果通项不趋于 0,则级数一定发散. 但是,通项趋于 0 的级数未必收敛.

如调和级数 $\sum\limits_{n=1}^{\infty} \dfrac{1}{n}$ 的通项趋于 0,但该级数发散.

【问 3】对于一般的函数项级数,如何来求它们的收敛域?

【答】可以用正项级数的比值判别法或者根值判别法,并按照定义求其收敛域. 例如:

(1)级数 $\sum\limits_{n=1}^{\infty} \dfrac{n^2}{x^n}$,由于 $\lim\limits_{n\to\infty}\left|\dfrac{u_{n-1}(x)}{u_n(x)}\right| = \lim\limits_{n\to\infty}\left|\dfrac{(n+1)^2 x^n}{x^{n+1} n^2}\right| = \left|\dfrac{1}{x}\right|$.

由比值判别法知:当 $\left|\dfrac{1}{x}\right| < 1$,即 $|x| > 1$ 时,原函数收敛;当 $\left|\dfrac{1}{x}\right| > 1$,即 $|x| < 1$ 时,原函数发散;当 $\left|\dfrac{1}{x}\right| = 1$,即 $|x| = 1$ 时,$\sum\limits_{n=1}^{\infty} n^2$,$\sum\limits_{n=1}^{\infty}(-1)^n n^2$ 都发散. 所以原函数收敛域为 $(-\infty, -1) \cup (1, +\infty)$.

(2)级数 $\sum\limits_{n=1}^{\infty} \dfrac{x^{n^2}}{2^n}$,由于

$$\lim_{n\to\infty}\sqrt[n]{|u_n(x)|} = \lim_{n\to\infty}\dfrac{|x|^n}{2} = \begin{cases} 0, & \text{当} |x| < 1 \\ \dfrac{1}{2}, & \text{当} |x| = 1, \\ +\infty, & \text{当} |x| > 1 \end{cases}$$

所以原函数收敛域为 $[-1,1]$.

【典型题型精解】

一、级数收敛性判定

【例1】证明 p 级数 $\sum\limits_{n=1}^{\infty}\dfrac{1}{n^p}$ 在 $p>1$ 时收敛.

【问题分析】$\sum\limits_{n=1}^{\infty}\dfrac{1}{n^p}$ 是正项级数,只需证明 $p>1$ 部分和数列 $\{S_n\}$ 有界.

【解】
$$S_n < S_{n+1} = 1 + \frac{1}{2^p} + \frac{1}{3^p} + \cdots \frac{1}{(2n)^p} + \frac{1}{(2n+1)^p}$$
$$= 1 + \left(\frac{1}{2^p} + \frac{1}{4^p} + \cdots + \frac{1}{(2n)^p}\right) + \left(\frac{1}{3^p} + \frac{1}{5^p} + \cdots + \frac{1}{(2n+1)^p}\right)$$
$$< 1 + \left(\frac{1}{2^p} + \frac{1}{4^p} + \cdots + \frac{1}{(2n)^p}\right) + \left(\frac{1}{2^p} + \frac{1}{4^p} + \cdots + \frac{1}{(2n)^p}\right)$$
$$< 1 + 2\left(\frac{1}{2^p} + \frac{1}{4^p} + \cdots + \frac{1}{(2n)^p}\right) = 1 + \frac{1}{2^{p-1}}\left(1 + \frac{1}{2^p} + \cdots + \frac{1}{n^p}\right)$$
$$= 1 + \frac{1}{2^{p-1}}S_n,$$

即 $S_n < 1 + \dfrac{1}{2^{p-1}}S_n$,可得 $S_n < \dfrac{2^{p-1}}{2^{p-1}-1}$ 等于常数,记 $M = \dfrac{2^{p-1}}{2^{p-1}-1}$,则有 $0 < S_n < M$ 对所有 n 成立,表明数列 $\{S_n\}$ 有界,从而级数 $\sum\limits_{n=1}^{\infty}\dfrac{1}{n^p}$ 在 $p>1$ 时收敛.

【例2】判断下列级数的敛散性:

(1) $\sum\limits_{n=1}^{\infty} 2^n \sin\dfrac{\pi}{3^n}$;

(2) $\sum\limits_{n=1}^{\infty}\dfrac{2^n \cdot n!}{n^n}$.

【解】(1) $\lim\limits_{n\to\infty}\dfrac{u_{n+1}}{u_n}=\lim\limits_{n\to\infty}\dfrac{2^{n+1}\cdot\sin\dfrac{\pi}{3^{n+1}}}{2^n\cdot\sin\dfrac{\pi}{3^n}}=\lim\limits_{n\to\infty}2\cdot\dfrac{\sin\dfrac{\pi}{3^{n+1}}}{\sin\dfrac{\pi}{3^n}}$

$$=2\lim\limits_{n\to\infty}\dfrac{\sin\dfrac{\pi}{3^{n+1}}}{\dfrac{\pi}{3^{n+1}}}\cdot\dfrac{\dfrac{\pi}{3^n}\cdot\dfrac{1}{3}}{\sin\dfrac{\pi}{3^n}}=\dfrac{2}{3}<1.$$

故级数收敛.

(2) $\lim\limits_{n\to\infty}\dfrac{u_{n+1}}{u_n}=\lim\limits_{n\to\infty}\dfrac{\dfrac{2^{n+1}\cdot(n+1)!}{(n+1)^{n+1}}}{\dfrac{2^n\cdot n!}{n^n}}=\lim\limits_{n\to\infty}2\left(\dfrac{n}{n+1}\right)^n$

$$=2\lim\limits_{n\to\infty}\dfrac{1}{\left(1+\dfrac{1}{n}\right)^n}=\dfrac{2}{e}<1.$$

故级数收敛.

【例3】讨论级数 $\sum\limits_{n=1}^{\infty}\sin\dfrac{\pi}{2^n}$ 与 $\sum\limits_{n=1}^{\infty}\ln\left(1+\dfrac{1}{n}\right)$ 的敛散性.

【问题分析】注意 $\sin x\sim x,\ln(1+x)\sim x(x\to0)$,

【解】由于 $\lim\limits_{n\to\infty}\dfrac{\sin\dfrac{\pi}{2^n}}{\dfrac{1}{2^n}}=\lim\limits_{n\to\infty}\pi\cdot\dfrac{\sin\dfrac{\pi}{2^n}}{\dfrac{\pi}{2^n}}=\pi$, $\sum\limits_{n=1}^{\infty}\sin\dfrac{\pi}{2^n}$ 与 $\sum\limits_{n=1}^{\infty}\dfrac{1}{2^n}$ 同敛

散,因为 $\sum\limits_{n=1}^{\infty}\dfrac{1}{2^n}$ 收敛,故 $\sum\limits_{n=1}^{\infty}\sin\dfrac{\pi}{2^n}$ 也收敛;又 $\lim\limits_{n\to\infty}\dfrac{\ln\left(1+\dfrac{1}{n}\right)}{\dfrac{1}{n}}=1$,

$\sum\limits_{n=1}^{\infty}\ln\left(1+\dfrac{1}{n}\right)$ 与 $\sum\limits_{n=1}^{\infty}\dfrac{1}{n}$ 同敛散,因为 $\sum\limits_{n=1}^{\infty}\dfrac{1}{n}$ 发散,故 $\sum\limits_{n=1}^{\infty}\ln\left(1+\dfrac{1}{n}\right)$ 也发散.

二、关于极限级数敛散性的应用

【例4】讨论级数 $\sum\limits_{n=1}^{\infty} \dfrac{n+1}{n(n+2)}$ 的敛散性.

【解】$u_n = \dfrac{n+1}{n(n+2)}$，$u_{n+1} = \dfrac{n+2}{(n+1)(n+3)}$，

$$\lim_{n\to\infty} \frac{u_{n+1}}{u_n} = \lim_{n\to\infty} \frac{n+2}{(n+1)(n+3)} \cdot \frac{n(n+2)}{n+1} = \lim_{n\to\infty} \frac{n(n+2)^2}{(n+1)^2(n+3)}$$

$$= \lim_{n\to\infty} \left(\frac{n+2}{n+1}\right)^2 \cdot \left(\frac{n}{n+3}\right) = \lim_{n\to\infty} \left(1+\frac{1}{n+1}\right)^2 \left(1+\frac{3}{n}\right) = 1.$$

至此，比值判别法失效，改用比较判别法.

由于 $\lim\limits_{n\to\infty} \dfrac{u_n}{\dfrac{1}{n}} = \lim\limits_{n\to\infty} \dfrac{\dfrac{n+1}{n(n+2)}}{\dfrac{1}{n}} = \lim\limits_{n\to\infty} \dfrac{n+1}{n+2} = 1$，而 $\sum\limits_{n=1}^{\infty} \dfrac{1}{n}$ 发散，故

$\sum\limits_{n=1}^{\infty} \dfrac{n+1}{n(n+2)}$ 发散.

三、绝对收敛级数的敛散性

对于绝对收敛的级数，只需要使用正项级数的判别法即可，从而相当的一类级数的敛散性的讨论转为关于正项级数敛散性的讨论. 一般地，如果 $\sum\limits_{n=1}^{\infty} |u_n|$ 发散，一般推不出级数 $\sum\limits_{n=1}^{\infty} u_n$ 一定发散；但是如果 $\sum\limits_{n=1}^{\infty} |u_n|$ 的发散性是用根值法或比值法确定的，此时可以由 $\sum\limits_{n=1}^{\infty} |u_n|$ 发散推出 $\sum\limits_{n=1}^{\infty} u_n$ 发散.

【例5】讨论 $\sum\limits_{n=1}^{\infty} \dfrac{\sin n\alpha}{2^n}$ 是否绝对收敛.

【解】$\sum\limits_{n=1}^{\infty} \dfrac{\sin n\alpha}{2^n}$ 是一个任意项级数. 对于正项级数 $\sum\limits_{n=1}^{\infty} \left| \dfrac{\sin n\alpha}{2^n} \right|$，

因为有 $\left|\dfrac{\sin n\alpha}{2^n}\right| \leqslant \dfrac{1}{2^n}$，而 $\displaystyle\sum_{n=1}^{\infty} \dfrac{1}{2^n}$ 收敛，根据正项级数的比较判别法，

$\displaystyle\sum_{n=1}^{\infty} \left|\dfrac{\sin n\alpha}{2^n}\right|$ 收敛，由定义，级数 $\displaystyle\sum_{n=1}^{\infty} \dfrac{\sin n\alpha}{2^n}$ 为绝对收敛.

四、讨论交错级数的敛散性

交错级数属于非正项级数. 讨论非正项级数的收敛性时，应指出是绝对收敛、还是条件收敛. 首先讨论是否绝对收敛. 当非绝对收敛时，再讨论是否条件收敛或发散.

【例 6】讨论交错级数 $\displaystyle\sum_{n=1}^{\infty} (-1)^{n-1} \dfrac{1}{\ln(n+1)}$ 的敛散性.

【解】由于 $|u_n| = \left|\dfrac{1}{\ln(n+1)}\right| \geqslant \dfrac{1}{n+1}$，$\displaystyle\sum_{n=1}^{\infty} |u_n|$ 发散，所以级数非

绝对收敛，又因为 $\displaystyle\sum_{n=1}^{\infty} u_n$ 是一交错级数，$|u_n| = \dfrac{1}{\ln(n+1)} \to 0 (n \to \infty)$，

且 $|u_n| > |u_{n+1}|$，由莱布尼茨判别法知，原级数收敛. 故原级数条件收敛.

【例 7】讨论交错级数 $\displaystyle\sum_{n=1}^{\infty} (-1)^{n-1} \dfrac{1}{n^p}$ 的敛散性.

【解】先讨论正项级数 $\displaystyle\sum_{n=1}^{\infty} \dfrac{1}{n^p}$：$p > 1$ 时收敛，$p \leqslant 1$ 时发散；故原级

数 $\displaystyle\sum_{n=1}^{\infty} (-1)^{n-1} \dfrac{1}{n^p}$ 在 $p > 1$ 时绝对收敛.

当 $p \leqslant 1$ 时，讨论交错级数 $\displaystyle\sum_{n=1}^{\infty} (-1)^{n-1} \dfrac{1}{n^p}$ 的敛散性：对 $u_n = \dfrac{1}{n^p}$，

(1) $0 < p \leqslant 1$ 时，$n^p < (n+1)^p$，$\dfrac{1}{n^p} > \dfrac{1}{(n+1)^p}$，且 $\lim\limits_{n \to \infty} u_n = \lim\limits_{n \to \infty} \dfrac{1}{n^p} = 0$，

故 $\displaystyle\sum_{n=1}^{\infty} (-1)^{n-1} \dfrac{1}{n^p}$ 收敛；

$(2)p \leqslant 0$ 时，$\lim\limits_{n \to \infty} u_n = \lim\limits_{n \to \infty} \dfrac{1}{n^p} \neq 0$，故级数 $\sum\limits_{n=1}^{\infty}(-1)^{n-1} \dfrac{1}{n^p}$ 发散.

所以原级数在 $p > 1$ 时绝对收敛；当 $0 < p \leqslant 1$ 时条件收敛；当 $p \leqslant 0$ 时发散.

第三节　幂级数

【知识要点回顾】

1.幂级数

定义1　数项级数中简单而常见的一类级数就是各项都是幂函数的函数项级数，这种形式的级数称为幂级数，它的形式是

$$a_0 + a_1 x + a_2 x^2 + \cdots + a_n x^n + \cdots = \sum_{n=0}^{\infty} a_n x^n,$$

其中常数 $a_0, a_1, a_2, \cdots, a_n, \cdots$ 叫做幂级数的系数.

注：幂级数的一般形式是

$$a_0 + a_1(x - x_0) + a_2(x - x_0)^2 + \cdots + a_n(x - x_0)^n + \cdots.$$

经变换 $t = x - x_0$ 就得 $a_0 + a_1 t + a_2 t^2 + \cdots + a_n t^n + \cdots.$

定义2　幂级数 $\sum\limits_{n=0}^{\infty} a_n x^n$ 当 x 取某个数值 x_0 后，就变成一个相应的常数项级数，可利用常数项级数敛散性的判别法来判断其是否收敛.若 $\sum\limits_{n=0}^{\infty} a_n x^n$ 在点 x_0 处收敛，则称点 x_0 为它的一个收敛点；$\sum\limits_{n=0}^{\infty} a_n x^n$ 在点 x_0 处发散，则称点 x_0 为它的一个发散点；$\sum\limits_{n=0}^{\infty} a_n x^n$ 的全体收敛点的集合称为它的收敛域；全体发散点的集合称为它的发散域.

2. 幂级数敛散性判别法

定理 1(阿贝尔定理) 如果幂级数 $\sum\limits_{n=0}^{\infty} a_n x^n$ 当 $x = x_0 (x_0 \neq 0)$ 时收敛,则适合不等式 $|x| < |x_0|$ 的一切 x 使这幂级数绝对收敛. 反之,如果幂级数 $\sum\limits_{n=0}^{\infty} a_n x^n$ 当 $x = x_0 (x_0 \neq 0)$ 时发散,则适合不等式 $|x| > |x_0|$ 的一切 x 使这幂级数发散.

注:①注意到,在收敛区间的定义中,并未涉及在收敛区间端点 $x = \pm R$ 的敛散性,因此端点 $x = \pm R$ 的敛散性必须另行讨论;在讨论端点 $x = \pm R$ 的敛散性后,幂级数的收敛域可能为:$(-R, R)$、$[-R, R]$、$(-R, R]$、$[-R, R)$.

②若幂级数 $\sum\limits_{n=0}^{\infty} a_n x^n$ 只有唯一的收敛点 $x = 0$,规定 $R = 0$;幂级数 $\sum\limits_{n=0}^{\infty} a_n x^n$ 在定义域 $(-\infty, +\infty)$ 内各点都收敛时,规定 $R = +\infty$,收敛域为 $(-\infty, +\infty)$.

推论 如果幂级数 $\sum\limits_{n=0}^{\infty} a_n x^n$ 不是仅在 $x = 0$ 处收敛,也不是在整个数轴上都收敛,则必有一个完全确定的正数 R 存在,使得当 $|x| < R$ 时,幂级数绝对收敛;当 $|x| > R$ 时,幂级数发散;当 $x = R$ 与 $x = -R$ 时,幂级数可能收敛也可能发散.

R 称为幂级数 $\sum\limits_{n=0}^{\infty} a_n x^n$ 的收敛半径. 再由 $x = \pm R$ 处的收敛性,便可确定该幂级数的收敛域. 若只在 $x = 0$ 处收敛,我们规定它的收敛半径 $R = 0$;若对任何实数 x,幂级数 $\sum\limits_{n=0}^{\infty} a_n x^n$ 皆收敛,则规定其收敛半径 $R = +\infty$,这时收敛域是 $(-\infty, +\infty)$.

关于幂级数的收敛半径有如下定理:

定理 2 如果 $\lim\limits_{n \to \infty} |\dfrac{a_{n+1}}{a_n}| = \rho$, 其中 a_n、a_{n+1} 是幂级数 $\sum\limits_{n=0}^{\infty} a_n x^n$ 的相邻两项的系数, 则这幂级数的收敛半径

$$R = \begin{cases} \dfrac{1}{\rho}, & \rho \neq 0, \\ +\infty, & \rho = 0, \\ 0, & \rho = +\infty. \end{cases}$$

3. 幂级数的运算

设有两个幂级数

$$\sum_{n=0}^{\infty} a_n x^n = a_0 + a_1 x + a_2 x^2 + \cdots + a_n x^n + \cdots$$

及

$$\sum_{n=0}^{\infty} b_n x^n = b_0 + b_1 x + b_2 x^2 + \cdots + b_n x^n + \cdots$$

分别在区间 $(-R_1, R_1)$ 及 $(-R_2, R_2)$ 内收敛, 且其和函数为 $s_1(x)$ 与 $s_2(x)$, 设 $R = \min\{R_1, R_2\}$, 则在 $(-R, R)$ 内有如下运算法则:

(1)加减法

加法: $\sum\limits_{n=0}^{\infty} a_n x^n + \sum\limits_{n=0}^{\infty} b_n x^n = \sum\limits_{n=0}^{\infty} (a_n + b_n) x^n = s_1(x) + s_2(x)$.

减法: $\sum\limits_{n=0}^{\infty} a_n x^n - \sum\limits_{n=0}^{\infty} b_n x^n = \sum\limits_{n=0}^{\infty} (a_n - b_n) x^n = s_1(x) - s_2(x)$.

(2)数乘

设 $\sum\limits_{n=0}^{\infty} a_n x^n$ 在区间 $(-R, R)$ 内收敛于 s, 则对非零常数 k, 有

$$k \sum_{n=0}^{\infty} a_n x^n = \sum_{n=0}^{\infty} (k a_n) x^n = k s(x).$$

(3)乘法

$$\left(\sum_{n=0}^{\infty} a_n x^n \right) \cdot \left(\sum_{n=0}^{\infty} b_n x^n \right)$$
$$= (a_0 + a_1 x + \cdots + a_n x^n + \cdots) \cdot (b_0 + b_1 x + \cdots + b_n x^n + \cdots)$$

$$= a_0 b_0 + (a_0 b_1 + a_1 b_0) x + (a_0 b_2 + a_1 b_1 + a_2 b_0) x^2$$

$$+ \cdots + \Big(\sum_{k=0}^{\infty} a_k b_{n-k} \Big) x^n + \cdots$$

$$= s_1(x) \cdot s_2(x).$$

在 $(-R, R)$ 内收敛,且和函数为 $s_1(x) \cdot s_2(x)$.

关于幂级数的和函数有下列重要性质:

性质 1　幂级数 $\sum\limits_{n=0}^{\infty} a_n x^n$ 的和函数 $s(x)$ 在其收敛域 I 上连续.

如果幂级数在 $x = R$(或 $x = -R$)也收敛,则和函数 $s(x)$ 在 $(-R, R]$ 或 $[-R, R)$ 上连续.

性质 2　幂级数 $\sum\limits_{n=0}^{\infty} a_n x^n$ 的和函数 $s(x)$ 在其收敛域 I 上可积,并且有逐项积分公式

$$\int_0^x s(x)\mathrm{d}x = \int_0^x \Big(\sum_{n=0}^{\infty} a_n x^n \Big)\mathrm{d}x = \sum_{n=0}^{\infty} \int_0^x a_n x^n \mathrm{d}x = \sum_{n=0}^{\infty} \frac{a_n}{n+1} x^{n+1} \ (x \in I),$$

逐项积分后所得到的幂级数和原级数有相同的收敛半径.

性质 3　幂级数 $\sum\limits_{n=0}^{\infty} a_n x^n$ 的和函数 $s(x)$ 在其收敛区间 $(-R, R)$ 内可导,并且有逐项求导公式 $s'(x) = \Big(\sum\limits_{n=0}^{\infty} a_n x^n \Big)' = \sum\limits_{n=0}^{\infty} (a_n x^n)' = \sum\limits_{n=1}^{\infty} n a_n x^{n-1} \ (|x| < R)$,逐项求导后所得到的幂级数和原级数有相同的收敛半径.

【答疑解惑】

【问 1】利用 $\mathrm{e}^x = \sum\limits_{n=0}^{\infty} \frac{x^n}{n!}$,可得 $\sum\limits_{n=1}^{\infty} (-1)^n \frac{x^{2n}}{2^n n!} = \mathrm{e}^{-\frac{x^2}{2}}$,对不对?

【答】不对. 在利用已知的幂级数展开式求级数的和时,要注意 n 的开始值,否则求出的结果可能是错误的.

在本题中，由于 $e^{-\frac{x^2}{2}} = 1 - \frac{x^2}{2} + \frac{1}{2!}\left(\frac{x^2}{2}\right)^2 + \cdots + \frac{(-1)^n}{n!}\left(\frac{x^2}{2}\right)^n + \cdots$，

而 $\sum\limits_{n=1}^{\infty}(-1)^n\frac{x^{2n}}{2^n n!} = -\frac{x^2}{2} + \frac{1}{2!}\left(\frac{x^2}{2}\right)^2 + \cdots + \frac{(-1)^n}{n!}\left(\frac{x^2}{2}\right)^n + \cdots$ 与上式

比较可得 $\sum\limits_{n=1}^{\infty}(-1)^n\frac{x^{2n}}{2^n n!} = e^{-\frac{x^2}{2}} - 1$，而不是 $\sum\limits_{n=1}^{\infty}(-1)^n\frac{x^{2n}}{2^n n!} = e^{-\frac{x^2}{2}}$.

【问2】 设幂级数 $\sum\limits_{n=0}^{\infty}a_n x^n$ 的收敛半径 $R_1 = 1$，要求幂级数 $\sum\limits_{n=0}^{\infty}\frac{a_n}{n!}x^n$

的收敛半径 R_2，有人求解如下：由 $R_1 = 1$，有 $\lim\limits_{n\to\infty}\left|\frac{a_{n+1}}{a_n}\right| = 1$，于是

$\lim\limits_{n\to\infty}\left|\frac{b_{n+1}}{b_n}\right| = \lim\limits_{n\to\infty}\frac{1}{n+1}\left|\frac{a_{n+1}}{a_n}\right| = 0$. 所以 $R_2 = +\infty$. 这样解对吗？

【答】 结论正确，但解法不对. 因为由 $R_1 = 1$，不一定能得出

$\lim\limits_{n\to\infty}\left|\frac{a_{n+1}}{a_n}\right| = 1$ 的结果. 正确的解法是：由 $R_1 = 1$，任取 $x_0 \in (0,1)$,

则 $\sum\limits_{n=0}^{\infty}a_n x^n$ 绝对收敛，因此 $|a_n x_0^n|$ 有界，设 $|a_n x_0^n| \leq M$. 于是

$\left|\frac{a_n}{n!}x^n\right| = \left|\frac{a_n x_0^n}{n!}\frac{x^n}{x_0^n}\right| \leq \frac{M}{n!}\frac{1}{|x_0^n|}|x|^n$，由比值判别法知，$\sum\limits_{n=0}^{\infty}\frac{M}{n!}\frac{1}{x_0^n}x^n$ 对任

何 x 都绝对收敛，从而由比较判别法知 $\sum\limits_{n=0}^{\infty}\frac{a_n}{n!}x^n$ 对任何 x 也绝对收敛，

即 $R_2 = +\infty$.

【问3】 设幂级数 $\sum\limits_{n=0}^{\infty}a_n x^n$, $\sum\limits_{n=0}^{\infty}b_n x^n$ 及 $\sum\limits_{n=0}^{\infty}(a_n + b_n)x^n$ 的收敛域依

次为 I_1, I_2, I_3，那么 $I_3 = I_1 \cap I_2$，对吗？

【答】 不对. 等式 $\sum\limits_{n=0}^{\infty}a_n x^n + \sum\limits_{n=0}^{\infty}b_n x^n = \sum\limits_{n=0}^{\infty}(a_n + b_n)x^n$ 能在 $I_1 \cap I_2$

上成立，可见 $I_1 \cap I_2 \subset I_3$，但 I_3 可以大于 $I_1 \cap I_2$.

例如：$\sum\limits_{n=0}^{\infty}a_n x^n = \sum\limits_{n=0}^{\infty}x^n$, $\sum\limits_{n=0}^{\infty}b_n x^n = -\sum\limits_{n=0}^{\infty}x^n$，则 $I_1 = I_2 = (-1,1)$,

而 $\sum\limits_{n=0}^{\infty}(a_n+b_n)x^n=\sum\limits_{n=0}^{\infty}0x^n$,有 $I_3=(-\infty,+\infty)$.

【典型题型精解】

一、幂级数的收敛半径与收敛域

在收敛区间的定义中,因为涉及在收敛区间端点 $x=\pm R$ 的收敛性,因此端点 $x=\pm R$ 的敛散性必须另行讨论;在讨论端点 $x=\pm R$ 的敛散性后,幂级数的收敛域可能为:$(-R,R)$、$[-R,R]$、$(-R,R]$、$[-R,R)$.

【例1】求幂级数 $1-x+\dfrac{x^2}{2^2}+\cdots+(-1)^n\dfrac{x^n}{n^2}+\cdots$ 的收敛半径与收敛域.

【解】因为 $\rho=\lim\limits_{n\to\infty}\left|\dfrac{a_{n+1}}{a_n}\right|=\lim\limits_{n\to\infty}\dfrac{\frac{1}{(n+1)^2}}{\frac{1}{n^2}}=\lim\limits_{n\to\infty}\dfrac{n^2}{(n+1)^2}=1$,所以收敛半径为 $R=\dfrac{1}{\rho}=1$. 当 $x=1$ 时,幂级数成为 $\sum\limits_{n=1}^{\infty}(-1)^n\dfrac{1}{n^2}$,是收敛的;当 $x=-1$ 时,幂级数成为 $\sum\limits_{n=1}^{\infty}(-1)^{n+1}\dfrac{1}{n^2}$,是收敛的. 因此,收敛域为 $[-1,1]$.

【例2】求幂级数 $\sum\limits_{n=1}^{\infty}\dfrac{2n-1}{2^n}x^{2n-2}$ 的收敛区间.

【解】因 $\lim\limits_{n\to\infty}\left|\dfrac{a_{n+1}}{a_n}\right|=\lim\limits_{n\to\infty}\left|\dfrac{1}{2}\cdot\dfrac{2n+1}{2n-1}\cdot x^2\right|=\dfrac{1}{2}|x^2|$,故当 $\dfrac{1}{2}|x^2|<1$,即 $|x|<\sqrt{2}$ 时,级数收敛;当 $|x|>\sqrt{2}$ 时,级数发散. 所以收敛半径 $R=\sqrt{2}$,故收敛区间为 $(-\sqrt{2},\sqrt{2})$.

【例3】求幂级数 $\sum\limits_{n=1}^{\infty} \dfrac{(x-5)^n}{\sqrt{n}}$ 的收敛区间.

【解】因为 $\rho = \lim\limits_{n\to\infty}\left|\dfrac{a_{n+1}}{a_n}\right| = \lim\limits_{n\to\infty}\dfrac{\sqrt{n}}{\sqrt{n+1}} = 1$,所以收敛半径 $R = \dfrac{1}{\rho} = 1$,即 $-1 < x-5 < 1$ 时,级数收敛;$|x-5| > 1$ 时,级数发散.故收敛区间为 $(4,6)$.

二、幂级数的运算

【例4】求幂级数 $\sum\limits_{n=1}^{\infty} \dfrac{x^{4n+1}}{4n+1}$ 的和函数.

【解】因为 $\lim\limits_{n\to\infty}\left|\dfrac{a_{n+1}}{a_n}\right| = \left|\dfrac{(4n+1)x^{4n+5}}{(4n+5)x^{4n+1}}\right| = |x^4|$,令 $|x^4| < 1$,则 $-1 < x < 1$,故原级数的收敛区间为 $(-1,1)$.

当 $-1 < x < 1$ 时,

$$\left(\sum_{n=1}^{\infty}\frac{x^{4n+1}}{4n+1}\right)' = \sum_{n=1}^{\infty}\left(\frac{x^{4n+1}}{4n+1}\right)' = \sum_{n=1}^{\infty}x^{4n} = \frac{x^4}{1-x^4}.$$

故

$$\sum_{n=1}^{\infty}\frac{x^{4n+1}}{4n+1} = \int_0^x\frac{x^4}{1-x^4}dx = \frac{1}{4}\ln\left|\frac{1+x}{1-x}\right| + \frac{1}{2}\arctan x - x.$$

又当 $x = \pm 1$ 时,级数为

$$\sum_{n=1}^{\infty}\frac{(\pm 1)^{4n+1}}{4n+1} = \pm\sum_{n=1}^{\infty}\frac{1}{4n+1},$$

发散.则收敛域为 $(-1,1)$.

故级数的和函数为

$$S(x) = \frac{1}{4}\ln\frac{1+x}{1-x} + \frac{1}{2}\arctan x - x \quad (-1 < x < 1).$$

第四节　函数展开成幂级数及应用

【知识要点回顾】

1. 泰勒级数

定义 1　如果 $f(x)$ 在点 x_0 的某邻域内具有直到 $n+1$ 阶的导数，则在该邻域内任意一点 x，有

$$f(x) = f(x_0) + f'(x_0)(x - x_0) + \frac{f''(x_0)}{2!}(x - x_0)2 + \cdots$$

$$+ \frac{f^{(n)}(x_0)}{n!}(x - x_0)n + R_n(x),$$

其中 $R_n(x) = \frac{f^{(n+1)}(\xi)}{(n+1)!}(x - x_0)^{n+1}$（$\xi$ 介于 x 与 x_0 之间）.

利用部分和的概念，泰勒公式又可写为：$R_n(x) = f(x) - s_{n+1}(x)$.

若近似计算 $f(x) \approx s_{n+1}(x)$，误差 $|R_n(x)| = |f(x) - s_{n+1}(x)|$.

定义 2　如果 $f(x)$ 在点 x_0 的某邻域内具有任意阶的导数，则当 $n \to \infty$ 时，$f(x)$ 在点 x_0 的泰勒多项式

$$p_n(x) = f(x_0) + f'(x_0)(x - x_0) + \frac{f''(x_0)}{2!}(^x - x_0)2 + \cdots$$

$$+ \frac{f^{(n)}(x_0)}{n!}(x - x_0)n$$

成为幂级数

$$f(x_0) + f'(x_0)(x - x_0) + \frac{f''(x_0)}{2!}(x - x_0)2 + \frac{f'''(x_0)}{3!}(x - x_0)3 + \cdots$$

$$+ \frac{f^{(n)}(x_0)}{n!}(x - x_0)n + \cdots.$$

这一幂级数称为函数 $f(x)$ 的泰勒级数. 显然，当 $x = x_0$ 时，$f(x)$ 的

泰勒级数收敛于 $f(x_0)$.

定义3 在泰勒级数中取 $x_0 = 0$,得

$$f(0) + f'(0)x + \frac{f''(0)}{2!}x^2 + \cdots + \frac{f^{(n)}(0)}{n!}x^n + \cdots.$$

此级数称为 $f(x)$ 的麦克劳林级数.

2. 泰勒级数的收敛性定理

定理 函数 $f(x)$ 的泰勒级数在 x_0 的某邻域内收敛于 $f(x)$ 的充分必要条件是 $f(x)$ 的泰勒公式的余项 $R_n(x)$ 满足 $\lim\limits_{n\to\infty} R_n(x) = 0$.

因为 $R_n(x) = f(x) - s_{n+1}(x)$,不难证明此定理. 根据此定理,只要验证了泰勒公式的余项 $\lim\limits_{n\to\infty} R_n(x) = 0$,就有 $\lim\limits_{n\to\infty} s_{n+1}(x) = f(x)$,即

$$\sum_{n=1}^{\infty} \frac{f^{(n)}(x_0)}{n!}(x - x_0)^n = f(x).$$

3. 初等函数的泰勒级数

(1) $e^x = 1 + x + \frac{1}{2!}x^2 + \cdots \frac{1}{n!}x^n + \cdots (-\infty < x < +\infty)$,

(2) $\sin x = x - \frac{x^3}{3!} + \frac{x^5}{5!} - \cdots + (-1)^{n-1}\frac{x^{2n-1}}{(2n-1)!} + \cdots$

$$(-\infty < x < +\infty),$$

(3) $\cos x = 1 - \frac{x^2}{2!} + \frac{x^4}{4!} - \cdots + (-1)^n\frac{x^{2n}}{(2n)!} + \cdots$

$$(-\infty < x < +\infty),$$

(4) $\ln(1+x) = x - \frac{x^2}{2} + \frac{x^3}{3} - \frac{x^4}{4} + \cdots + (-1)^n\frac{x^{n+1}}{n+1} + \cdots$

$$(-1 < x \leqslant 1),$$

(5) $(1+x)^m = 1 + mx + \frac{m(m-1)}{2!}x^2 + \cdots$

$$+ \frac{m(m-1)\cdots(m-n+1)}{n!}x^n + \cdots \quad (-1 < x < 1),$$

$(6) \dfrac{1}{1-x} = 1 + x + x^2 + \cdots + x^n + \cdots \quad (-1 < x < 1),$

$(7) \dfrac{1}{1+x} = 1 - x + x^2 - x^3 + \cdots + (-1)^n x^n + \cdots \quad (-1 < x < 1).$

【答疑解惑】

【问】 $f(x)$ 的泰勒级数 $\displaystyle\sum_{n=1}^{\infty} \dfrac{f^{(n)}(x_0)}{n!}(x - x_0)^n$ 是否一定收敛于

$f(x)$,即是否一定有 $f(x) = \displaystyle\sum_{n=1}^{\infty} \dfrac{f^{(n)}(x_0)}{n!}(x - x_0)^n$?

【答】不一定. 如函数 $f(x) = \begin{cases} \mathrm{e}^{-\frac{1}{x^2}}, & x \neq 0 \\ 0, & x = 0 \end{cases}$. 取 $x_0 = 0$,可以证明在

$x_0 = 0$ 点,$f(x)$ 有任意阶的导数,且 $f(0) = f'(0) = \cdots = f^{(n)}(0) = \cdots =$

0,$f(x)$ 的泰勒级数为 $0 + 0 \cdot x + \dfrac{0}{2!}x^2 + \cdots + \dfrac{0}{n!}x^n + \cdots \equiv 0$.

由此可见,$f(x)$ 的泰勒级数的和函数 $s(x)$ 与 $f(x)$ 仅仅在 $x_0 = 0$ 点相等. 这表明 $f(x) \neq s(x)$.

【典型题型精解】

一、函数展开成幂级数

将函数展开成幂级数,有两种方法:

(1)利用麦克劳林级数直接展开;(2)借助已知函数的展开式及幂级数性质间接展开.

【例1】将函数 $f(x) = x\arctan x$ 展开成麦克劳林级数.

【问题分析】由于 $\arctan x$ 的导数为 $\dfrac{1}{1+x^2}$,从而可利用 $\dfrac{1}{1+x^2}$ 展开式的积分求得 $\arctan x$ 的展开式.

【解】$(\arctan x)' = \dfrac{1}{1+x^2}$，而 $\dfrac{1}{1+x^2} = \sum\limits_{n=0}^{\infty} (-1)^n x^{2n}, x \in (-1,1)$.

两边积分，得

$$\int_0^x \frac{1}{1+x^2}\mathrm{d}x = \sum_{n=0}^{\infty} (-1)^n \int_0^x x^{2n}\mathrm{d}x$$

或

$$\arctan x = \sum_{n=0}^{\infty} \frac{(-1)^n}{2n+1} x^{2n+1}, x \in [-1,1].$$

所以 $f(x) = x\arctan x = x\sum\limits_{n=0}^{\infty} \dfrac{(-1)^n}{2n+1} x^{2n+1} = \sum\limits_{n=0}^{\infty} \dfrac{(-1)^n}{2n+1} x^{2n+2}, x \in$

$[-1,1]$.

注:经过逐项求导或逐项积分后,收敛半径不变,但收敛区间端点的收敛性可能变化.

【例2】设函数 $f(x) = (1+x)\ln(1+x)$，写出 $f(x)$ 在 $x_0 = 0$ 的泰勒级数，并求展开式成立的区间.

【解】因为 $\ln(1+x) = \sum\limits_{n=1}^{\infty} \dfrac{(-1)^{n-1}}{n} x^n, x \in (-1,1]$，故

$$(1+x)\ln(1+x) = \ln(1+x) + x\ln(1+x)$$

$$= \sum_{n=1}^{\infty} \frac{(-1)^{n-1}}{n} x^n + \sum_{n=1}^{\infty} \frac{(-1)^{n-1}}{n} x^{n+1}$$

$$= x + \sum_{n=2}^{\infty} \frac{(-1)^n}{(-n)} x^n + \sum_{n=2}^{\infty} \frac{(-1)^n}{n-1} x^n$$

$$= x + \sum_{n=2}^{\infty} \frac{(-1)^n}{n(n-1)} x^n, x \in (-1,1].$$

【例3】将函数 $f(x) = \cos x$ 展开成 $\left(x + \dfrac{\pi}{3}\right)$ 的幂级数.

【解】因为 $\cos x = \cos\left[\left(x + \dfrac{\pi}{3}\right) - \dfrac{\pi}{3}\right]$

$$= \frac{1}{2}\cos\left(x + \frac{\pi}{3}\right) + \frac{\sqrt{3}}{2}\sin\left(x + \frac{\pi}{3}\right).$$

并且有

$$\cos\left(x+\frac{\pi}{3}\right)=1-\frac{1}{2!}\left(x+\frac{\pi}{3}\right)^2+\frac{1}{4!}\left(x+\frac{\pi}{3}\right)^4-\cdots(-\infty<x<+\infty),$$

$$\sin\left(x+\frac{\pi}{3}\right)=\left(x+\frac{\pi}{3}\right)-\frac{1}{3!}\left(x+\frac{\pi}{3}\right)^3+\frac{1}{5!}\left(x+\frac{\pi}{3}\right)^5-\cdots\quad(-\infty<x<+\infty),$$

所以

$$\cos x=\frac{1}{2}\sum_{n=0}^{\infty}(-1)^n\left[\frac{1}{(2n)!}\left(x+\frac{\pi}{3}\right)^{2n}+\frac{\sqrt{3}}{(2n+1)!}\left(x+\frac{\pi}{3}\right)^{2n+1}\right]$$

$$(-\infty<x<+\infty).$$

二、函数的幂级数展开式的应用

【例4】计算 $\sqrt[9]{522}$ 的近似值(误差不超过 10^{-5}).

【解】因为 $\sqrt[9]{522}=\sqrt[9]{2^9+10}=2\left(1+\frac{10}{2^9}\right)^{1/9}$,所以在二项展开式中

取 $m=\frac{1}{9},x=\frac{10}{2^9}$,又

$$(1+x)^{\frac{1}{9}}=1+\frac{1}{9}\cdot x+\frac{\frac{1}{9}\left(\frac{1}{9}-1\right)}{2!}x^2+\cdots$$

$$+\frac{\frac{1}{9}\left(\frac{1}{9}-1\right)\cdots\left(\frac{1}{9}-n+1\right)}{n!}x^n+\cdots,(|x|<1),$$

即得

$$\sqrt[9]{522}=2\left(1+\frac{1}{9}\cdot\frac{10}{2^9}+\frac{\frac{1}{9}\left(\frac{1}{9}-1\right)}{2!}\left(\frac{10}{2^9}\right)^2+\cdots\right.$$

$$\left.+\frac{\frac{1}{9}\left(\frac{1}{9}-1\right)\cdots\left(\frac{1}{9}-n+1\right)}{n!}\left(\frac{10}{2^9}\right)^n+\cdots\right)$$

$$=2\left(1+\frac{1}{9}\cdot\frac{10}{2^9}-\frac{\frac{1}{9}\cdot\frac{8}{9}}{2!}\frac{10^2}{2^{18}}+\cdots\right).$$

而 $\frac{1}{9}\cdot\frac{10}{2^9}\approx 0.002170$，$\frac{\frac{1}{9}\cdot\frac{8}{9}}{2!}\cdot\frac{10^2}{2^{18}}\approx 0.000019$. 为了使"四舍五入"

引起的误差(叫做舍入误差)与截断误差之和不超过 10^{-5}，计算时应

取五位小数，然后四舍五入. 因此最后得 $\sqrt[9]{522}\approx 2(1+0.002170-$

$0.000019)\approx 2.00430$.

第五节　傅里叶级数

【知识要点回顾】

1. 三角级数及三角级数的正交性

定义1　形如 $\frac{a_0}{2}+\sum_{n=1}^{\infty}(a_n\cos nx+b_n\sin nx)$ 的级数称为三角级

数，其中 $a_0,a_n,b_n(n=1,2,3,\cdots)$ 都是常数.

定义2　三角函数系的正交性

三角函数系：$1,\sin x,\cos x,\sin 2x,\cos 2x,\cdots,\sin nx,\cos nx,\cdots$

三角函数系中任何两个不同的函数的乘积在区间 $[-\pi,\pi]$ 上的

积分等于零，即

$$\int_{-\pi}^{\pi}\cos nx\mathrm{d}x=0(n=1,2,\cdots),\int_{-\pi}^{\pi}\sin nx\mathrm{d}x=0(n=1,2,\cdots),$$

$$\int_{-\pi}^{\pi}\sin kx\cos nx\mathrm{d}x=0(k,n=1,2,\cdots),$$

$$\int_{-\pi}^{\pi}\sin kx\sin nx\mathrm{d}x=0(k,n=1,2,\cdots,k\neq n),$$

$$\int_{-\pi}^{\pi}\cos kx\cos nx\mathrm{d}x=0(k,n=1,2,\cdots,k\neq n).$$

三角函数系中任何两个相同的函数的乘积在区间 $[-\pi,\pi]$ 上的

积分不等于零，即

$$\int_{-\pi}^{\pi} 1^2 \mathrm{d}x = 2\pi, \int_{-\pi}^{\pi} \cos^2 nx \mathrm{d}x = \pi (n = 1, 2, \cdots),$$

$$\int_{-\pi}^{\pi} \sin^2 nx \mathrm{d}x = \pi (n = 1, 2, \cdots).$$

2. 傅里叶级数

定义 3　三角级数

$$\frac{a_0}{2} + \sum_{n=1}^{\infty} (a_n \cos nx + b_n \sin nx)$$

称为傅里叶级数,其中 $a_0, a_1, b_1, \cdots$ 是傅里叶系数.

傅里叶系数: $a_0 = \frac{1}{\pi} \int_{-\pi}^{\pi} f(x) \mathrm{d}x$, $a_n = \frac{1}{\pi} \int_{-\pi}^{\pi} f(x) \cos nx \mathrm{d}x$, $(n = 1,$

$2, \cdots)$, $b_n = \frac{1}{\pi} \int_{-\pi}^{\pi} f(x) \sin nx \mathrm{d}x$, $(n = 1, 2, \cdots)$. 系数 $a_0, a_1, b_1, \cdots$ 叫作

函数 $f(x)$ 的傅里叶系数.

定义 4　傅里叶级数的收敛性定理.

定理 1(狄利克雷充分条件)　设 $f(x)$ 是以 2π 为周期的周期函数,如果它满足:

(1)在一个周期内连续或只有有限个第一类间断点;

(2)在一个周期内至多只有有限个极值点,则 $f(x)$ 的傅里叶级数在 $[-\pi, \pi]$ 上收敛,且收敛到

$$s(x) = \begin{cases} f(x), & x \neq x_0 \\ \frac{1}{2}[f(x_0 - 0) + f(x_0 + 0)], & x = x_0 \\ \frac{1}{2}[f(\pi - 0) + f(-\pi + 0)], & x = \pm\pi \end{cases}.$$

注:①定理表明,在连续点傅里叶级数的和函数就是 $f(x)$, x_0 为间断点.

②函数展开成傅里叶级数的条件比展开成幂级数要低得多.

定义 5　在 $[-\pi, \pi]$ 有定义的函数周期延拓后展开.

如果函数 $f(x)$ 仅在 $[-\pi,\pi]$ 有定义,且满足收敛定理的条件,则可以先将 $f(x)$ 以 2π 为周期延拓后,再将 $f(x)$ 展开成傅里叶级数,最后限制在 $[-\pi,\pi]$ 上讨论傅里叶级数的收敛性即可.

3. 正弦级数、余弦级数

定理 2　设 $f(x)$ 在 $[-\pi,\pi]$ 上满足收敛定理的条件. 当 $f(x)$ 为 $[-\pi,\pi]$ 的奇函数时,$f(x)\cos nx$ 是奇函数,$f(x)\sin nx$ 是偶函数,故傅里叶系数为 $a_n=0(n=0,1,2,\cdots)$,$b_n=\dfrac{2}{\pi}\int_0^\pi f(x)\sin nx\mathrm{d}x(n=0,1,2,\cdots)$. 因此奇函数的傅里叶级数是只含有正弦项的正弦级数 $\sum_{n=1}^\infty b_n\sin nx.$ 当 $f(x)$ 为 $[-\pi,\pi]$ 偶函数时,$f(x)\cos nx$ 是偶函数,$f(x)\sin nx$ 是奇函数,故傅里叶系数为 $a_n=\dfrac{2}{\pi}\int_0^\pi f(x)\cos nx\mathrm{d}x(n=0,1,2,\cdots)$,$b_n=0(n=1,2,\cdots)$. 因此偶函数的傅里叶级数是只含有余弦项的余弦级数 $\dfrac{a_0}{2}+\sum_{n=1}^\infty a_n\cos nx.$

注:对于仅在 $[0,\pi]$ 上有定义的函数,可以根据要求将其分别展开成正弦级数、余弦级数,具体作法如下:

①将 $f(x)$ 奇(或偶)延拓为 $[-\pi,\pi]$ 上的奇函数(或偶函数);

②再将①中的函数以 2π 为周期作周期延拓,然后展开;

③只讨论傅里叶级数在 $[0,\pi]$ 上的收敛性.

4. 定义在 $[-l,l]$ 上函数的傅里叶级数

定理 3　设 $f(x)$ 在 $[-l,l]$ 上有定义,且满足收敛定理条件,则它的傅里叶级数展开式为 $f(x)=\dfrac{a_0}{2}+\sum_{n=1}^\infty\left(a_n\cos\dfrac{n\pi x}{l}+b_n\sin\dfrac{n\pi x}{l}\right)$,其中

$$a_n=\frac{1}{l}\int_{-l}^l f(x)\cos\frac{n\pi x}{l}\mathrm{d}x(n=0,1,2,\cdots),$$

$$b_n = \frac{1}{l} \int_{-l}^{l} f(x) \sin \frac{n\pi x}{l} \mathrm{d}x \, (n = 1, 2, \cdots).$$

在连续点处级数收敛于 $f(x)$，在间断点处收敛于左右极限的平均值.

【答疑解惑】

【问】当函数 $f(x)$ 展开成傅里叶级数 $\frac{a_0}{2} + \sum_{n=1}^{\infty} (a_n \cos nx + b_n \sin nx)$ 后，有人写出如下表达式：

$$f(x) = \frac{a_0}{2} + \sum_{n=1}^{\infty} (a_n \cos nx + b_n \sin nx),$$

对任意满足狄利克雷函数的 x，上面的等式一定成立吗？

【答】不一定. 满足狄利克雷条件的函数 $f(x)$ 的傅里叶级数总是收敛的，即和函数 $F(x)$ 存在，但 $F(x)$ 和 $f(x)$ 未必处处相等. 只有在函数 $f(x)$ 的连续点，傅里叶级数才收敛到函数 $f(x)$；当函数 $f(x)$ 有间断点 x_0 时，在间断点处傅里叶级数并不收敛到函数 $f(x)$，而收敛于 $\frac{f(x+0) + f(x-0)}{2}$. 所以只有函数 $f(x)$ 在整个定义域内都连续时，才有 $f(x) = \frac{a_0}{2} + \sum_{n=1}^{\infty} (a_n \cos nx + b_n \sin nx)$.

【典型题型精解】

一、函数展开成傅里叶级数

【例1】将函数 $f(x) = \begin{cases} -x & -\pi \leqslant x < 0 \\ x & 0 \leqslant x \leqslant \pi \end{cases}$ 展开成傅里叶级数.

【解】所给函数在区间 $[-\pi, \pi]$ 上满足收敛定理的条件，并且拓广为周期函数时，它在每一点 x 处都连续，因此拓广的周期函数的傅里叶级数在 $[-\pi, \pi]$ 上收敛于 $f(x)$.

傅里叶系数为：

$$a_0 = \frac{1}{\pi} \int_{-\pi}^{\pi} f(x) \, \mathrm{d}x = \frac{1}{\pi} \int_{-\pi}^{0} (-x) \, \mathrm{d}x + \frac{1}{\pi} \int_{0}^{\pi} x \mathrm{d}x = \pi;$$

$$a_n = \frac{1}{\pi} \int_{-\pi}^{\pi} f(x) \cos nx \mathrm{d}x = \frac{1}{\pi} \int_{-\pi}^{0} (-x) \cos nx \mathrm{d}x + \frac{1}{\pi} \int_{0}^{\pi} x \cos nx \mathrm{d}x$$

$$= \frac{2}{n^2 \pi} (\cos n\pi - 1) = \begin{cases} -\dfrac{4}{n^2 \pi}, & n = 1,3,5,\cdots \\ 0, & n = 2,4,6,\cdots \end{cases}$$

$$b_n = \frac{1}{\pi} \int_{-\pi}^{\pi} f(x) \sin nx \mathrm{d}x = \frac{1}{\pi} \int_{-\pi}^{0} (-x) \sin nx \mathrm{d}x + \frac{1}{\pi} \int_{0}^{\pi} x \sin nx \mathrm{d}x$$

$$= 0 \quad (n = 1,2,\cdots).$$

于是 $f(x)$ 的傅里叶级数展开式为

$$f(x) = \frac{\pi}{2} - \frac{4}{\pi} \left(\cos x + \frac{1}{3^2} \cos 3x + \frac{1}{5^2} \cos 5x + \cdots \right) \quad (-\pi \leqslant x \leqslant \pi).$$

考研解析与综合提高

【例 1】(2015 年数学一) 若级数 $\sum\limits_{n=1}^{\infty} a_n$ 条件收敛, 则 $x = \sqrt{3}$ 与 $x = 3$ 依次为幂级数 $\sum\limits_{n=1}^{\infty} na_n (x-1)^n$ 的( ).

(A) 收敛点, 收敛点   (B) 收敛点, 发散点

(C) 发散点, 收敛点   (D) 发散点, 发散点

【解】因为 $\sum\limits_{n=1}^{\infty} a_n$ 条件收敛, 即 $x = 2$ 为幂级数 $\sum\limits_{n=1}^{\infty} a_n (x-1)^n$ 的条件收敛点, 所以 $\sum\limits_{n=1}^{\infty} a_n (x-1)^n$ 的收敛半径为 1, 收敛区间为 $(0,2)$. 而幂级数逐项求导不改变收敛区间, 故 $\sum\limits_{n=1}^{\infty} na_n (x-1)^n$ 的收敛区间还是 $(0,2)$. 因而 $x = \sqrt{3}$ 与 $x = 3$ 依次为幂级数 $\sum\limits_{n=1}^{\infty} na_n (x-1)^n$ 的收敛点, 发

散点. 故选(B).

【例2】(2014 年数学一)下列级数中发散的是( ).

(A) $\sum\limits_{n=1}^{\infty} \dfrac{n}{3^n}$ (B) $\sum\limits_{n=1}^{\infty} \dfrac{1}{\sqrt{n}}\ln\left(1+\dfrac{1}{n}\right)$

(C) $\sum\limits_{n=2}^{\infty} \dfrac{(-1)^n+1}{\ln n}$ (D) $\sum\limits_{n=1}^{\infty} \dfrac{n!}{n^n}$

【解】(A)为正项级数,因为$\lim\limits_{n\to\infty}\dfrac{\dfrac{n+1}{3^{n+1}}}{\dfrac{n}{3^n}}=\lim\limits_{n\to\infty}\dfrac{n+1}{3n}=\dfrac{1}{3}<1$,所以根据

正项级数的比值判别法$\sum\limits_{n=1}^{\infty}\dfrac{n}{3^n}$收敛;(B)为正项级数,因为$\sum\limits_{n=1}^{\infty}\dfrac{1}{\sqrt{n}}\cdot$

$\ln\left(1+\dfrac{1}{n}\right)\sim\dfrac{1}{n^{\frac{3}{2}}}$,根据 P 级数收敛准则,知$\sum\limits_{n=1}^{\infty}\dfrac{1}{\sqrt{n}}\ln\left(1+\dfrac{1}{n}\right)$收敛;

(C)$\sum\limits_{n=2}^{\infty}\dfrac{(-1)^n+1}{\ln n}=\sum\limits_{n=2}^{\infty}\dfrac{(-1)^n}{\ln n}+\sum\limits_{n=2}^{\infty}\dfrac{1}{\ln n}$,根据莱布尼兹判别法知

$\sum\limits_{n=2}^{\infty}\dfrac{(-1)^n}{\ln n}$收敛,$\sum\limits_{n=2}^{\infty}\dfrac{1}{\ln n}$发撒,所以根据级数收敛定义知,

$\sum\limits_{n=2}^{\infty}\dfrac{(-1)^n+1}{\ln n}$发散;(D)为正项级数,因为$\lim\limits_{n\to\infty}\dfrac{\dfrac{(n+1)!}{(n+1)^{n+1}}}{\dfrac{n!}{n^n}}=$

$\lim\limits_{n\to\infty}\dfrac{(n+1)!}{n!}\cdot\dfrac{n^n}{(n+1)^{n+1}}=\lim\limits_{n\to\infty}\left(\dfrac{n}{n+1}\right)^n=\dfrac{1}{e}<1$,所以根据正项级数的比

值判别法$\sum\limits_{n=1}^{\infty}\dfrac{n!}{n^n}$收敛,所以选(C).

【例3】(2014 年数学三)求幂级数$\sum\limits_{n=0}^{\infty}(n+1)(n+3)x^n$的收敛域

及和函数.

【解】(1)令$a_n=(n+1)(n+3)$. 因为$\lim\limits_{n\to\infty}\left|\dfrac{a_{n+1}}{a_n}\right|=1$,所以 $R=1$.

当 $x = \pm 1$ 时，$\displaystyle\sum_{n=0}^{\infty}(n+1)(n+3)x^n$ 不收敛. 故收敛域为 $(-1,1)$.

(2) 记 $S(x) = \displaystyle\sum_{n=0}^{\infty}(n+1)(n+3)x^n = \left(\displaystyle\sum_{n=0}^{\infty}(n+3)x^{n+1}\right)' = (\sigma(x))'$.

$$\sigma(x) = \sum_{n=0}^{\infty}(n+3)x^{n+1} = \sum_{n=0}^{\infty}(n+2)x^{n+1} + \sum_{n=0}^{\infty}x^{n+1}$$

$$= \left(\sum_{n=0}^{\infty}x^{n+2}\right)' + \frac{x}{1-x} = \left(\frac{x^2}{1-x}\right)' + \frac{x}{1-x}$$

$$= \frac{3x-2x^2}{(1-x)^2}, \quad -1 < x < 1.$$

故　　　$S(x) = \left[\dfrac{3x-2x^2}{(1-x)^2}\right]' = \dfrac{3-x}{(1-x)^3}, \quad -1 < x < 1.$

【例 4】(2014 年数学一) 设数列 $\{a_n\}$，$\{b_n\}$ 满足 $0 < a_n < \dfrac{\pi}{2}$，

$0 < b_n < \dfrac{\pi}{2}$，$\cos a_n - a_n = \cos b_n$，且级数 $\displaystyle\sum_{n=1}^{\infty} b_n$ 收敛，证明:

(I) $\displaystyle\lim_{n\to\infty} a_n = 0$；(II) 级数 $\displaystyle\sum_{n=1}^{\infty}\dfrac{a_n}{b_n}$ 收敛.

【证】(I) 因为 $\displaystyle\sum_{n=1}^{\infty} b_n$ 收敛，所以 $\displaystyle\lim_{n\to\infty} b_n = 0$.

因为 $a_n = \cos a_n - \cos b_n = -2\sin\dfrac{a_n+b_n}{2}\sin\dfrac{a_n-b_n}{2} > 0$，所以

$\sin\dfrac{a_n-b_n}{2} < 0$. 又因为 $-\dfrac{\pi}{4} < \dfrac{a_n-b_n}{2} < \dfrac{\pi}{4}$，所以 $-\dfrac{\pi}{4} < \dfrac{a_n-b_n}{2} < 0$. 即:

$a_n < b_n$. 又因为 $0 < a_n < b_n$，$\displaystyle\lim_{n\to\infty} b_n = 0$，所以 $\displaystyle\lim_{n\to\infty} a_n = 0$.

(II) 由 (I) $a_n = -2\sin\dfrac{a_n+b_n}{2}\sin\dfrac{a_n-b_n}{2}$ 得

$$\frac{a_n}{b_n} = \frac{-2\sin\dfrac{a_n+b_n}{2}\sin\dfrac{a_n-b_n}{2}}{b_n} \leqslant \frac{-2\cdot\dfrac{a_n+b_n}{2}\cdot\dfrac{a_n-b_n}{2}}{b_n}$$

$$= \frac{b_n^2 - a_n^2}{2b_n} < \frac{b_n^2}{2b_n} = \frac{b_n}{2}.$$

又因为 $\sum\limits_{n=1}^{\infty} b_n$ 收敛，所以 $\sum\limits_{n=1}^{\infty} \frac{b_n}{2}$ 收敛，$\sum\limits_{n=1}^{\infty} \frac{a_n}{b_n}$ 收敛.

【例 5】（2012 年数学一）求幂级数 $\sum\limits_{n=0}^{\infty} \frac{4n^2 + 4n + 3}{2n+1} x^{2n}$ 的收敛域与

和函数.

【解】因为

$$\lim_{n\to\infty} \sqrt[n]{|u_n(x)|} = \lim_{n\to\infty} \sqrt[n]{\left| \frac{4n^2+4n+3}{2n+1} x^{2n} \right|} = \lim_{n\to\infty} \sqrt[n]{2nx^{2n}} = x^2 < 1,$$

可得 $-1 < x < 1$，当 $x = \pm 1$，可得级数 $\sum\limits_{n=0}^{\infty} \frac{4n^2+4n+3}{2n+1}$，显然发散，故收

敛域为 $-1 < x < 1$，且 $s(0) = 3$.

$$s(x) = \sum_{n=0}^{\infty} \frac{4n^2+4n+3}{2n+1} x^{2n} = \sum_{n=0}^{\infty} (2n+1) x^{2n} + 2 \sum_{n=0}^{\infty} \frac{1}{2n+1} x^{2n}$$

$$= s_1(x) + s_2(x),$$

可得

$$\int_0^x s_1(t)\,\mathrm{d}t = \sum_{n=0}^{\infty} \int_0^x (2n+1) t^{2n}\,\mathrm{d}t$$

$$= \sum_{n=0}^{\infty} t^{2n+1} \big|_0^x = \sum_{n=0}^{\infty} x^{2n+1} = x \sum_{n=0}^{\infty} (x^2)^n = \frac{x}{1-x^2},$$

即 $s_1(x) = \left(\frac{x}{1-x^2} \right)' = \frac{1+x^2}{(1-x^2)^2}$；$xs_2(x) = 2 \sum\limits_{n=0}^{\infty} \frac{1}{2n+1} x^{2n+1}$，可得

$$[xs_2(x)]' = 2 \sum_{n=0}^{\infty} \left(\frac{1}{2n+1} x^{2n+1} \right)' = 2 \sum_{n=0}^{\infty} x^{2n} = 2 \sum_{n=0}^{\infty} (x^2)^n = \frac{2}{1-x^2}.$$

可得 $xs_2(x) = \int_0^x \frac{2}{1-t^2}\,\mathrm{d}t = 2\arctan x$，可得当 $x \neq 0$ 时，$s_2(x) =$

$\dfrac{2\arctan x}{x}$，则

$$\sum_{n=0}^{\infty} \frac{4n^2+4n+3}{2n+1}x^{2n} = \begin{cases} \dfrac{1+x^2}{(1-x^2)^2} + \dfrac{2\arctan x}{x} & x\in(-1,1)\text{且}x\neq0 \\ 3 & x=0 \end{cases}.$$

【例6】(2011年数学三)设$\{u_n\}$是数列,则下列命题正确的是(　　).

(A)若$\sum_{n=1}^{\infty}u_n$收敛,则$\sum_{n=1}^{\infty}(u_{2n-1}+u_{2n})$收敛

(B)若$\sum_{n=1}^{\infty}(u_{2n-1}+u_{2n})$收敛,则$\sum_{n=1}^{\infty}u_n$收敛

(C)若$\sum_{n=1}^{\infty}u_n$收敛,则$\sum_{n=1}^{\infty}(u_{2n-1}-u_{2n})$收敛

(D)若$\sum_{n=1}^{\infty}(u_{2n-1}-u_{2n})$收敛,则$\sum_{n=1}^{\infty}u_n$收敛

【解】若$\sum_{n=1}^{\infty}u_n$收敛,则该级数加括号后得到的级数仍收敛,因此应选(A).

【例7】(2011年数学一)设数列$\{a_n\}$单调减少,$\lim_{n\to\infty}a_n=0$,$S_n=\sum_{k=1}^{n}a_k(n=1,2,\cdots)$无界,则幂级数$\sum_{n=1}^{\infty}a_n(x-1)^n$的收敛域为(　　).

(A)$(-1,1]$　　(B)$[-1,1)$　　(C)$[0,2)$　　(D)$(0,2]$

【解】$S_n=\sum_{k=1}^{n}a_k(n=1,2,\cdots)$无界,说明幂级数$\sum_{n=1}^{\infty}a_n(x-1)^n$的收敛半径$R\leqslant1$;$\{a_n\}$单调减少,$\lim_{n\to\infty}a_n=0$,说明级数$\sum_{n=1}^{\infty}a_n(-1)^n$收敛,可知幂级数$\sum_{n=1}^{\infty}a_n(x-1)^n$的收敛半径$R\geqslant1$.

因此,幂级数$\sum_{n=1}^{\infty}a_n(x-1)^n$的收敛半径$R=1$,收敛区间为$(0,2)$.又由于$x=0$时幂级数收敛,$x=2$时幂级数发散.可知收敛域为

$[0,2)$.

【例 8】(2009 年数学一)设有两个数列 $\{a_n\}$,$\{b_n\}$. 若 $\lim\limits_{n\to\infty} a_n = 0$,则( ).

(A) 当 $\sum\limits_{n=1}^{\infty} b_n$ 收敛时,$\sum\limits_{n=1}^{\infty} a_n b_n$ 收敛

(B) 当 $\sum\limits_{n=1}^{\infty} b_n$ 发散时,$\sum\limits_{n=1}^{\infty} a_n b_n$ 发散

(C) 当 $\sum\limits_{n=1}^{\infty} |b_n|$ 收敛时,$\sum\limits_{n=1}^{\infty} a_n^2 b_n^2$ 收敛

(D) 当 $\sum\limits_{n=1}^{\infty} |b_n|$ 发散时,$\sum\limits_{n=1}^{\infty} a_n^2 b_n^2$ 发散

【解】(A) 是不对的. 反例:$a_n = b_n = \dfrac{(-1)^n}{\sqrt{n}}$;(B) 是不对的,反例:

$a_n = b_n = \dfrac{1}{n}$;(C) 是正确的,证明如下:因为 $\lim\limits_{n\to\infty} a_n = 0$,所以存在 $M > 0$,

使得 $|a_n| \leqslant M$. 因为 $\sum\limits_{n=1}^{\infty} |b_n|$ 收敛,所以 $\sum\limits_{n=1}^{\infty} b_n^2$ 收敛,又 $0 \leqslant a_n^2 b_n^2 \leqslant M^2 b_n^2$,

且 $\sum\limits_{n=1}^{\infty} M^2 b_n^2 = M^2 \sum\limits_{n=1}^{\infty} b_n^2$ 收敛,由正项级数的比较审敛法得 $\sum\limits_{n=1}^{\infty} a_n^2 b_n^2$ 收

敛;(D) 是不对的,反例:$a_n = b_n = \dfrac{1}{\sqrt{n}}$. 所以应选(C).

【例 9】(2009 年数学三)幂级数 $\sum\limits_{n=1}^{\infty} \dfrac{e^n - (-1)^n}{n^2} x^n$ 的收敛半径为_____.

【解】

$$\lim_{n\to\infty} \left| \frac{a_{n+1}}{a_n} \right| = \lim_{n\to\infty} \frac{e^{n+1} - (-1)^{n+1}}{(n+1)^2} \cdot \frac{n^2}{e^n - (-1)^n}$$

$$= \lim_{n\to\infty} \frac{n^2}{(n+1)^2} \frac{e^{n+1}\left[1 - \left(-\dfrac{1}{e}\right)^{n+1}\right]}{e^n\left[1 - \left(-\dfrac{1}{e}\right)^n\right]} = e.$$

该幂级数的收敛半径为 $\frac{1}{e}$. 所以,答案为 $\frac{1}{e}$.

【例10】(2008 年数学三)银行存款的年利率为 $r = 0.05$,并依年复利计算. 某基金会希望通过存款 A 万元,实现第 1 年提取 19 万元,第 2 年提取 28 万元,……,第 n 年提取 $(10 + 9n)$ 万元,并能按此规律一直提取下去,问 A 至少应为多少万元?

【问题分析】按年复利计算,第 n 年的 K_n 万元,相当于现值 $\frac{K_n}{(1+r)^n}$, A 不小于各年现值和即可,问题转换为无穷级数求和.

【解】设 A_n 为用于第 n 年提取 $(10 + 9n)$ 万元的贴现值,则 $A_n = (1 + r)^{-n}(10 + 9n)$,故

$$A = \sum_{n=1}^{\infty} A_n = \sum_{n=1}^{\infty} \frac{10 + 9n}{(1+r)^n} = 10 \sum_{n=1}^{\infty} \frac{1}{(1+r)^n} + \sum_{n=1}^{\infty} \frac{9n}{(1+r)^n}$$

$$= 200 + 9 \sum_{n=1}^{\infty} \frac{n}{(1+r)^n}.$$

设

$$S(x) = \sum_{n=1}^{\infty} nx^n, x \in (-1,1),$$

因为

$$S(x) = x\left(\sum_{n=1}^{\infty} x^n \right)' = x\left(\frac{x}{1-x} \right)' = \frac{x}{(1-x)^2}, x \in (-1,1).$$

所以

$$S\left(\frac{1}{1+r} \right) = S\left(\frac{1}{0.05} \right) = 420(万元).$$

故 $A = 200 + 9 \times 420 = 3980$(万元),即至少应存入 3980 万元.

【例11】(2008 年数学一) $f(x) = 1 - x^2 (0 \leqslant x \leqslant \pi)$,展开成余弦级数,并求级数 $\sum_{n=1}^{\infty} \frac{(-1)^{n+1}}{n^2}$ 的和.

【问题分析】本题考查傅里叶级数的展开,直接利用公式.

【解】因为 $f(x) = 1 - x^2$ 是偶函数,所以 $b_n = 0$.

$$a_0 = \frac{2}{\pi} \int_0^{\pi} (1 - x^2) \, \mathrm{d}x = 2\left(1 - \frac{\pi^2}{3} \right),$$

$$a_n = \frac{2}{\pi} \int_0^{\pi} (1 - x^2) \cos nx \, dx = \frac{4 \cdot (-1)^{n+1}}{n^2} \quad (n = 1, 2, \cdots).$$

所以 $f(x) = 1 - x^2 = \dfrac{a_0}{2} + \displaystyle\sum_{n=1}^{\infty} a_n \cos nx$

$$= 1 - \frac{\pi^2}{3} + \sum_{n=1}^{\infty} \frac{4 \cdot (-1)^{n+1}}{n^2} \cos nx.$$

令 $x = 0$,代入上式,可得 $\displaystyle\sum_{n=1}^{\infty} \dfrac{(-1)^{n+1}}{n^2} = \dfrac{\pi^2}{12}.$

【例 12】(2008 年数学一)已知幂级数 $\displaystyle\sum_{n=0}^{\infty} a_n (x+2)^n$ 在 $x = 0$ 处收敛,在 $x = -4$ 处发散,则幂级数 $\displaystyle\sum_{n=0}^{\infty} a_n (x-3)^n$ 的收敛域为_____.

【问题分析】利用阿贝尔定理求收敛域.

【解】因为幂级数 $\displaystyle\sum_{n=0}^{\infty} a_n (x+2)^n$ 收敛区间的对称点为 $x = -2$,又由题设可知该级数在 $x = 0$ 处收敛,在 $x = -4$ 处发散,即级数 $\displaystyle\sum_{n=0}^{\infty} a_n 2^n$ 收敛, $\displaystyle\sum_{n=0}^{\infty} a_n (-2)^n$ 发散,从而幂级数 $\displaystyle\sum_{n=0}^{\infty} a_n x^n$ 的收敛域为 $(-2, 2]$.
故幂级数 $\displaystyle\sum_{n=0}^{\infty} a_n (x-3)^n$ 的收敛域为 $(-2-3, 2+3]$,即 $(1, 5]$.

同步测试

一、填空题(本题共 5 小题,每题 5 分,共 25 分)

1. 对于级数 $\displaystyle\sum_{n=1}^{\infty} u_n$, $\lim\limits_{n \to \infty} u_n = 0$ 是它收敛的_____条件,不是它收敛的_____条件.

2. 部分和数列 $\{S_n\}$ 有界是正项级数 $\displaystyle\sum_{n=1}^{\infty} u_n$ 收敛的_____条件.

3. 级数 $\displaystyle\sum_{n=1}^{\infty} \dfrac{1}{n\sqrt[n]{n}}$ 是_____级数(判别发散,还是收敛).

4. $\displaystyle\sum_{n=0}^{\infty} a_n(x-1)^n$ 的收敛域是 $[-1,3]$,则 $\displaystyle\sum_{n=0}^{\infty} a_n x^{2n}$ 的收敛域是_____.

5. 设 $f(x)$ 的展开式为 $f(x) = \displaystyle\sum_{n=0}^{\infty} x^n$,则 $F(x) = \dfrac{xf(x)}{1-x}$ 的展开式为_____.

二、选择题(本题共 5 小题,每题 5 分,共 25 分)

1. 若级数 $\displaystyle\sum_{n=1}^{\infty} u_n$ 及 $\displaystyle\sum_{n=1}^{\infty} v_n$ 都发散,则(　　).

(A) $\displaystyle\sum_{n=1}^{\infty} (u_n + v_n)$ 发散　　　　(B) $\displaystyle\sum_{n=1}^{\infty} (u_n v_n)$ 发散

(C) $\displaystyle\sum_{n=1}^{\infty} (|u_n| + |v_n|)$ 必发散　　(D) $\displaystyle\sum_{n=1}^{\infty} (u_n^2 + v_n^2)$ 发散

2. 设幂级数 $\displaystyle\sum_{n=1}^{\infty} \dfrac{(x-a)^n}{n}$ 在 $x=2$ 收敛,则实数 a 的取值范围是(　　).

(A) $1 \leqslant a \leqslant 3$　　　　　　(B) $1 \leqslant a < 3$

(C) $1 < a < 3$　　　　　　(D) $1 < a \leqslant 3$

3. 下列级数中,条件收敛的是(　　).

(A) $\displaystyle\sum_{n=1}^{\infty} \dfrac{(-1)^n}{\sqrt[n]{5}}$　　　　　　(B) $\displaystyle\sum_{n=1}^{\infty} (-1)^n \dfrac{1}{n^2}$

(C) $\displaystyle\sum_{n=1}^{\infty} (-1)^{n-1} \left(\dfrac{1}{2}\right)^n$　　(D) $\displaystyle\sum_{n=1}^{\infty} (-1)^{n-1} \dfrac{1}{\sqrt{n}}$

4. 下列级数中,绝对收敛的是(　　).

(A) $\sum\limits_{n=1}^{\infty}(-1)^{n+1}\dfrac{1}{n}$ (B) $\sum\limits_{n=1}^{\infty}\dfrac{(-1)^{n}}{\sqrt[n]{n}}$

(C) $\sum\limits_{n=1}^{\infty}\dfrac{(-1)^{n}}{\ln n}$ (D) $\sum\limits_{n=1}^{\infty}\dfrac{(-1)^{n+1}}{n\sqrt{n}}$

5. 设幂级数 $\sum\limits_{n=0}^{\infty}a_nx^n$ 与 $\sum\limits_{n=1}^{\infty}b_nx^n$ 的收敛半径分别为 $\dfrac{\sqrt{5}}{3}$ 与 $\dfrac{1}{3}$,则幂级数 $\sum\limits_{n=1}^{\infty}\dfrac{a_n^2}{b_n^2}x^n$ 的收敛半径为(　　).

(A) 5   (B) $\dfrac{\sqrt{5}}{3}$ (C) $\dfrac{1}{3}$ (D) $\dfrac{1}{5}$

三、计算题(本题共 5 小题,每题 10 分,共 50 分)

1. (1) 讨论级数 $\sum\limits_{n=1}^{\infty}\dfrac{(n+1)!}{n^{n+1}}$ 的敛散性,(2) 已知级数 $\sum\limits_{n=1}^{\infty}a_n^2$ 和 $\sum\limits_{n=1}^{\infty}b_n^2$ 都收敛,试证明级数 $\sum\limits_{n=1}^{\infty}a_nb_n$ 绝对收敛.

2. 求级数 $\sum\limits_{n=2}^{\infty}\dfrac{1}{2^n(n^2-1)}$ 的和.

3. 将函数 $f(x)=\arctan\dfrac{1+x}{1-x}$ 展为 x 的幂级数.

4. 求幂级数 $\sum\limits_{n=1}^{\infty}\dfrac{1}{3^n+(-2)^n}\dfrac{x^n}{n}$ 收敛区间,并讨论该区间端点处的收敛性.

5. 求幂级数 $\sum\limits_{n=1}^{\infty}\dfrac{n!+1}{2^n(n-1)!}x^{n-1}$ 的和函数,并求 $\sum\limits_{n=1}^{\infty}\dfrac{n!+1}{2^n(n-1)!}$ 的值.

第十一章 微积分在经济领域中的应用

第一节 经济学中常用的数学函数

【知识要点回顾】

1. 需求函数

市场对商品的需求数量受多种因素制约,比如购买者的收入多少,商品质量的优劣以及商品价格的高低等. 当一个时期内个人、商品质量等因素保持稳定状态下,则市场对某种商品的需求量 Q 主要依赖于商品的价格 P. Q 是 P 的函数,通常称 Q 为需求函数,记为 $Q = f(P)$.

常用的需求函数:

$$Q_d = a_0 - a_1 p (a_0 > 0, a_1 > 0); Q_d = \frac{a_0 - p^2}{a_1} (a_0 > 0, a_1 > 0);$$

$$Q_d = \frac{a_0 - \sqrt{p}}{a_1} (a_0 > 0, a_1 > 0); Q_d = a_0 e^{-a_1 p} (a_0 > 0, a_1 > 0).$$

它们的反函数 $p = f^{-1}(Q_d)$ 可以作为另一种需求函数的表达方式.

2. 供给函数

供给函数是指在某一特定时期内,某种商品的供给量和影响这些供给量的各种因素之间的数量关系. 这些因素主要包括以下几类:

(1)商品价格(p):一种商品供给量的多少与其价格成正向变动,

即价格越高,供给量越多,反之亦然;

(2)相关商品价格(p_r);

(3)预期价格(p_e);

(4)生产成本(C):生产成本主要受生产要素价格和技术的影响.生产要素价格上涨,势必会增加生产成本,导致供应量减少,而技术的进步,往往意味着产量的增加或成本的降低,于是厂家愿意并且能够在原有价格下增加供应量;

(5)自然条件(N).

总之,一种商品的供应量 Q_s 可以表示成下列供给函数

$$Q_s = \varphi(p, p_r, p_e, C, N, \cdots).$$

通常假定其他条件不变,着重研究 p, C 对 Q_s 的影响,即

供给价格函数 $Q_s = \varphi(p)$,供给成本函数 $Q_s = \psi(C)$.

其中,最重要的是供给价格函数. 一般情况下,谈到供给函数时,即指供给价格函数.

3. 成本函数

产品成本是以货币形式表现的企业生产和销售产品的全部费用支出. 成本函数表示了费用总额与产量(或销售量)之间的依赖关系. 产品成本 $C(Q)$ 可分为固定成本 C_0 和可变成本 $C_1(Q)$ 两部分,即 $C(Q) = C_0 + C_1(Q)$. 所谓固定成本,即指在一定时期内不随产量变化的那部分成本;所谓可变成本,即指随产量变化而变化的那部分成本.

一般地,以货币计值的成本 C 是产量 Q 的函数,即 $C = C(Q)$ ($Q \geqslant 0$),称其为成本函数. 当产量 $Q = 0$ 时,$C(0)$ 就是固定成本值 C_0.

称 $\overline{C}(Q) = \dfrac{C(Q)}{Q}$ ($Q > 0$)为单位成本函数或平均成本函数.

4. 收益函数

销售某种产品的收入 R 等于该产品的单位价格 p 乘以销售量 Q,

即 $R = pQ$，称此函数为收益函数或收入函数.

5. 利润函数

销售利润 L 等于收入 R 减去成本 C，即 $L = R - C$，称之为利润函数.

【典型例题精解】

【例 1】某工厂生产某机器，年产量为 a 台，分若干批进行生产，每批生产准备费为 b 元．设产品均匀投入市场（即平均库存量为批量的一半），且上一批销售完后立即生产下一批．设每年每台库存保管费为 c 元，试求出一年的总费用 S（生产准备费和库存保管费）与批量 Q 之间的关系.

【解】生产准备费为 $\dfrac{a}{Q} \cdot b$，库存保管费为 $\dfrac{Q}{2} \cdot c$.

因此，总费用 $S = \dfrac{a}{Q} \cdot b + \dfrac{Q}{2} \cdot c = \dfrac{ab}{Q} + \dfrac{cQ}{2}$.

【例 2】设某产品的成本函数为 $C(Q) = 20k + 8Q$（元），已知固定成本为 200 元，求成本与产量 Q 的函数关系和生产 100 件这种产品的平均成本.

【解】固定成本为 200 元，则 $20k = 200$.

则成本 $C(Q) = 200 + 8Q$. 平均成本 $\bar{C}(Q) = \dfrac{C(Q)}{Q} = \dfrac{200 + 8Q}{Q}$.

生产 100 件产品时平均成本为 $\bar{C}(100) = \dfrac{200 + 8 \times 100}{100} = 10$（元）.

【例 3】设某产品的单位价格 P 和销售量 Q 之间的函数为 $Q(P) = 100 - 2P$（单位：元），求收益和销售量 Q 的函数关系和 $P = 10$ 时的收益.

【解】设收益函数为 $R(Q)$，由已知 $P = \dfrac{1}{2}(100 - Q)$，所以

$$R(Q) = P \cdot Q = \frac{1}{2}(100 - Q) \cdot Q = 50Q - \frac{1}{2}Q^2.$$

当 $P = 10$ 时，$Q = 100 - 2 \times 10 = 80$. 收益为

$$R = P \cdot Q = 10 \times 80 = 800.$$

第二节　经济现象的最值问题

【知识要点回顾】

经济学家经常被要求帮助一个企业，使其利润、产出水平和生产率尽可能地大；而使其成本、污染程度、稀缺自然资源的利用尽可能地小. 因此，我们需要讨论经济函数的最优化即经济现象的最值问题.

（1）最大值问题：利润最大化，收益最大化.

（2）最小值问题：成本最小化，费用最小化.

1. 最优化的产出水平

假设某厂生产两种产品，在生产过程中两种产品的产量是不相关的，但两种产品在生产技术上又是相关的. 这样，不仅总成本 C 是产量 Q_1 和 Q_2 的函数，即 $C = C(Q_1, Q_2)$，而且两种产品的边际成本也是产量 Q_1 和 Q_2 的函数，即 $\frac{\partial C}{\partial Q_1} = C_1'(Q_1, Q_2)$，$\frac{\partial C}{\partial Q_2} = C_2'(Q_1, Q_2)$. 根据经济学知识，一般总认为产出水平和销售水平是一致的，所以总收益 R 也是 Q_1 和 Q_2 的函数，即 $R = R(Q_1, Q_2)$. 现在的问题是，如何确定每种产品的产量，以使厂商获得最大的利润.

厂商的利润函数是 $L = R - C = R(Q_1, Q_2) - C(Q_1, Q_2)$.

根据二元函数极值存在的必要条件，得到

$$\frac{\partial L}{\partial Q_1} = \frac{\partial R}{\partial Q_1} - \frac{\partial C}{\partial Q_1} = R_1' - C_1' = 0,$$

$$\frac{\partial L}{\partial Q_2} = \frac{\partial R}{\partial Q_2} - \frac{\partial C}{\partial Q_2} = R_2' - C_2' = 0.$$

将上式写作

$$R_1' = C_1', \tag{1}$$

$$R_2' = C_2'. \tag{2}$$

式(1)和式(2)说明,工厂为了获得最大利润,每种产品都应达到这样的产出水平:使边际收益恰好等于边际成本.

2. 利润最大化

现在假设某厂商经营两个工厂,生产同一产品且在同一市场上销售,因为两工厂的经营情况不同,生产成本有所差别. 现在的问题是,如何确定每个工厂的产量,使厂商获得最大利润.

根据问题的规定,设 Q_1 和 Q_2 分别为两个工厂的产量,其总产量为 $Q = Q_1 + Q_2$,两个工厂的成本函数为 $C_1 = C_1(Q_1)$ 和 $C_2 = C_2(Q_2)$,因而总成本函数为 $C = C_1(Q_1) + C_2(Q_2)$,总收益函数为 $R = R(Q) = R(Q_1 + Q_2)$,于是利润函数为

$$L = R - C = R(Q) - C_1(Q_1) - C_2(Q_2).$$

根据二元函数极值存在的必要条件,有

$$\begin{cases} \dfrac{\partial L}{\partial Q_1} = \dfrac{\mathrm{d}R}{\mathrm{d}Q}\dfrac{\partial Q}{\partial Q_1} - \dfrac{\mathrm{d}C_1}{\mathrm{d}Q_1} = \dfrac{\mathrm{d}R}{\mathrm{d}Q} \times 1 - \dfrac{\mathrm{d}C_1}{\mathrm{d}Q_1} = 0 \\ \dfrac{\partial L}{\partial Q_2} = \dfrac{\mathrm{d}R}{\mathrm{d}Q}\dfrac{\partial Q}{\partial Q_2} - \dfrac{\mathrm{d}C_2}{\mathrm{d}Q_2} = \dfrac{\mathrm{d}R}{\mathrm{d}Q} \times 1 - \dfrac{\mathrm{d}C_2}{\mathrm{d}Q_2} = 0 \end{cases},$$

整理,得 $\dfrac{\mathrm{d}R}{\mathrm{d}Q} = \dfrac{\mathrm{d}C_1}{\mathrm{d}Q_1} = \dfrac{\mathrm{d}C_2}{\mathrm{d}Q_2}$,即

$$R'(Q) = C_1'(R_1) = C_2'(R_2).$$

上式表明,最优决策应使每个工厂的边际成本等于总产出的边际收益.

3. 收益最大化

假设某厂商生产两种产品,两种产品的需求量和价格之间有下列函数关系:$Q_1 = Q_1(p_1, p_2)$,$Q_2 = Q_2(p_1, p_2)$,其中 p_1 和 p_2 分别是两产品的单价,Q_1 和 Q_2 分别是两产品的需求量. 为使厂商总收益最大化,应如何制定两种产品的单价?

根据问题的假设,总收益函数为

$$R = R(p_1, p_2) = p_1 Q_1 + p_2 Q_2 = p_1 Q_1(p_1, p_2) + p_2 Q_2(p_1, p_2).$$

根据二元函数极值存在的必要条件,有

$$\begin{cases} \dfrac{\partial R}{\partial p_1} = 1 \times Q_1(p_1, p_2) + p_1 \dfrac{\partial Q_1}{\partial p_1} + p_2 \dfrac{\partial Q_2}{\partial p_1} = 0 \\ \dfrac{\partial R}{\partial p_2} = p_1 \dfrac{\partial Q_1}{\partial p_2} + 1 \times Q_2(p_1, p_2) + p_2 \dfrac{\partial Q_2}{\partial p_2} = 0 \end{cases},$$

即

$$\begin{cases} p_1 \dfrac{\partial Q_1}{\partial p_1} + p_2 \dfrac{\partial Q_2}{\partial p_1} = -Q_1(p_1, p_2) \\ p_1 \dfrac{\partial Q_1}{\partial p_2} + p_2 \dfrac{\partial Q_2}{\partial p_2} = -Q_2(p_1, p_2) \end{cases}.$$

上式表明要想使得收益最大化,两种产品的单价和需求量需满足上述关系.

4. 多元经济函数的约束优化问题

(1)拉格朗日乘数法

已知目标函数 $z = f(x, y)$,求其在约束条件 $g(x, y) = c$ 下的极值. 我们需要用拉格朗日乘数法,即引入拉格朗日乘数 λ,构造拉格朗日函数

$$F(x, y) = f(x, y) - \lambda [g(x, y) - c].$$

根据二元函数极值存在的必要条件,得到

$$\begin{cases} \dfrac{\partial F}{\partial x} = \dfrac{\partial f}{\partial x} - \lambda \dfrac{\partial g}{\partial x} = 0 \\[2mm] \dfrac{\partial F}{\partial y} = \dfrac{\partial f}{\partial y} - \lambda \dfrac{\partial g}{\partial y} = 0, \\[2mm] g(x,y) - c = 0 \end{cases} \tag{3}$$

解方程组得到 $x = \varphi(c)$, $y = \psi(c)$, $\lambda = h(c)$. 如果在点 (x,y) 处目标函数取得极值,那么极值为

$$z = f(x,y) = f[\varphi(c), \psi(c)].$$

(2)拉格朗日乘数法的经济意义

在上面讨论的基础上,把 c 看作变量,上式对 c 求导,得

$$\frac{\mathrm{d}z}{\mathrm{d}c} = \frac{\partial f}{\partial x}\frac{\mathrm{d}x}{\mathrm{d}c} + \frac{\partial f}{\partial y}\frac{\mathrm{d}y}{\mathrm{d}c},$$

代入二元函数极值存在的必要条件(3),得到

$$\frac{\mathrm{d}z}{\mathrm{d}c} = \lambda\left(\frac{\partial g}{\partial x}\frac{\mathrm{d}x}{\mathrm{d}c} + \frac{\partial g}{\partial y}\frac{\mathrm{d}y}{\mathrm{d}c}\right).$$

又由于 $g[\varphi(c), \psi(c)] = c$,因此两边对 c 求导,得

$$\frac{\partial g}{\partial x}\frac{\mathrm{d}x}{\mathrm{d}c} + \frac{\partial g}{\partial y}\frac{\mathrm{d}y}{\mathrm{d}c} = 1,$$

所以

$$\frac{\mathrm{d}z}{\mathrm{d}c} = \lambda\left(\frac{\partial g}{\partial x}\frac{\mathrm{d}x}{\mathrm{d}c} + \frac{\partial g}{\partial y}\frac{\mathrm{d}y}{\mathrm{d}c}\right) = \lambda \times 1 = \lambda,$$

即

$$\frac{\mathrm{d}z}{\mathrm{d}c} = \lambda.$$

这就是说,拉格朗日乘数 λ 表示目标函数 $z = f(x,y) = f[\varphi(c), \psi(c)]$ 对 c 的导数,或者说,拉格朗日乘数 λ 就是由参数 c 所引起的约束变化对目标函数最优值影响的度量.

在经济学中,常称拉格朗日乘数 λ 为"影子价格"或边际价值,即拉格朗日乘数 λ 表示产品或资源增加一个单位所带来的社会效益. 影子价格 λ 随目标函数和约束条件的经济意义和度量单位不同而有不

同的具体的经济解释.若目标函数为利润最大,c 为产出水平约束,则 λ 表示增加一个单位产出量,可以使最大利润增加多少,即产品的边际利润;若目标函数为收益最大,c 为资源约束,则 λ 表示增加一个单位资源,可以使最大收益增加多少,即产品的边际收益;若目标函数为效用最大,c 为预算约束,则 λ 表示增加一个单位预算,可以使最大效用增加多少,即产品的边际效益.在实际问题中,影子价格的定量测定常常还须借助于线性规划的理论.

5. 多元函数条件极值

（1）成本固定时产出最大化

假设在一定生产技术条件下,总成本不变,也就是在约束条件

$$C(x,y) = p_1 x + p_2 y = C_0 (常数)$$

下如何使产出最大.这是一个条件极值问题,可以用拉格朗日乘数法求解.拉格朗日函数为

$$F(x,y,\lambda) = f(x,y) - \lambda(p_1 x + p_2 y - C_0).$$

（2）产出一定时成本最小化

假设在一定生产技术条件下,产出保持一定水平,也就是在约束条件 $Q(x,y) = Q_0 (常数)$ 下使总成本 $C(x,y) = p_1 x + p_2 y$ 最小.它是上述成本固定时产出最大化的对偶问题.这也是一个条件极值问题,可以用拉格朗日乘数法求解,拉格朗日函数为

$$F(x,y,\lambda) = C(x,y) - \lambda[Q(x,y) - Q_0] = p_1 x + p_2 y - \lambda[Q(x,y) - Q_0].$$

【典型例题精解】

【例1】设某商品的需求量 Q 是单价 p（单位：元）的函数：$Q = 400 - 0.5P$；生产此商品的固定成本是20000,每生产一单位产品,成本增加100元.试求使销售利润最大的商品单价和最大利润额.

【解】由题意,成本函数 $C = 20000 + 100 \cdot Q$.

利润函数

$$L = R - C = P \cdot Q - C$$
$$= P(400 - 0.5P) - [20000 + 100(400 - 0.5P)]$$
$$= -0.5P^2 + 450P - 60000.$$

令 $\dfrac{dL}{dP} = -P + 450 = 0$,得 $P = 450$(元).

当 $P < 450$ 时, $\dfrac{dL}{dP} > 0$;当 $P > 450$ 时, $\dfrac{dL}{dP} < 0$.

故 $P = 450$ 为利润函数的极大值点,也是最大值点. 因此,使销售利润最大的商品单价为 450 元且最大利润为 41250 元.

【例2】工厂生产两种产品,总成本函数是 $C = Q_1{}^2 + 2Q_1Q_2 + Q_2{}^2 + 5$,两种产品的需求函数分别是 $C_1 = 10 - p_1$, $Q_2 = 10 - \dfrac{1}{2}p_2$,为使工厂获得最大利润,试确定两种产品的产出水平,并求最大利润是多少?

【解】由题意 $P_1 = 10 - Q_1$, $P_2 = 20 - 2Q_2$

利润为

$$L = P_1Q_1 + P_2Q_2 - C = (10 - Q_1)Q_1 + (20 - 2Q_2)Q_2$$
$$- (Q_1^2 + 2Q_1Q_2 + Q_2^2 + 5)$$
$$= -2Q_1^2 - 3Q_2^2 - 2Q_1Q_2 + 10Q_1 + 20Q_2 - 5.$$

令

$$\begin{cases} \dfrac{\partial L}{\partial Q_1} = -4Q_1 - 2Q_2 + 10 = 0 \\ \dfrac{\partial L}{\partial Q_2} = -6Q_2 - 2Q_1 + 20 = 0 \end{cases},$$

得 $Q_1 = 1$, $Q_2 = 3$(驻点唯一).

因此,当 $Q_1 = 1$, $Q_2 = 3$ 时,工厂获得最大利润,且最大利润为 30.

【例3】某企业生产一产品,生产费用函数为 $Q(x, y) = 20xy$,其中原料投入为 x 与 y,而且价格分别为 25 元和 10 元,已知生产费用预算为 1000 元,试问(1)应如何安排生产,才能使产量最高? (2)产品的边际产出,即增加一个单位成本,可以使最大产量增加多少?

【解】(1)由题意可知,本题是求在满足条件 $25x + 10y = 1000$ 下, $Q(x,y)$ 的最大值问题.由拉格朗日乘数法,有

$$F(x,y,\lambda) = 20xy - \lambda(25x + 10y - 1000)$$

令
$$\begin{cases} \dfrac{\partial F}{\partial x} = 20y - 25\lambda = 0 \\[2mm] \dfrac{\partial F}{\partial x} = 20y - 25\lambda = 0 \\[2mm] \dfrac{\partial F}{\partial \lambda} = -(25x + 10y - 1000) = 0 \end{cases},$$

解得 $x = 20, y = 50, \lambda = 40$.因此,原料投入量分别为 $x = 20, y = 50$.

(2)由于 $\lambda = 40$,故产品的边际产出为 40,即增加一个单位成本,可以使产量增加 40.

【例4】某工厂生产两种型号的机床,其产量分别为 x 台和 y 台,成本函数为

$$C(x,y) = x^2 + 2y^2 - xy \quad （万元）.$$

若根据市场预测,共需要这两种机床 8 台,问(1)应如何安排生产,才能使成本最小? (2)产品的边际成本,即减少一个单位产量,可以使最小成本减少多少?

【解】(1)由题意,本题是求在满足 $x + y = 8$ 的条件下 $C(x,y)$ 的最小值.

$$F(x,y,\lambda) = x^2 + 2y^2 - xy - \lambda(x + y - 8).$$

令
$$\begin{cases} \dfrac{\partial F}{\partial x} = 2x - y - \lambda = 0 \\[2mm] \dfrac{\partial F}{\partial y} = 4y - x - \lambda = 0 \\[2mm] \dfrac{\partial F}{\partial \lambda} = -x - y + 8 = 0 \end{cases},$$

解得 $x = 5, y = 3, \lambda = 7$.

因此,两种型号产量分别为 $x = 5$（台）, $y = 3$（台）,才能使成本最小.

（2）由 $\lambda = 7$ 得，产品的边际成本为 7（万元），即减少一个单位产量，可以使最小成本减少 7 万元.

第三节　导数和偏导数在经济分析中的应用

【知识要点回顾】

一、多元函数偏导数的应用

1. 边际函数

在经济学中，习惯上用平均和边际这两个概念来描述一个经济变量 y 对于另一个经济变量 x 的变化. 平均概念表示 x 在某一范围内取值 y 的变化. 边际概念表示当 x 的改变量 Δx 趋于 0 时，y 的相应改变量 Δy 与 Δx 的比值的变化，即当 x 在某一给定值附近有微小变化时，y 的瞬时变化.

边际函数：根据导数的定义，导数 $f'(x_0)$ 表示 $f(x)$ 在点 $x = x_0$ 处的变化率，在经济学中，称其为 $f(x)$ 在点 $x = x_0$ 处的边际函数值.

边际成本：成本函数 $C = C(x)$（x 是产量）的导数 $C'(x)$ 称为边际成本函数.

边际收益与边际利润：在估计产品销售量 x 时，给产品所定的价格 $P(x)$ 称为价格函数. 于是，收益函数为 $R(x) = xP(x)$，利润函数为 $L(x) = R(x) - C(x)$（$C(x)$ 是成本函数）.

收入函数的导数 $R'(x)$ 称为边际收益函数；利润函数的导数 $L'(x)$ 称为边际利润函数.

2. 函数的弹性

在边际分析中所研究的是函数的绝对改变量与绝对变化率，经济学中常需研究一个变量对另一个变量的相对变化情况,为此引入下面定义.

定义 函数的相对改变量 $\dfrac{\Delta y}{y}=\dfrac{f(x+\Delta x)-f(x)}{f(x)}$ 与自变量的相对改变量 $\dfrac{\Delta x}{x}$ 之比 $\dfrac{\Delta y/y}{\Delta x/x}$,称为函数 $f(x)$ 从 x 到 $x+\Delta x$ 两点间的弹性(或相对变化率). 而极限 $\lim\limits_{\Delta x\to 0}\dfrac{\Delta y/y}{\Delta x/x}$ 称为函数 $f(x)$ 在点 x 的弹性(或相对变化率),记为

$$\frac{Ey}{Ex}=\lim_{\Delta x\to 0}\frac{\Delta y/y}{\Delta x/x}=\lim_{\Delta x\to 0}\frac{\Delta y}{\Delta x}\cdot\frac{x}{y}=y'\frac{x}{y}.$$

弹性函数为常数的函数称为不变弹性函数.

几种常见函数的弹性函数:

① $\dfrac{E(C)}{E(x)}=0$,其中 C 为常数;

② $\dfrac{E(ax+b)}{E(x)}=\dfrac{ax}{ax+b}$,其中 a,b 为常数;

③ $\dfrac{E(ax^{\lambda})}{E(x)}=\lambda$,其中 a,λ 为常数;

④ $\dfrac{E(ba^{\lambda x})}{E(x)}=(\lambda\ln a)x$,其中 a,b,λ 为常数.

注:函数 $f(x)$ 在点 x 的弹性 $\dfrac{Ey}{Ex}$ 反映随 x 的变化 $f(x)$ 变化幅度的大小,即 $f(x)$ 对 x 变化反应的强烈程度或灵敏度. 数值上,$\dfrac{Ey}{Ex}f(x)$ 表示 $f(x)$ 在点 x 处,当 x 产生 1% 改变时,函数 $f(x)$ 近似地改变 $\dfrac{Ey}{Ex}f(x)\%$,在应用问题中解释弹性的具体意义时,通常略去"近似"二字.

(1)需求弹性

设需求函数 $Q=f(P)$,这里 P 表示产品的价格. 于是,可具体定义该产品在价格为 P 时的需求弹性如下:

$$\eta = \eta(P) = \lim_{\Delta P \to 0} \frac{\Delta Q/Q}{\Delta P/P} = \lim_{\Delta P \to 0} \frac{\Delta Q}{\Delta P} \cdot \frac{P}{Q} = P \cdot \frac{f'(P)}{f(P)}.$$

当 ΔP 很小时,有 $\eta = P \cdot \frac{f'(P)}{f(P)} \approx \frac{P}{f(P)} \cdot \frac{\Delta Q}{\Delta P}$,故需求弹性 η 近似地表示在价格 P 时,价格变动 1%,需求量将变化 η%,通常也略去"近似"二字.

注:一般地,需求函数是单调减少函数,需求量随价格的提高而减少(当 $\Delta P > 0$ 时,$\Delta Q < 0$),故需求弹性一般是负值,它反映产品需求量对价格变动反应的强烈程度(灵敏度).

用需求弹性分析总收益的变化:

总收益 R 是商品价格 P 与销售量 Q 的乘积,即 $R = P \cdot Q = P \cdot f(P)$,由 $R' = f(P) + Pf'(P) = f(P)\left[1 + f'(P)\frac{P}{f(P)}\right]$ 知:

①若 $|\eta| < 1$,需求变动的幅度小于价格变动的幅度. $R' > 0$,R 递增. 即价格上涨,总收益增加;价格下跌,总收益减少.

②若 $|\eta| > 1$,需求变动的幅度大于价格变动的幅度. $R' < 0$,R 递减. 即价格上涨,总收益减少;价格下跌,总收益增加.

③若 $|\eta| = 1$,需求变动的幅度等于价格变动的幅度. $R' = 0$,R 取得最大值.

综上所述,总收益的变化受需求弹性的制约,随商品需求弹性的变化而变化.

(2)供给弹性

定义   若供给函数 $Q = \varphi(p)$ 在 p 处可导,则称 $\frac{\Delta Q/Q}{\Delta p/p}$ 为该商品从 p 到 $p + \Delta p$ 的供给弹性,称 $Q' \cdot \frac{p}{Q} = \varphi'(p) \cdot \frac{p}{\varphi(p)}$ 为 $Q = \varphi(p)$ 的供给弹性,记作

$$\varepsilon(p) = \varphi'(p) \cdot \frac{p}{\varphi(p)},$$

称 $\varepsilon(p_0) = \varphi'(p_0) \cdot \dfrac{p_0}{\varphi(p_0)}$ 为 $Q = \varphi(p)$ 在 p_0 处的供给弹性.

供给弹性 $\varepsilon(p)$ 也是市场分析中的一个重要的经济参数,它反映供给量 $Q = \varphi(p)$ 对价格 p 变化反应的灵敏度,其经济意义为:当某商品的价格上涨(或下跌)1%时,这种商品的供给量增加(或减少)的百分数为 $\varepsilon\%$.

(3)收益弹性

定义 若收益函数 $R = g(p)$ 在 p 处可导,则称 $R'(p) \cdot \dfrac{p}{R(p)}$ 为 $R = g(p)$ 的收益弹性;称 $g'(p_0) \cdot \dfrac{p_0}{g(p_0)}$ 为 $R = g(p)$ 在 p_0 处的收益弹性.

总收益是商品价格 P 和销售量 Q 的乘积,若 $Q = f(P)$,则 $R = R(P) = P \cdot f(P)$,故 R 关于价格 P 的边际收益函数为

$$\frac{\mathrm{d}R}{\mathrm{d}P} = f(P) + P \cdot f'(P) = f(P)\left[1 + f'(P) \cdot \frac{P}{f(P)}\right] = f(P)(1 - \eta).$$

若 $P = \varphi(Q)$,则 $R = R(Q) = Q \cdot \varphi(Q)$,可推出 R 关于需求 Q 的边际收益函数为 $\dfrac{\mathrm{d}R}{\mathrm{d}Q} = P\left(1 - \dfrac{1}{\eta}\right)$. 称 $\dfrac{\mathrm{d}R}{\mathrm{d}Q} = P\left(1 - \dfrac{1}{\eta}\right)$ 为 Amoroso-Robinson 公式,此公式用于讨论需求弹性如何影响总收益.

当需求弹性 $\eta < 1$ 时,需求变动的幅度小于价格变动的幅度,此时 $\dfrac{\mathrm{d}R}{\mathrm{d}P} > 0$,$R$ 递增,即价格上涨,总收益增加;价格下跌,总收益减少. 当 $\eta = 1$ 时,需求变动与价格变动的幅度相同,此时 $\dfrac{\mathrm{d}R}{\mathrm{d}P} = 0$,总收益 R 取得最大值. 当 $\eta > 1$ 时,需求变动的幅度大于价格变动的幅度,此时 $\dfrac{\mathrm{d}R}{\mathrm{d}P} < 0$,$R$ 递减,即价格上涨,总收益减少;价格下跌,总收益增加. 故总收益的变化受需求弹性的制约,随商品需求的变化而变化.

二、多元函数偏导数的应用

1. 边际分析

（1）边际成本

设某厂家生产甲乙两种产品,当产量分别为 x 和 y 时,成本函数为 $C = C(x,y)$. 当乙产品的产量保持不变,而甲产品的产量 x 取得增量 Δx 时,成本函数 $C(x,y)$ 相应地取得增量 $C(x + \Delta x,y) - C(x,y)$. 于是,成本函数 $C(x,y)$ 对 x 的变化率即对 x 的偏导数 $C'_x(x,y)$ 为

$$C'_x(x,y) = \lim_{\Delta x \to 0} \frac{C(x + \Delta x,y) - C(x,y)}{\Delta x}.$$

$C'_x(x,y)$ 表示成本函数 $C(x,y)$ 在产量 (x,y) 处关于甲产品的边际成本,它的经济含义是:在两种产品的产量 (x,y) 的基础上,再多生产一单位的甲产品时,成本函数 $C(x,y)$ 的改变量.

类似地,当甲产品的产量保持不变,而乙产品的产量 y 取得增量 Δy 时,成本函数 $C(x,y)$ 对 y 的变化率即对 y 的偏导数 $C'_y(x,y)$ 为

$$C'_y(x,y) = \lim_{\Delta y \to 0} \frac{C(x,y + \Delta y) - C(x,y)}{\Delta y}.$$

$C'_y(x,y)$ 表示成本函数 $C(x,y)$ 在产量 (x,y) 处关于乙产品的边际成本,它的经济含义是:在两种产品的产量 (x,y) 的基础上,再多生产一单位的乙产品时,成本函数 $C(x,y)$ 的改变量.

（2）边际需求

设 Q_1 和 Q_2 分别为两种相关商品甲和乙的需求量,p_1 和 p_2 为商品甲和乙的价格,需求量 Q_1 和 Q_2 随着价格 p_1 和 p_2 的变化而变动. 需求函数可表示为

$$Q_1 = Q_1(p_1,p_2), Q_2 = Q_2(p_1,p_2).$$

则需求量 Q_1 和 Q_2 关于价格 p_1 和 p_2 的偏导数 $\dfrac{\partial Q_1}{\partial p_1}, \dfrac{\partial Q_1}{\partial p_2}, \dfrac{\partial Q_2}{\partial p_1}, \dfrac{\partial Q_2}{\partial p_2}$ 分别表示甲、乙商品的价格 p_1 和 p_2 发生变化时,甲、乙商品的需求量

Q_1 和 Q_2 的变化率,也就是甲、乙商品的边际需求.

2. 偏弹性

设有两种相关商品,它们的需求函数分别为
$$Q_1 = Q_1(p_1, p_2), Q_2 = Q_2(p_1, p_2).$$

(1)需求的直接价格偏弹性

当价格 p_2 不变,只有价格 p_1 改变而引起需求量 Q_1 改变时,定义需求的直接价格偏弹性为
$$E_{11} = \lim_{\Delta p_1 \to 0} \frac{\dfrac{\Delta Q_1}{Q_1}}{\dfrac{\Delta p_1}{p_1}} = \frac{p_1}{Q_1} \cdot \frac{\partial Q_1}{\partial p_1}, 或\ E_{11} = \frac{\partial(\ln Q_1)}{\partial(\ln p_1)}.$$

同样地,对需求函数 $Q_2 = Q_2(p_1, p_2)$ 有需求的直接价格偏弹性为
$$E_{22} = \lim_{\Delta p_2 \to 0} \frac{\dfrac{\Delta Q_2}{Q_2}}{\dfrac{\Delta p_2}{p_2}} = \frac{p_2}{Q_2} \cdot \frac{\partial Q_2}{\partial p_2}, 或\ E_{22} = \frac{\partial(\ln Q_2)}{\partial(\ln p_2)}.$$

(2)需求的交叉价格偏弹性

当价格 p_1 不变,只有价格 p_2 改变而引起需求量 Q_1 改变时,定义需求的交叉价格偏弹性为
$$E_{12} = \lim_{\Delta p_2 \to 0} \frac{\dfrac{\Delta Q_1}{Q_1}}{\dfrac{\Delta p_2}{p_2}} = \frac{p_2}{Q_1} \cdot \frac{\partial Q_1}{\partial p_2}, 或\ E_{12} = \frac{\partial(\ln Q_1)}{\partial(\ln p_2)}.$$

同样地,对需求函数 $Q_2 = Q_2(p_1, p_2)$ 有需求的交叉价格偏弹性为
$$E_{21} = \lim_{\Delta p_1 \to 0} \frac{\dfrac{\Delta Q_2}{Q_2}}{\dfrac{\Delta p_1}{p_1}} = \frac{p_1}{Q_2} \cdot \frac{\partial Q_2}{\partial p_1}, 或\ E_{21} = \frac{\partial(\ln Q_2)}{\partial(\ln p_1)}.$$

偏弹性的对数定义适用于需求函数是相乘或相除的情形.

由交叉价格偏弹性的定义可知,它是度量某种商品对另一种相关商品价格变化而产生的需求变化的反应程度. 因此,交叉价格偏弹性可以用来度量两种或两种以上相关商品需求之间的关系.

需要注意的是,交叉偏弹性的表达式中$\dfrac{\partial Q_1}{\partial p_2}$或$\dfrac{\partial Q_2}{\partial p_1}$,它们可以是大于零,也可以是小于零,即$E_{12}$或$E_{21}$的符号是可正可负的. 若$E_{12} < 0$,$E_{21} < 0$,则表明两种商品是互补商品.

【典型例题精解】

【例1】已知某商品的成本函数为$C = 20 + Q^2 - 6Q$,求该商品的平均成本函数和边际成本函数,并求当Q为多少时,边际成本最小?

【解】平均成本

$$\bar{C} = \frac{C}{Q} = \frac{20 + Q^2 - 6Q}{Q} = \frac{20}{Q} + Q - 6$$

边际成本$C' = 2Q - 6$,令$C' = 0$,得$Q = 3$.

经判断,$Q = 3$为极小点,也为最小值点. 因此,当$Q = 3$时,成本最小.

【例2】某企业经过对商品的销售情况的统计分析,得到总利润L(元)与每月该商品的产量Q(吨)之间的关系为:$L = L(Q) = 180Q - 3Q^2$,求每月生产20吨、30吨、50吨的边际利润,并做出相应的经济解释.

【解】边际利润$L'(Q) = 180 - 6Q$.

$$L'(20) = 180 - 6 \times 20 = 60, L'(30) = 180 - 6 \times 30 = 0,$$
$$L'(50) = 180 - 6 \times 50 = -120.$$

$L'(20)$表示当产量Q为20吨时,产量每增加1吨,总利润增加60元;$L'(30)$表示当产量Q为30吨时,产量每增加1吨,总利润不变;$L'(50)$表示当产量Q为50吨时,产量每增加1吨,总利润减少120元.

【例3】求函数$f(x) = 2\mathrm{e}^{-3x}$的弹性函数$\dfrac{Ey}{Ex}$及$y = f(x)$在$x = 2$处的

弹性 $\dfrac{Ey}{Ex}\Big|_{x=2}$,并说明其意义.

【解】$\dfrac{Ey}{Ex}=\dfrac{x}{y}\cdot y'=\dfrac{x}{2e^{-3x}}\cdot(-6)e^{-3x}=-3x.\ \dfrac{Ey}{Ex}\Big|_{x=2}=-6.$

$\dfrac{Ey}{Ex}\Big|_{x=2}=-6$ 表示当 $x=2$ 时,x 每增加 1% ,函数 $f(x)$ 减少 6% .

【例4】设某两种相关商品的价格分别为 p_1 和 p_2 ,它们的需求函数分别为

$$Q_1=20-2p_1-3p_2,\ Q_2=30-4p_1-p_2.$$

求(1)需求的直接价格偏弹性;(2)需求的交叉价格偏弹性;(3)当 $p_1=3$ 和 $p_2=2$ 时,需求的直接价格偏弹性和交叉价格偏弹性分别是多少? 是否为互补商品? (4)当 $p_1=3$ 和 $p_2=2$ 时,说明需求的直接价格偏弹性和交叉价格偏弹性的经济含义.

【解】(1)需求的直接价格偏弹性

$$E_{11}=\frac{p_1}{Q_1}\cdot\frac{\partial Q_1}{\partial p_1}=\frac{p_1}{20-2p_1-3p_2}\cdot(-2)=\frac{-2p_1}{20-2p_1-3p_2},$$

$$E_{22}=\frac{p_2}{Q_2}\cdot\frac{\partial Q_2}{\partial p_2}=\frac{p_2}{30-4p_1-p_2}\cdot(-1)=\frac{-p_1}{30-4p_1-p_2}.$$

(2)需求的交叉价格偏弹性

$$E_{12}=\frac{p_2}{Q_1}\cdot\frac{\partial Q_1}{\partial p_2}=\frac{p_2}{20-2p_1-3p_2}\cdot(-3)=\frac{-3p_2}{20-2p_1-3p_2},$$

$$E_{21}=\frac{p_1}{Q_2}\cdot\frac{\partial Q_2}{\partial p_1}=\frac{p_1}{30-4p_1-p_2}\cdot(-4)=\frac{-4p_1}{30-4p_1-p_2}.$$

(3)当 $p_1=3,p_2=2$ 时,

$$E_{11}=\frac{-2\times3}{20-2\times3-3\times2}=-0.75;\quad E_{22}=\frac{-3\times2}{20-4\times3-2}=-0.125;$$

$$E_{12}=\frac{-3\times2}{20-2\times3-3\times2}=-0.75;\quad E_{21}=\frac{-4\times2}{30-4\times3-2}=-0.5.$$

是互补商品.

(4)$E_{11}=-0.75$ 表示当 $p_1=3,p_2=2$ 时,p_2 不变,价格 p_1 每升高

1%,需求量 Q_2 减少 0.75%；$E_{22} = -0.125$ 表示当 $p_1 = 3$, $p_2 = 2$ 时，p_1 不变，价格 p_2 每升高 1%,需求量 Q_2 减少 0.125%；$E_{12} = -0.75$ 表示当 $p_1 = 3$, $p_2 = 2$ 时，p_1 不变，价格 p_2 每升高 1%,需求量 Q_1 减少 0.75%；$E_{21} = -0.5$ 表示当 $p_1 = 3$, $p_2 = 2$ 时，p_2 不变，价格 p_1 每升高 1%,需求量 Q_2 减少 0.5%.

第四节　积分在经济问题中的应用

【知识要点回顾】

一、一元函数积分在经济问题中的应用

1. 总产量函数

设产量对时间 t 的变化率为 $Q'(t)$,则总产量函数为 $Q(t) = \int Q'(t)\mathrm{d}t$；在时间间隔 $[t_1, t_2]$ 内的总产量为 $Q = \int_{t_1}^{t_2} Q'(t)\mathrm{d}t$.

2. 总需求函数

已知边际需求函数为 $Q'(p)$,则价格为 p 时的总需求函数为

$$Q(p) = \int Q'(p)\mathrm{d}p.$$

3. 总成本函数

已知边际成本函数为 $C'(Q)$,则总成本函数为

$$C(Q) = \int C'(Q)\mathrm{d}Q.$$

4. 总收益函数

已知边际收益函数为 $R'(Q)$,则销售 Q_0 个单位时的总收益函

数为

$$R(Q_0) = \int_0^{Q_0} R'(Q)\,dQ.$$

5. 总利润函数

已知边际成本函数和边际收益函数分别为 $C'(Q)$ 和 $R'(Q)$，则销售 Q_0 个单位时的总利润函数为

$$L(Q_0) = R(Q_0) - C(Q_0) = \int_0^{Q_0} R'(Q)\,dQ - \int_0^{Q_0} C'(Q)\,dQ.$$

6. 消费者盈余和生产者剩余

（1）消费者盈余

假设 $P = D(x)$ 描述了某件商品的需求函数（图 11 − 1），它们代表了在提供不同数量的产品时消费者愿意接受的价格，若市场均衡（即供需平衡）发生在点 (Q, P)，则那些愿意支付超过 P 的价格的消费者将会受益. 消费者盈余定义为

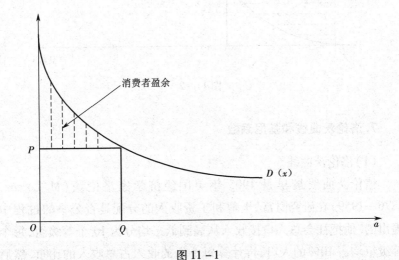

图 11 − 1

$$\int_0^Q D(x)\,\mathrm{d}x - QP.$$

（2）生产者剩余

假设 $P = S(x)$ 是某商品的供给函数（图 11-2），它代表了提供不同产品数量时的产品的价格，若市场均衡（即供需平衡）发生在点（Q，P），则那些愿意以低于 P 的价格提供产品的厂商将会受益. 生产者剩余定义为

$$QP - \int_0^Q S(x)\,\mathrm{d}x.$$

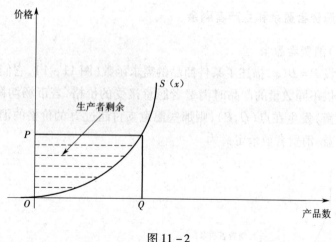

图 11-2

7. 洛伦茨曲线和基尼系数

（1）洛伦茨曲线

洛伦茨曲线最早是 1905 年美国经济学家洛伦茨（M. Lorenz，1876—1959）在研究财富、土地和工资收入的分配是否公平的过程中提出的. 他把社会总人口按收入从高到低平均分为 10 个等级组，每个等级组均占 10% 的人口，再计算每个组的收入占总收入的比重. 然后以人口百分比为横轴，以收入百分比为纵轴，绘出一条实际收入分配

曲线,这条曲线就被称为洛伦茨曲线(图 11 – 3). 后来被广泛应用于
反映社会收入分配或财产分配平均程度.

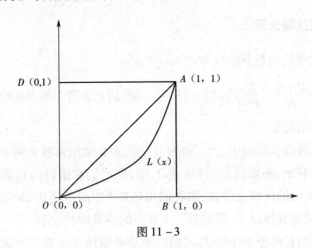

图 11 – 3

OA 为 45°线,在这条线上,每 10% 的人得到 10% 的收入,表明收
入分配完全平等,OA 称为绝对平等线;OBA 表明收入分配极度不平
等,全部收入集中在 1 个人手中,称为绝对不平等线. 介于两线之间的
实际收入分配曲线 $L(x)$ 就是洛伦茨曲线,它表明洛伦茨曲线与绝对
平等线 OA 越接近,收入分配越平等,与绝对不平等线 OBA 越接近,收
入分配越不平等.

(2)基尼系数

为了更好地利用指数来反映社会收入分配的平等状况,意大利经
济学家基尼(Gorrado Gini, 1884—1965)根据洛伦茨曲线,计算出一个
反映收入分配平等程度的指标,称为基尼系数. 基尼系数是[0,1]之间
的数值,基尼系数越大,不均等程度越高;基尼系数越小,收入分配越
平等. 基尼系数为 0,表示收入分配绝对平等;基尼系数为 1,表示收入
分配绝对不平等.

二、特殊的积分在经济问题中的应用

1. 指数增长率

指数增长的基本模型为 $P(t) = P_0 e^{kt}$.

由于 $\dfrac{\mathrm{d}P(t)}{\mathrm{d}t} = \dfrac{\mathrm{d}}{\mathrm{d}t}(P_0 e^{kt}) = kP_0 e^{kt} = kP$. 因此常数 k 称为指数增长率或简称为增长率.

在指数增长模型中,为了得到其变化率必须用常数 k 乘 P. 例如,银行支付利率,如果利率是 8% 或 0.08,则我们在银行的存款余额以每年 0.08 元的比率在增长,即我们用每年 8% 而不是 0.08 元表示利率. 在永续复利情况下,利率是一个真正的指数增长比率.

指数增长模型 $P(t) = P_0 e^{kt}$ 的一个简单应用是计算一个储蓄账户按永续复利 k 的初始投资 P_0 在 t 年后的结存.

2. 连续资金流量——积分 $\int_0^T P_0 e^{kt} \mathrm{d}t$ 的应用

(1) 积分 $\int_0^T P_0 e^{kt} \mathrm{d}t$

考虑在区间 $[0, T]$ 上 $P_0 e^{kt}$ 的积分

$$\int_0^T P_0 e^{kt} \mathrm{d}t = \left[\frac{P_0}{k} \cdot e^{kt}\right]_0^T = \frac{P_0}{k}(e^{kT} - e^{k \cdot 0}) = \frac{P_0}{k}(e^{kT} - 1),$$

于是得到这个积分的一个公式

$$\int_0^T P(t) \mathrm{d}t = \int_0^T P_0 e^{kt} \mathrm{d}t = \frac{P_0}{k}(e^{kT} - 1).$$

我们知道这个公式表示在区间 $[0, T]$ 上 $P(t) = P_0 e^{kt}$ 的图形下的面积.

下面我们考虑积分 $\int_0^T P_0 e^{kt} \mathrm{d}t$ 在经济中的应用——连续资金流量.

（2）连续资金流量

假设资金按8%的永续复利以每年1000元的速率不断流入一个储蓄账户之内,这意味着,经过很短的时间 $\mathrm{d}t$,银行就要付给直到此刻（因为 $t=0$）账户中累积的所有资金的利息,经过时间 $\mathrm{d}t$ 支付的金额是

$$1000\mathrm{e}^{0.08t}\mathrm{d}t(\text{元}).$$

假如需要求在5年期间中所有这些金额的累积,这个累积由下面积分给出：

$$\int_0^5 1000\mathrm{e}^{0.08t}\mathrm{d}t = \left[\frac{1000}{0.08}\mathrm{e}^{0.08t}\right]_0^5 = 12500(\mathrm{e}^{0.08\times5} - \mathrm{e}^{0.08\times0})$$

$$= 12500(\mathrm{e}^{0.4} - 1) = 12500\times(1.491825 - 1)$$

$$\approx 6147.81(\text{元})$$

经济学家称6147.81元为连续资金流量. 在这种情况下,资金依照常值函数 $R(t)=1000$ 元流动,资金也可以依照某个可变函数流动,比如, $R(t)=2t-7$ 或 $R(t)=t^2$.

定理　如果资金进入投资的流转率由某个常值函数 $R(t)$ 给出,则经过时间 T 后,以复利 k 计息的连续资金流量（amount of continuous money flow）可表示为

3. 现值和累积现值——积分 $\int_0^T P_0\mathrm{e}^{-kt}\mathrm{d}t$ 的应用

（1）积分 $\int_0^T P_0\mathrm{e}^{-kt}\mathrm{d}t$

$$\int_0^T P_0\mathrm{e}^{-kt}\mathrm{d}t = \left[-\frac{P_0}{k}\cdot\mathrm{e}^{-kt}\right]_0^T = -\frac{P_0}{k}(\mathrm{e}^{kT} - \mathrm{e}^{-k\cdot0})$$

$$= -\frac{P_0}{k}(\mathrm{e}^{kT} - 1) = \frac{P_0}{k}(1 - \mathrm{e}^{-kT}),$$

于是得到 $\int_0^T P(t)\mathrm{d}t = \int_0^T P_0\mathrm{e}^{-kt}\mathrm{d}t = \frac{P_0}{k}(1 - \mathrm{e}^{-kT})$.

我们知道这个公式表示在区间 $[0,T]$ 上 $P(t)=P_0\mathrm{e}^{-kt}$ 的图形下的

面积.

下面我们考虑积分 $\int_0^T P_0 e^{-kt} dt$ 在经济中的应用——现值和累积现值.

(2)现值和累积现值

永续复利为 k, t 年后到期的结存 P 的现值 P_0 可通过下述方程来得到

$$P_0 e^{kt} = P.$$

因此, $P_0 = \dfrac{P}{e^{kt}} = Pe^{-kt}.$

定理　按永续复利 k 计算, t 年后到期的结存 P 的现值 P_0 为

$$P_0 = Pe^{-kt}.$$

注意,这可以解释成由未来到现在的指数衰减.

定理　由现在到未来的某时刻 T, 连续资金流量以每年常流转率 $P(t)$ 元注入到一项投资中的累积现值为 $\int_0^T P(t) e^{-kt} dt$, 其中 k 是当前永续复利.

【典型例题精解】

【例1】某厂经济指标主要由产量 Q 决定, 已知边际成本 $C'(Q) = 8 + 2Q$(万元/百台), 边际收益 $R'(Q) = 20 - 2Q$(万元/百台), 固定成本为零, 且产量为零时, 收益也为零. 试求(1)总成本函数 $C(Q)$, 总收益函数 $R(Q)$; (2)产量从 100 台增加到 200 时, 总成本与总收益各增加多少? (3)当产量 Q 为多少时, 总利润为 $L(Q)$ 为最大? (4)当取得最大利润时, 其总利润、总成本、总收益各是多少? (5)在总利润最大的产量基础上, 再生产 50 台产品, 其总利润是增加还是减少?

【解】(1)总成本函数为

$$C(Q) = \int C'(Q) dQ = \int (8 + 2Q) dQ = 8Q + Q^2 + k_1 \quad (k_1 \text{ 为常数}).$$

又因为固定成本为 0，即 $C(0)=0$，得 $k_1=0$.

故总成本函数为 $C(Q)=8Q+Q^2$.

总收益函数为

$$R(Q)=\int R'(Q)\mathrm{d}Q=\int(20-2Q)\mathrm{d}Q=20Q-Q^2+k_2 \quad (k_2 \text{为常数}).$$

又产量为 0 时，收益为 0，即 $R(0)=0$，得 $k_2=0$.

故总收益函数为 $R(Q)=20Q-Q^2$.

(2)产量从 100 百台增加到 200 台时，总成本增加了 $C(2)-C(1)=11$(万元).

总收益增加了 $R(2)-R(1)=17$(万元).

(3)总利润函数为 $L(Q)=R(Q)-C(Q)=12Q-2Q^2$.

则 $L'(Q)=12-4Q$. 令 $L'(Q)=0$，得 $Q=3$(百台).

(4)当取得最大利润时，产量 $Q=3$(百台)时，其总利润、总成本、总收益分别为 $L(3)=18,C(3)=33,R(3)=51$.

(5)当 $Q=3+0.5$ 时，总利润为 $L(3.5)=12\times3.5-2\times3.5^2=17.5$. 此时的总利润比最大利润减少了 0.5 万元.

【例2】已知需求函数 $D(x)=(x-4)^2$ 和供给函数 $S(x)=x^2+2x+6$，求(1)平衡点；(2)平衡点处的消费者盈余；(3)平衡点处的生产者盈余.

【解】(1)为了求平衡点，令 $D(x)=S(x)$，即 $(x-4)^2=x^2-2x+6$. 解得 $x=1$. 即 $x_E=1$. 为了求 p_E，把 x_E 代入 $D(x)$，则得 $p_E=(1-4)^2=9$. 因此，平衡点是 $(1,9)$.

(2)在平衡点 $(1,9)$ 处的消费者盈余为

$$\int_0^{x_E}D(x)\mathrm{d}x-x_Ep_E=\int_0^1(x-4)^2\mathrm{d}x-1\times9\approx3.33 \text{(元)}.$$

(3)在平衡点 $(1,9)$ 处的生产者盈余为

$$x_Ep_E-\int_0^{x_E}S(x)\mathrm{d}x=1\times9-\int_0^1\left(\frac{1}{3}x^3+x^2+6x\right)\mathrm{d}x\approx1.67 \text{(元)}.$$

【例3】某人在 30 岁时找到一个司机的工作. 假定他到 60 岁退休，

并且他的 30000 元的年薪都投入到连续资金流中,现行的永续复利 8%. 试问这位司机退休时的累积现值是多少?

【解】累积现值为

$$\int_0^{30} 30000e^{-0.08t}dt = 375000(1 - e^{-2.4}) \approx 340980.77(元).$$

第五节　微分方程在经济中的应用

【知识要点回顾】

微分方程在经济学中有着广泛的应用,有关经济量的变化、变化率问题常转化为微分方程的定解问题. 一般应先根据某个经济法则或某种经济假说建立一个数学模型,即以所研究的经济量为已知函数,时间 t 为自变量的微分方程模型,然后求解微分方程,通过求得的解来解释相应的经济量的意义或规律,最后做出预测或决策,下面介绍微分方程在经济学中的几个简单应用.

一、供需均衡的价格调整模型

在完全竞争的市场条件下,商品的价格由市场的供求关系决定,或者说,某商品的供给量 S 及需求量 D 与该商品的价格有关,为简单起见,假设供给函数与需求函数分别为

$$S = a_1 + b_1 p, D = a - bp.$$

其中 a_1, b_1, a, b 均为常数,且 $b_1 > 0, b > 0$;P 为实际价格.

供需均衡的静态模型为

$$\begin{cases} D = a - bP, \\ S = a_1 + b_1 P, \\ D(P) = S(P). \end{cases}$$

显然,静态模型的均衡价格为:$P_e = \dfrac{a - a_1}{b + b_1}.$

对产量不能轻易扩大,其生产周期相对较长的情况下的商品,瓦尔拉假设:超额需求$[D(P) - S(P)]$为正时,未被满足的买方愿出高价,供不应求的卖方将提价,因而价格上涨;反之,价格下跌,因此,t时刻价格的变化率与超额需求$D - S$成正比,即

$\dfrac{\mathrm{d}P}{\mathrm{d}t} = k(D - S)$,于是瓦尔拉假设下的动态模型为

$$\begin{cases} D = a - bP(t), \\ S = a_1 + b_1 P(t), \\ \dfrac{\mathrm{d}P}{\mathrm{d}t} = k[D(P) - S(P)]. \end{cases}$$

整理上述模型得:$\dfrac{\mathrm{d}P}{\mathrm{d}t} = \lambda(P_e - P)$.

其中$\lambda = k(b + b_1) > 0$,这个方程的通解为:$P(t) = P_e + Ce^{-\lambda t}$.

假设初始价格为$P(0) = P_0$,代入上式得,$C = P_0 - P_e$,于是动态价格调整模型的解为

$$P(t) = P_e + (P_0 - P_e) \cdot e^{-\lambda t}.$$

由于$\lambda > 0$,故$\lim\limits_{t \to \infty} P(t) = P_e$.

这表明,随着时间的不断延续,实际价格$P(t)$将逐渐趋于均衡价格P_e.

二、索洛(Solow)新古典经济增长模型

设$Y(t)$表示时刻t的国民收入,$K(t)$表示时刻t的资本存量,$L(t)$表示时刻t的劳动力,索洛曾提出如下的经济增长模型:

$$\begin{cases} Y = f(K, L) = Lf(r, 1), \\ \dfrac{\mathrm{d}K}{\mathrm{d}t} = sY(t), \\ L = L_0 e^{\lambda t}. \end{cases}$$

其中s为储蓄率($s > 0$),λ为劳动力增长率($\lambda > 0$),L_0表示初始

劳动力($L_0 > 0$),$r = \dfrac{K}{L}$ 称为资本劳力比,表示单位劳动力平均占有的

资本数量. 将 $K = rL$ 两边对 t 求导,并利用$\dfrac{dL}{dt} = \lambda L$,有

$$\frac{dK}{dt} = L\frac{dr}{dt} + r\frac{dL}{dt} = L\frac{dr}{dt} + \lambda rL.$$

又由模型中的方程可得

$$\frac{dK}{dt} = sLf(r,1),$$

于是有

$$\frac{dr}{dt} + \lambda r = sf(r,1). \tag{4}$$

取生产函数为柯布—道格拉斯函数,即 $f(K,L) = A_0K^\alpha L^{1-\alpha} = A_0Lr^\alpha$,其中 $A_0 > 0, 0 < \alpha < 1$ 均为常数.

易知 $f(r,1) = A_0r^\alpha$,将其代入(4)式中得

$$\frac{dr}{dt} + \lambda r = sA_0r^\alpha, \tag{5}$$

方程两边同除以 r^α,便有 $r^{-\alpha}\dfrac{dr}{dt} + \lambda r^{1-\alpha} = sA_0$.

令 $r^{1-\alpha} = z$,则$\dfrac{dz}{dt} = (1-\alpha)\lambda^{-\alpha}\dfrac{dr}{dt}$,上述方程可变为

$$\frac{dz}{dt} + (1-\alpha)\lambda z = sA_0(1-\alpha).$$

这是关于 z 的一阶非齐次线性方程,其通解为

$$z = Ce^{-\lambda(1-\alpha)t} + \frac{sA_0}{\lambda} \quad (C \text{ 为任意常数}).$$

以 $z = r^{1-\alpha}$ 代入后整理得:$r(t) = \left[Ce^{-\lambda(1-\alpha)t} + \dfrac{sA_0}{\lambda}\right]^{\frac{1}{1-\alpha}}$.

当 $t = 0$ 时,若 $r(0) = r_0$,则有:$C = r_0^{1-\alpha} - \dfrac{s}{\lambda}A_0$.

于是有

$$r(t) = \left[\left(r_0^{1-\alpha} - \frac{s}{\lambda} A_0 \right) e^{-\lambda(1-\alpha)t} + \frac{sA_0}{\lambda} \right]^{\frac{1}{1-\alpha}}.$$

因此，$\lim\limits_{t\to\infty} r(t) = \left(\dfrac{s}{\lambda} A_0 \right)^{\frac{1}{1-\alpha}}$.

事实上，我们在(5)式中，令 $\dfrac{\mathrm{d}r}{\mathrm{d}t} = 0$，可得其均衡值

$$r_e = \left(\frac{s}{\lambda} A_0 \right)^{\frac{1}{1-\alpha}}.$$

三、新产品的推广模型

设有某种新产品要推向市场，t 时刻的销量为 $x(t)$，由于产品的良好性能，每个产品都是一个宣传品，因此，t 时刻产品销售的增长率 $\dfrac{\mathrm{d}x}{\mathrm{d}t}$ 与 $x(t)$ 成正比，同时，考虑到产品销售存在一定的市场容量 N，统计表明 $\dfrac{\mathrm{d}x}{\mathrm{d}t}$ 与尚未购买该产品的潜在顾客的数量 $N - x(t)$ 也成正比，于是有

$$\frac{\mathrm{d}x}{\mathrm{d}t} = kx(N-x), \tag{6}$$

其中 k 为比例系数，分离变量积分，可以解得

$$x(t) = \frac{N}{1 + Ce^{-kNt}}. \tag{7}$$

方程(6)也称为逻辑斯谛模型，通解表达式(7)也称为逻辑斯谛曲线.

由

$$\frac{\mathrm{d}x}{\mathrm{d}t} = \frac{CN^2 k e^{-kNt}}{(1 + Ce^{-kNt})^2}$$

以及

$$\frac{\mathrm{d}^2 x}{\mathrm{d}t^2} = \frac{CN^3 k^2 e^{-kNt}(Ce^{-kNt} - 1)}{(1 + Ce^{(-kNt)})^3},$$

当 $x(t^*) < N$ 时，则有 $\dfrac{\mathrm{d}x}{\mathrm{d}t} > 0$，即销量 $x(t)$ 单调增加. 当 $x(t^*) = \dfrac{N}{2}$ 时，

$\dfrac{\mathrm{d}^2 x}{\mathrm{d} t^2} = 0$；当 $x(t^*) > \dfrac{N}{2}$ 时，$\dfrac{\mathrm{d}^2 x}{\mathrm{d} t^2} < 0$；当 $x(t^*) < \dfrac{N}{2}$ 时，$\dfrac{\mathrm{d}^2 x}{\mathrm{d} t^2} > 0$. 即当销量达到最大需求量 N 的一半时，产品最为畅销，当销量不足 N 一半时，销售速度不断增大，当销量超过一半时，销售速度逐渐减小.

国内外许多经济学家调查表明，许多产品的销售曲线与公式(7)的曲线十分接近，根据对曲线性状的分析，许多分析家认为，在新产品推出的初期，应采用小批量生产并加强广告宣传，而在产品用户达到 20% 到 80% 期间，产品应大批量生产，在产品用户超过 80% 时，应适时转产，可以达到最大的经济效益.

【典型例题精解】

【例1】设某商品的需求函数与供给函数分别为

$$Q = a - bP, S = -c + dP\,(\text{其中 } a, b, c, d \text{ 均为正常数}).$$

假设商品价格 P 为时间 t 的函数，已知初始价格 $P(0) = P_0$ 且在任一时刻 t，价格 $P(t)$ 的变化率总与这一时刻的超额需求 $Q - S$ 成正比(比例常数为 $k > 0$).

(1)求供需相等时的价格 P_e(均衡价格)；

(2)求价格 $P(t)$ 的表达式；

(3)分析价格 $P(t)$ 随时间的变化情况.

【问题分析】该题为价格调整模型

【解】(1)由 $Q = S$ 得，$P_e = \dfrac{a + c}{b + d}$.

(2)由题意可知，$\dfrac{\mathrm{d} P}{\mathrm{d} t} = k(Q - S)\ (k > 0)$. 将 $Q = a - bP, S = -c + dP$ 代入上式，得

$$\frac{\mathrm{d} P}{\mathrm{d} t} + k(b + d)P = k(a + c).$$

解此一阶非齐次线性微分方程，得通解为

$$P(t) = Ce^{-k(b+d)t} + \frac{a + c}{b + d}.\ \text{由 } P(0) = P_0, \text{得：} C = P_0 - \frac{a + c}{b + d} =$$

$P_0 - P_e$. 则特解为 $P(t) = (P_0 - P_e) \mathrm{e}^{-k(b+d)t} + P_e$.

(3)讨论价格 $P(t)$ 随时间的变化情况.

由于 $P_0 - P_e$ 为常数，$k(b+d) > 0$，故当 $t \to +\infty$ 时，$(P_0 - P_e)$ $\mathrm{e}^{-k(b+d)t} \to 0$，从而 $P(t) \to P_e$（均衡价格），即

$$\lim_{t \to \infty} P(t) \to P_e.$$

由 P_0 与 P_e 的大小还可分三种情况进一步讨论：

(i)若 $P_0 = P_e$，则 $P(t) = p_e$，即价格为常数，市场无须调节达到均衡；

(ii)若 $P_0 > P_e$，因为 $(P_0 - P_t) \mathrm{e}^{-k(b+d)t}$ 总是大于零且趋于零，故 $P(t)$ 总大于 P_e 而且趋于 P_e；

(iii)若 $P_0 < P_e$，则 $P(t)$ 总小于 P_e 而且趋于 P_e.

由以上讨论可知，在价格 $P(t)$ 的表达式中的两项：P_e 为均衡价格，而 $(P_0 - P_t) \mathrm{e}^{-k(b+d)t}$ 就可理解为均衡偏差.

【例 2】假设某产品的销售量 $x(t)$ 是时间 t 的可导函数，如果商品的销售量对时间的增长速率 $\dfrac{\mathrm{d}x}{\mathrm{d}t}$ 与销售量 $x(t)$ 及销售量接近于饱和水平的程度 $N - x(t)$ 之积成正比（N 为饱和水平. 比例常数为 $k > 0$），且当 $t = 0$ 时，$x = \dfrac{N}{4}$.

(1)求销售量 $x(t)$；

(2)求 $x(t)$ 的增长最快的时刻.

【问题分析】该题为新技术推广模型.

【解】(1)由题意可知，$\dfrac{\mathrm{d}x}{\mathrm{d}t} = kx(N - x)$　（$k > 0$）.

分离变量，得 $\dfrac{\mathrm{d}x}{x(N - x)} = k\mathrm{d}t$.

两边积分，得 $\dfrac{x}{N - x} = C\mathrm{e}^{Nkt}$.

解出 $x(t)$，得 $x(t) = \dfrac{NC\mathrm{e}^{Nkt}}{C\mathrm{e}^{Nkt} + 1} = \dfrac{N}{1 + B\mathrm{e}^{-Nkt}}$.

其中 $B = \dfrac{1}{C}$，由 $x(0) = \dfrac{N}{4}$，得 $B = 3$，故 $x(t) = \dfrac{N}{1 + 3\mathrm{e}^{-Nkt}}$.

(2)由于

$$\frac{\mathrm{d}x}{\mathrm{d}t} = \frac{3N^2 k\mathrm{e}^{-Nkt}}{(1 + 3\mathrm{e}^{-Nkt})^2}, \frac{\mathrm{d}^2 x}{\mathrm{d}t^2} = \frac{-3N^3 k^2 \mathrm{e}^{-Nkt}(1 - 3\mathrm{e}^{-Nkt})}{(1 + 3\mathrm{e}^{-Nkt})^3},$$

令 $\dfrac{\mathrm{d}^2 x}{\mathrm{d}t^2} = 0$，得 $T = \dfrac{\ln 3}{N}$. 当 $t < T$ 时，$\dfrac{\mathrm{d}^2 x}{\mathrm{d}t^2} > 0$；当 $t > T$ 时，$\dfrac{\mathrm{d}^2 x}{\mathrm{d}t^2} < 0$. 故 $t = \dfrac{\ln 3}{N}$ 时，$x(t)$ 增长最快.

【例3】设某公司的净资产在营运过程中，与银行的存款一样，以年5%的连续复利产生利息而使总资产增长，同时，公司还必须以每年200百万元人民币的数额连续地支付职工的工资.

(1)列出描述公司净资产 W(以百万元为单位)的微分方程；

(2)假设公司的初始净资产为 W_0(百万元)，求公司的净资产 $W(t)$；

(3)描绘出当 W_0 分别为 3000，4000 和 5000 时的解曲线.

【问题分析】该题为公司净资产分析模型. 首先看是否存在一个初值 W_0，使该公司的净资产不变. 若存在这样的，则必始终有：利息盈取的速率 = 工资支付的速率. 即

$$0.05W_0 = 200 \Rightarrow W_0 = 4000.$$

所以，如果净资产的初值 $W_0 = 4000$(百万元)时，利息与工资支出达到平衡，且净资产始终不变. 即 4000(百万元)是一个平衡解.

但若 $W_0 > 4000$(百万元)，则利息盈取超过工资支持，净资产将会增长，利息也因此而增长的更快，从而净资产增长的越来越快；

若 $W_0 < 4000$(百万元)，则利息的盈取赶不上工资的支付；公司的净资产将减少，利息的盈取会减少，从而净资产减少的速率更快. 这样一来，公司的净资产最终减少到零，以致倒闭.

【解】(1)显然：

净资产的增长速率 = 利息盈取的速率 − 工资支付速率

若 W 以百万元为单位，t 以年为单位，则利息盈取的速率为每年

0.05W 百万元,而工资支付的速率为每年 200 百万元,于是

$$\frac{\mathrm{d}W}{\mathrm{d}t} = 0.05W - 200, \quad 即 \quad \frac{\mathrm{d}W}{\mathrm{d}t} = 0.05(W - 40000).$$

这就是该公司的净资产 W 的微分方程.

令 $\frac{\mathrm{d}W}{\mathrm{d}t} = 0$,则得平衡解 $W_0 = 4000$.

(2)利用分离变量法求解微分方程$\frac{\mathrm{d}W}{\mathrm{d}t} = 0.05(W - 40000)$得 $W = 4000 + Ce^{0.05t}$,(C 为任意常数).

由 $W|_{t=0} = W_0$ 得 $C = W_0 - 4000$,故 $W = 4000 + (W_0 - 4000)e^{0.05t}$.

(3)若 $W_0 = 4000$,则 $W = 4000$ 即为平衡解.

若 $W_0 = 5000$,则 $W = 4000 + 1000e^{0.05t}$ 即为平衡解.

若 $W_0 = 3000$,则 $W = 4000 - 1000e^{0.05t}$ 即为平衡解.

在 $W_0 = 3000$ 的情形,当 $t \approx 27.7$ 时,$W = 0$,这意味着该公司在今后的第 28 个年头将破产.

考研解析与综合提高

【**例 1**】(2015 年数学三)为实现利润最大化,厂商需要对某商品确定其定价模型,设 Q 为该商品的需求量,p 为价格,MC 为边际成本,η 为需求弹性($\eta > 0$).

(1)证明定价模型为 $p = \dfrac{MC}{1 - \dfrac{1}{\eta}}$;

(2)若该商品的成本函数为 $C(Q) = 1600 + Q^2$,需求函数为 $Q = 40 - p$,试由(1)中的定价模型确定此商品的价格.

【**解**】(1)总收益为 $R = Qp$,总成本 $C = C(Q)$,利润 $L = R - C$,要使利润最大化,则

$$\frac{\mathrm{d}L}{\mathrm{d}Q} = \frac{\mathrm{d}R}{\mathrm{d}Q} - \frac{\mathrm{d}C}{\mathrm{d}Q} = 0 \Rightarrow \frac{\mathrm{d}R}{\mathrm{d}Q} = \frac{\mathrm{d}C}{\mathrm{d}Q} = MC, \frac{\mathrm{d}R}{\mathrm{d}Q} = p + Q\frac{\mathrm{d}p}{\mathrm{d}Q} = MC.$$

需求弹性 $\eta = -\dfrac{p}{Q} \cdot \dfrac{\mathrm{d}Q}{\mathrm{d}p} \Rightarrow \dfrac{\mathrm{d}Q}{\mathrm{d}p} = -\dfrac{\eta Q}{p} \Rightarrow \dfrac{\mathrm{d}p}{\mathrm{d}Q} = -\dfrac{p}{\eta Q}$,所以

$$p + Q\left(-\frac{p}{\eta Q}\right) = MC \Rightarrow p = \frac{MC}{1 - \dfrac{1}{\eta}}.$$

(2) $MC = \dfrac{\mathrm{d}C}{\mathrm{d}Q} = 2Q, \dfrac{\mathrm{d}Q}{\mathrm{d}p} = -1.$

$\eta = -\dfrac{p}{Q} \cdot \dfrac{\mathrm{d}Q}{\mathrm{d}p} = -\dfrac{p}{Q} \cdot (-1) = \dfrac{p}{Q} = \dfrac{p}{40 - p}$,代入(1)的结论 $p =$

$\dfrac{MC}{1 - \dfrac{1}{\eta}}$中,即 $p = \dfrac{2(40 - p)}{1 - \dfrac{40 - p}{p}}$,得 $p = 30.$

【例2】(2014 年数学三)设某商品的需求函数为 $Q = 40 - 2p$(p 为商品的价格),则该商品的边际收益为_____.

【解】总收益为 $R = Qp = (40 - 2p)p = 40p - 2p^2$,所以 $\dfrac{\mathrm{d}R}{\mathrm{d}p} = 40 - 4p.$

【例3】(2013 年数学三)设生产某产品的固定成本为 6000 元,可变成本为 20 元/件,价格函数为 $P = 60 - \dfrac{Q}{1000}$(P 是单价,单位:元,Q 是销量,单位:件),已知产销平衡,求:

(1)该商品的边际利润;

(2)当 $P = 50$ 时的边际利润,并解释其经济意义;

(3)使得利润最大的定价 P.

【解】(1)设利润为 l,则

$$l = PQ - (20Q + 6000) = 40Q - \frac{Q^2}{1000} - 6000,$$

边际利润 $l' = 40 - \dfrac{Q}{500}.$

(2)当 $P = 50$ 时,边际利润为 20. 经济意义为:当 $P = 50$ 时,销量每增加一件,利润增加 20.

(3)令 $l' = 0$,得 $Q = 20000$,此时 $P = 60 - \dfrac{Q}{1\,000} = 40$. 故定价为 40 元.

【例4】(2012年数学三)某企业为生产甲、乙两种型号产品,投入的固定成本为10000万元,设该企业生产甲、乙两种产品的产量分别为 x 件和 y 件,且固定两种产品的边际成本分别为 $\left(20 + \dfrac{x}{2}\right)$ 万元/件与 $(6 + y)$ 万元/件.

(1)求生产甲乙两种产品的总成本函数 $C(x, y)$(万元).

(2)当总产量为50件时,甲乙两种产品的产量各为多少时可以使总成本最小?求最小的成本.

(3)求总产量为50件时且总成本最小时甲产品的边际成本,并解释其经济意义.

【解】设成本函数 $C(x, y)$,则 $C'_x(x, y) = 20 + \dfrac{x}{2}$.

对 x 积分得,$C(x, y) = 20x + \dfrac{x^2}{4} + \varphi(y)$.

再对 y 求导有,$C'_y(x, y) = \varphi'(y) = 6 + y$.

再对 y 积分有,$\varphi(y) = 6y + \dfrac{1}{2}y^2 + C$.

所以,$C(x, y) = 20x + \dfrac{x^2}{4} + 6y + \dfrac{1}{2}y^2 + C$.

因 $C(0, 0) = 10000$,所以 $C = 10000$,于是

$$C(x, y) = 20x + \dfrac{x^2}{4} + 6y + \dfrac{1}{2}y^2 + 10000.$$

(1)若 $x + y = 50$,则 $y = 50 - x (0 \leqslant x \leqslant 50)$,代入成本函数得

$$C(x) = 20x + \dfrac{x^2}{4} + 6(50 - x) + \dfrac{1}{2}(50 - x)^2 + 10000$$

$$= \dfrac{3}{4}x^2 - 36x + 11550.$$

所以,$C'(x) = \dfrac{3}{2}x - 36 = 0$,得 $x = 24, y = 26$,总成本最小为 $C(24,$ 26) $= 11118$(万元).

(2)总产量为 50 件且总成本最小时甲产品的边际成本为 $C'_x(24,$ 26) $= 32$,即在要求总产量为 50 件时,在甲产品为 24 件时,改变一个单位的产量,成本会发生 32 万元的改变.

【例5】(2010 年数学三)设某商品的收益函数为 $R(P)$,收益弹性为 $1 + P^3$,其中 P 为价格,且 $R(1) = 1$,求 $R(P)$.

【解】由弹性的定义,得 $\dfrac{\mathrm{d}R}{\mathrm{d}P} \cdot \dfrac{P}{R} = 1 + P^3$,

故 $\dfrac{\mathrm{d}R}{R} = \left(\dfrac{1}{P} + P^2 \right) \mathrm{d}P \Rightarrow \ln R = \ln P + \dfrac{1}{3}P^2 + C$.

又 $R(1) = 1$,所以 $C = -\dfrac{1}{3}$,

所以 $\ln R = \ln P + \dfrac{1}{3}P - \dfrac{1}{3} \Rightarrow R(P) = P \cdot \mathrm{e}^{\frac{1}{3}(p^3 - 1)}$.

【例6】(2009 年数学三)设某产品的需求函数为 $Q = Q(P)$. 其对应价格 P 的弹性为 $\xi = 0.2$,则当需求量为 10000 件时,价格增加 1 元会使收益增加多少元.

【解】所求即为 $(QP)' = Q'P + Q$.

因为 $\xi = \dfrac{Q'P}{Q}$ 所以 $Q'P = 0.2Q$.

所以 $(QP)' = 0.2Q + Q = 1.2Q$.

将 $Q = 10000$ 代入,有 $(QP)' = 12000$.

【例7】(2007 年数学三)设某商品的需求函数为 $Q = 160 - 2P$,其中 Q, P 分别表示需要量和价格,如果该商品需求弹性的绝对值等于 1,则商品的价格为(　　).

(A)10　　　　(B)20　　　　(C)30　　　　(D)40

【解】商品需求弹性的绝对值等于 $\left| \dfrac{\mathrm{d}Q}{\mathrm{d}P} \cdot \dfrac{P}{Q} \right| = \left| \dfrac{-2P}{160 - 2P} \right| = 1 \Rightarrow$

$P = 40$. 故选(D).

【例8】(2003 年数学四) 设某商品从时刻 0 到时刻 t 的销售量为 $x(t) = kt(t \in [0, T], k > 0)$. 欲在 T 时将数量为 A 的该商品售完, 试求：

(1) t 时的剩余量, 并确定 k 的值；

(2) 在时间段 $[0, T]$ 上的平均剩余量.

【解】比例常数 k 取决于商品总量 A 及销售周期 T, 函数 $f(x)$ 在区间 $[0, T]$ 上的平均值定义为

$$\frac{1}{T} \int_0^T f(t) \, \mathrm{d}t.$$

(1) 在时刻 t 商品的剩余量为

$$y(t) = A - x(t) = A - kt, t \in [0, T].$$

由 $A - kt = 0$, 得 $k = \dfrac{A}{T}$, 因此

$$y(t) = A - \frac{A}{T}t, t \in [0, T].$$

(2) 依题意, $y(t)$ 在 $[0, T]$ 上的平均值为

$$\bar{y} = \frac{1}{T} \int_0^T y(t) \, \mathrm{d}t = \frac{1}{T} \int_0^T \left(A - \frac{A}{T}t \right) \mathrm{d}t = \frac{A}{2}.$$

因此在时间段 $[0, T]$ 上的平均剩余量为 $\dfrac{A}{2}$.

同步测验

1. 存入资金 1000 元, 年利率为 6%, 按连续复利计息, 20 年后可得本利为多少?

2. 若你买的的彩票中奖 100 万元, 你要在两种兑奖方式中选择, 假设两种方式都从现在起支付, 第一种方法是分四年支付, 每年支付 25 万元; 第二种是一次付清 92 万元, 设年利率为 6%, 以年连续复利

计息,若不纳税,你选哪一种方法合算?

3. 某厂家打算生产一批商品投放市场,已知该商品的需求价格函数为

$$P(x) = 15\mathrm{e}^{-\frac{x}{5}} + 10,$$

预计生产该产品的固定费用为 20,每生产一个单位产品直接消耗的费用为 10,问生产多少单位产品所获得利润最大? 最大利润为多少?

4. 设需求函数为 $Q = 20 - \dfrac{p^2}{4}$,求:1)需求价格弹性,2)求 $p = 4$, $p = 6$ 时的需求弹性.

5. 设某商品每天生产单位时的固定成本为 20 元,边际成本函数为 $c_1 = 0.4x + 2$(元/单位),求总成本函数 $C(x)$.若这种商品规定的销售单价为 18 元,且产品可全部售出,求利润函数 $L(x)$,并问每天生产多少单位时才能获得最大利润?

6. 设某商品的需求价格弹性 $\varepsilon_p = -k$,求该商品的需求函数 $Q = Q(P)$.

7. 在宏观经济研究中,发现某地区的国民收入 y,国民储蓄 S 和投资 I 均是时间 t 的函数,且在任一时刻 t,储蓄额 $S(t)$ 为国民收入 $y(t)$ 的 $\dfrac{1}{10}$ 倍,投资额 $I(t)$ 是国民收入增长率 $\dfrac{\mathrm{d}y}{\mathrm{d}t}$ 的 $\dfrac{1}{3}$ 倍. $t = 0$ 时,国民收入为 5(亿元).设在时刻 t 的储蓄额全部用于投资,试求国民收入函数.

8. 在某池塘内养鱼,该池塘内最多能养 1000 条,设在 t 时刻该池塘内鱼数 y 是时间 t 的函数 $y = y(t)$,其变化率与鱼数 y 及 $1000 - y$ 的乘积成正比,比例常数 $k > 0$,已知在池塘内放养鱼 100 条,三个月后池塘内有鱼 250 条,求放养七个月后池塘内鱼数 $y(t)$ 的公式,放养六个月有多少鱼?

第十二章　曲线积分与曲面积分

第一节　对弧长的曲线积分

【知识要点回顾】

1. 对弧长的曲线积分的定义

设 L 为 xOy 面内的一条光滑曲线弧，$f(x,y)$ 在 L 上有界，把 L 任意分成 n 小段，设第 i 小段长度为 Δs_i，在 Δs_i 上任取点 (ξ_i, η_i)，$\lambda = \max_{1 \leqslant i \leqslant n} \{\Delta s_i\}$，如果 $\lim\limits_{\lambda \to 0} \sum\limits_{i=1}^{n} f(\xi_i, \eta_i) \Delta s_i$ 总存在，则称此极限为 $f(x,y)$ 在 L 上对弧长的曲线积分或第一类曲线积分，记作 $\int_L f(x,y) \, \mathrm{d}s$，即

$$\int_L f(x,y) \, \mathrm{d}s = \lim_{\lambda \to 0} \sum_{i=1}^{n} f(\xi_i, \eta_i) \Delta s_i,$$ 其中 L 称为积分弧段，$f(x,y)$ 称为被积函数.

2. 对弧长的曲线积分的几点说明

(1) 当 $f(x,y)$ 在 L 上连续时，$\int_L f(x,y) \, \mathrm{d}s$ 存在.

(2) $\int_L f(x,y) \, \mathrm{d}s$ 物理上表示线密度为 $f(x,y)$ 的曲线形构件 L 的质量.

(3) 当 $f(x,y) = 1$ 时，$\int_L f(x,y) \, \mathrm{d}s$ 表示 L 的弧长.

（4）当积分弧段为空间曲线弧 Γ 时，函数 $f(x,y,z)$ 在曲线弧上对弧长 Γ 的曲线积分为 $\int_{\Gamma} f(x,y,z)\,\mathrm{d}s$.

（5）如果 L 是闭曲线，则记为 $\oint_{L} f(x,y)\,\mathrm{d}s$.

3. 对弧长的曲线积分的性质

性质1　设 α 和 β 为常数，则

$$\int_{L}\left[\alpha f(x,y)+\beta g(x,y)\right]\mathrm{d}s=\alpha\int_{L} f(x,y)\,\mathrm{d}s+\beta\int_{L} g(x,y)\,\mathrm{d}s.$$

性质2　若积分弧段 L 可分成两段光滑曲线弧 L_1 和 L_2，则

$$\int_{L} f(x,y)\,\mathrm{d}s=\int_{L_1} f(x,y)\,\mathrm{d}s+\int_{L_2} f(x,y)\,\mathrm{d}s.$$

性质3　设在 L 上 $f(x,y)\leqslant g(x,y)$，则

$$\int_{L} f(x,y)\,\mathrm{d}s\leqslant\int_{L} g(x,y)\,\mathrm{d}s.$$

特别的，有

$$\left|\int_{L} f(x,y)\,\mathrm{d}s\right|\leqslant\int_{L}|f(x,y)|\,\mathrm{d}s.$$

4. 对弧长的曲线积分的计算方法

（1）曲线 L 的参数方程为 $\begin{cases} x=\varphi(t) \\ y=\psi(t) \end{cases}(\alpha\leqslant t\leqslant\beta)$，则

$$\int_{L} f(x,y)\,\mathrm{d}s=\int_{\alpha}^{\beta} f\left[\varphi(t),\psi(t)\right]\sqrt{\varphi'^2(t)+\psi'^2(t)}\,\mathrm{d}t.$$

（2）曲线 L 的方程为 $y=\varphi(x)(x_0\leqslant x\leqslant X)$，则

$$\int_{L} f(x,y)\,\mathrm{d}s=\int_{x_0}^{X} f\left[x,\varphi(x)\right]\sqrt{1+\varphi'^2(x)}\,\mathrm{d}x.$$

（3）曲线 L 的方程为 $x=\psi(y)(y_0\leqslant y\leqslant Y)$，则

$$\int_{L} f(x,y)\,\mathrm{d}s=\int_{y_0}^{Y} f\left[\psi(y),y\right]\sqrt{1+\psi'^2(y)}\,\mathrm{d}y.$$

(4)空间曲线弧 Γ 的参数方程为 $\begin{cases} x = \varphi(t) \\ y = \psi(t) \\ z = \omega(t) \end{cases} (\alpha \leqslant t \leqslant \beta)$，则

$$\int_{\Gamma} f(x,y,z)\mathrm{d}s = \int_{\alpha}^{\beta} f[\varphi(t),\psi(t),\omega(t)]\sqrt{\varphi'^2(t) + \psi'^2(t) + \omega'^2(t)}\,\mathrm{d}t.$$

【答疑解惑】

【问】对弧长的曲线积分的对称性如何简化积分运算？

【答】(1)若平面曲线 L 或空间曲线 Γ 关于 y 轴或 yOz 平面对称，且 $f(x,y)$ 或 $f(x,y,z)$ 关于 x 是奇函数，则 $\int_{L} f(x,y)\mathrm{d}s = 0$ 或 $\int_{\Gamma} f(x,y,z)\mathrm{d}s = 0$.

(2)若平面曲线 L 或空间曲线 Γ 关于 y 轴或 yOz 平面对称，且 $f(x,y)$ 或 $f(x,y,z)$ 关于 x 是偶函数，则 $\int_{L} f(x,y)\mathrm{d}s = 2\int_{L_1} f(x,y)\mathrm{d}s$ 或 $\int_{\Gamma} f(x,y,z)\mathrm{d}s = 2\int_{\Gamma_1} f(x,y,z)\mathrm{d}s$，其中 L_1（或 Γ_1）为 L（或 Γ）在 $x \geqslant 0$ 的部分曲线.

【典型题型精解】

一、求对弧长的曲线积分

【例1】$\oint_{L} (x^2 + y^2)^n \mathrm{d}s$，其中 L 为圆周 $x^2 + y^2 = a^2$.

【问题分析】利用曲线的参数方程或者利用对称性求积分（图 12 - 1）.

【解】方法一 积分曲线的参数方程为 $x = a\cos t, y = a\sin t (0 \leqslant t \leqslant 2\pi)$. 则

$$\mathrm{d}s = \sqrt{\left(\frac{\mathrm{d}x}{\mathrm{d}t}\right)^2 + \left(\frac{\mathrm{d}y}{\mathrm{d}t}\right)^2}\,\mathrm{d}t = \sqrt{(-a\sin t)^2 + (a\cos t)^2}\,\mathrm{d}t = a\mathrm{d}t,$$

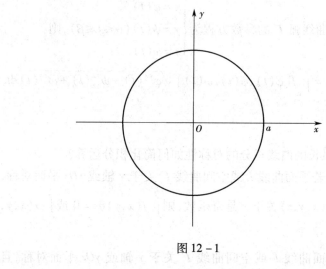

图 12 - 1

$$\oint_L (x^2+y^2)^n ds = \int_0^{2\pi} (a^2\cos^2 t + a^2\sin^2 t)^n a dt = \int_0^{2\pi} a^{2n+1} dt = 2\pi a^{2n+1}.$$

　　方法二　利用对称性, 积分曲线 L 关于 x 轴和 y 轴对称, 并且被积函数分别关于 y 和 x 是偶函数, 所以

$$\oint_L (x^2+y^2)^n ds = 4\int_{L_1} (x^2+y^2)^n ds.$$

　　其中 L_1 为曲线 L 在第一象限的部分. L_1 的方程为 $x = a\cos t, y = a\sin t \left(0 \leqslant t \leqslant \dfrac{\pi}{2}\right)$. 则

$$ds = \sqrt{(x')^2 + (y')^2} dt = \sqrt{(-a\sin t)^2 + (a\cos t)^2} dt = a dt,$$

$$\oint_L (x^2+y^2)^n ds = 4\int_{L_1} (x^2+y^2)^n ds = 4\int_0^{\frac{\pi}{2}} (a^2\cos^2 t + a^2\sin^2 t)^n a dt$$

$$= 4\int_0^{\frac{\pi}{2}} a^{2n+1} dt = 2\pi a^{2n+1}.$$

　　方法三　利用对称性, 积分曲线 L 关于 x 轴和 y 轴对称, 并且被积函数分别关于 y 和 x 是偶函数, 所以

$$\oint_L (x^2 + y^2)^n \mathrm{d}s = 4\int_{L_1} (x^2 + y^2)^n \mathrm{d}s,$$

其中 L_1 为曲线 L 在第一象限的部分，L_1 的方程为 $y = \sqrt{a^2 - x^2}$ $(0 \leqslant x \leqslant a)$，则

$$\mathrm{d}s = \sqrt{1 + (y')^2}\,\mathrm{d}x = \sqrt{1 + \left(\frac{-x}{\sqrt{a^2 - x^2}}\right)^2}\,\mathrm{d}x = a\sqrt{\frac{1}{a^2 - x^2}}\,\mathrm{d}x,$$

$$\begin{aligned}
\oint_L (x^2 + y^2)^n \mathrm{d}s &= 4\int_{L_1} (x^2 + y^2)^n \mathrm{d}s \\
&= 4\int_0^a \left[x^2 + (\sqrt{a^2 - x^2})^2\right]^n a\sqrt{\frac{1}{a^2 - x^2}}\,\mathrm{d}x \\
&= 4a^{2n+1}\int_0^a \frac{1}{\sqrt{a^2 - x^2}}\,\mathrm{d}x = 4a^{2n+1}\arcsin\frac{x}{a}\Big|_0^a \\
&= 2\pi a^{2n+1}.
\end{aligned}$$

【例 2】$\displaystyle\int_L (x + y)\,\mathrm{d}s$，其中 L 为连接 $(1,0)$ 及 $(0,1)$ 两点的直线段.

【问题分析】画出积分曲线 L 的图形，如图 $12-2$ 所示，写出 L 的方程 $y = 1 - x(0 \leqslant x \leqslant 1)$，将 x 看作是参数.

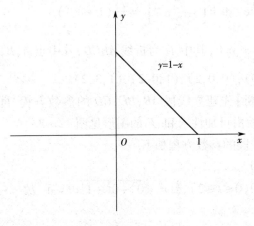

图 $12-2$

【解】积分曲线 L 的方程为 $y = 1 - x(0 \leqslant x \leqslant 1)$，则

$$ds = \sqrt{1 + (y')^2}\,dx = \sqrt{1 + [(1-x)']^2}\,dx = \sqrt{2}\,dx,$$

$$\int_L (x+y)\,ds = \int_0^1 [x + (1-x)]\sqrt{2}\,dx = \int_0^1 \sqrt{2}\,dx = \sqrt{2}.$$

【例3】$\int_\Gamma \dfrac{1}{x^2 + y^2 + z^2}\,ds$，其中 Γ 为曲线 $x = e^t\cos t, y = e^t\sin t, z = e^t$ 上相应于 t 从 0 变到 2 的这段弧.

【问题分析】这是三元函数 $\dfrac{1}{x^2 + y^2 + z^2}$ 在空间曲线弧 Γ 上的第一类曲线积分，Γ 是由参数方程给出的，按照计算方法求解即可.

【解】因为

$$ds = \sqrt{\left(\frac{dx}{dt}\right)^2 + \left(\frac{dy}{dt}\right)^2 + \left(\frac{dz}{dt}\right)^2}\,dt$$

$$= \sqrt{(e^t\cos t - e^t\sin t)^2 + (e^t\sin t + e^t\cos t)^2 + (e^t)^2}\,dt = \sqrt{3}\,e^t\,dt,$$

所以

$$\int_\Gamma \frac{1}{x^2 + y^2 + z^2}\,ds = \int_0^2 \frac{1}{(e^t\cos t)^2 + (e^t\sin t)^2 + (e^t)^2}\sqrt{3}\,e^t\,dt$$

$$= \int_0^2 \frac{\sqrt{3}}{2}e^{-t}\,dt = \left[-\frac{\sqrt{3}}{2}e^{-t}\right]_0^2 = \frac{\sqrt{3}}{2}(1 - e^{-2}).$$

【例4】$\int_\Gamma x^2 yz\,ds$，其中 Γ 为折线 $ABCD$，其中点 A, B, C, D 的坐标依次为 $(0,0,0), (0,0,2), (1,0,2), (1,3,2)$.

【问题分析】先建立线段 AB, BC, CD 的参数方程，再求相应线段上的积分，最后由可加性求和. Γ 的图形见图 $12-3$.

【解】各线段的参数方程如下.

$$AB: \begin{cases} x = 0 \\ y = 0\,(0 \leqslant t \leqslant 2), \\ z = t \end{cases} ds = \sqrt{0^2 + 0^2 + 1^2}\,dt = dt,\text{故}$$

$$\int_{AB} x^2 yz\,ds = \int_0^2 0\,dt = 0.$$

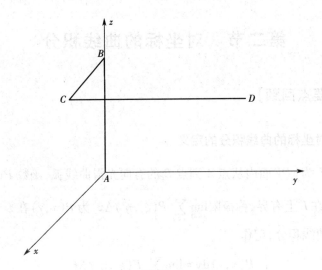

图 12 – 3

BC：$\begin{cases} x = t \\ y = 0 \, (0 \leqslant t \leqslant 1) , ds = \sqrt{1^2 + 0^2 + 0^2} \, dt = dt , \text{故} \\ z = 2 \end{cases}$

$$\int_{BC} x^2 yz ds = \int_0^1 0 dt = 0.$$

CD：$\begin{cases} x = 1 \\ y = t \, (0 \leqslant t \leqslant 3) , ds = \sqrt{0^2 + 1^2 + 0^2} \, dt = dt , \text{故} \\ z = 2 \end{cases}$

$$\int_{CD} x^2 yz ds = \int_0^3 2t dt = t^2 \big|_0^3 = 9.$$

所以 $\displaystyle\int_L x^2 yz ds = \int_{AB} x^2 yz ds + \int_{BC} x^2 yz ds + \int_{CD} x^2 yz ds = 9.$

第二节　对坐标的曲线积分

【知识要点回顾】

1. 对坐标的曲线积分的定义

设 L 为 xOy 面内从点 A 到点 B 的有向光滑曲线弧,函数 $P(x,y)$, $Q(x,y)$ 在 L 上有界,称极限 $\lim\limits_{\lambda\to 0}\sum\limits_{i=1}^{n} P(\xi_i,\eta_i)\Delta x_i$ 为 $P(x,y)$ 在 L 上对坐标 x 的曲线积分,记作

$$\int_L P(x,y)\,\mathrm{d}x = \lim_{\lambda\to 0}\sum_{i=1}^{n} P(\xi_i,\eta_i)\Delta x_i.$$

称极限 $\lim\limits_{\lambda\to 0}\sum\limits_{i=1}^{n} Q(\xi_i,\eta_i)\Delta y_i$ 为 $Q(x,y)$ 在 L 上对坐标 y 的曲线积分,记作

$$\int_L Q(x,y)\,\mathrm{d}y = \lim_{\lambda\to 0}\sum_{i=1}^{n} Q(\xi_i,\eta_i)\Delta y_i.$$

2. 对坐标的曲线积分的物理意义

变力 $\boldsymbol{F} = P(x,y)\boldsymbol{i} + Q(x,y)\boldsymbol{j}$ 沿 $\overset{\frown}{AB}$ 所做的功

$$W = \int_{\overset{\frown}{AB}} \boldsymbol{F}\mathrm{d}\overrightarrow{AB} = \int_{\overset{\frown}{AB}} (P\boldsymbol{i} + Q\boldsymbol{j}) \cdot (\mathrm{d}x\boldsymbol{i} + \mathrm{d}y\boldsymbol{j})$$

$$= \int_{\overset{\frown}{AB}} P(x,y)\,\mathrm{d}x + Q(x,y)\,\mathrm{d}y.$$

3. 对坐标的曲线积分的性质

性质 1　对坐标的曲线积分与积分路径有关,若路径的方向改变,则积分变号,即

$$\int_{\overset{\frown}{AB}} P(x,y)\,\mathrm{d}x + Q(x,y)\,\mathrm{d}y = -\int_{\overset{\frown}{BA}} P(x,y)\,\mathrm{d}x + Q(x,y)\,\mathrm{d}y.$$

性质 2　对坐标的曲线积分对路径具有有限可加性. 若 L 由 L_1, L_2, $\cdots$, L_n 组成, 且任何两线段之间无重叠部分, 则

$$\int_L P(x,y)\,\mathrm{d}x + Q(x,y)\,\mathrm{d}y$$

$$= \int_{L_1+L_2+\cdots+L_n} P(x,y)\,\mathrm{d}x + Q(x,y)\,\mathrm{d}y$$

$$= \int_{L_1} P\,\mathrm{d}x + Q\,\mathrm{d}y + \int_{L_2} P\,\mathrm{d}x + Q\,\mathrm{d}y + \cdots + \int_{L_n} P\,\mathrm{d}x + Q\,\mathrm{d}y.$$

4. 对坐标的曲线积分的计算法

（1）曲线 L 的参数方程为 $\begin{cases} x = \varphi(t) \\ y = \psi(t) \end{cases}$, t 由 α 变到 β, L 从点 A 到点 B, 则有

$$\int_L P(x,y)\,\mathrm{d}x + Q(x,y)\,\mathrm{d}y$$

$$= \int_\alpha^\beta \{P[\varphi(t),\psi(t)]\varphi'(t) + Q[\varphi(t),\psi(t)]\psi'(t)\}\,\mathrm{d}t.$$

（2）曲线 L 的方程为 $y = \varphi(x)$, x 由 a 变到 b, 则有

$$\int_L P(x,y)\,\mathrm{d}x + Q(x,y)\,\mathrm{d}y = \int_a^b \{P[x,\varphi(x)] + Q[x,\varphi(x)]\varphi'(x)\}\,\mathrm{d}x.$$

（3）曲线 L 的方程为 $x = \psi(y)$, y 由 c 变到 d, 则有

$$\int_L P(x,y)\,\mathrm{d}x + Q(x,y)\,\mathrm{d}y = \int_c^d \{P[\psi(y),y]\psi'(y) + Q[\psi(y),y]\}\,\mathrm{d}y.$$

（4）空间曲线弧 Γ 的参数方程为 $\begin{cases} x = \varphi(t) \\ y = \psi(t) \\ z = \omega(t) \end{cases}$, t 由 α 变到 β, L 从点 A 到点 B, 则有

$$\int_\Gamma P(x,y,z)\,\mathrm{d}x + Q(x,y,z)\,\mathrm{d}y + R(x,y,z)\,\mathrm{d}z$$

$$= \int_\alpha^\beta P[\varphi(t),\psi(t),\omega(t)]\varphi'(t) + Q[\varphi(t),\psi(t),\omega(t)]\psi'(t)$$

$$+ R[\varphi(t), \psi(t), \omega(t)]\omega'(t)\} \, \mathrm{d}t.$$

5. 两类曲线积分的关系

$$\int_L P\mathrm{d}x + Q\mathrm{d}y + R\mathrm{d}z = \int_L (P\cos\alpha + Q\cos\beta + R\cos\gamma)\,\mathrm{d}s,$$

其中 $\cos\alpha, \cos\beta, \cos\gamma$ 为有向曲线弧 L 的切向量的方向余弦.

【答疑解惑】

【问】如何推导两类曲线积分的关系式?

【答】设有向曲线弧 L 的起点为 A, 终点为 B, 参数方程为
$\begin{cases} x = \varphi(t) \\ y = \psi(t) \end{cases}$, t 分别对应参数 α, β, 不妨设 $\alpha < \beta$, 于是有

$$\int_L P(x,y)\,\mathrm{d}x + Q(x,y)\,\mathrm{d}y$$

$$= \int_\alpha^\beta \{ P[\varphi(t), \psi(t)]\varphi'(t) + Q[\varphi(t), \psi(t)]\psi'(t) \}\,\mathrm{d}t.$$

引入向量 $\boldsymbol{\tau} = \varphi'(t)\boldsymbol{i} + \psi'(t)\boldsymbol{j}$ 是 L 在点 $M(\varphi(t), \psi(t))$ 处的一个切向量, 指向与 L 的走向一致, 方向余弦为 $\cos\alpha = \dfrac{\varphi'(t)}{\sqrt{\varphi'^2(t) + \psi'^2(t)}}$,

$\cos\beta = \dfrac{\psi'(t)}{\sqrt{\varphi'^2(t) + \psi'^2(t)}}$, 由对弧长的曲线积分的计算公式可得

$$\int_L [P(x,y)\cos\alpha + Q(x,y)\cos\beta]\,\mathrm{d}s$$

$$= \int_\alpha^\beta \left\{ \frac{P[\varphi(t), \psi(t)]\varphi'(t)}{\sqrt{\varphi'^2(t) + \psi'^2(t)}} + \frac{Q[\varphi(t), \psi(t)]\psi'(t)}{\sqrt{\varphi'^2(t) + \psi'^2(t)}} \right\} \sqrt{\varphi'^2(t) + \psi'^2(t)}\,\mathrm{d}t.$$

$$= \int_\alpha^\beta \{ P[\varphi(t), \psi(t)]\varphi'(t) + Q[\varphi(t), \psi(t)]\psi'(t) \}\,\mathrm{d}t.$$

因此有

$$\int_L P(x,y)\,\mathrm{d}x + Q(x,y)\,\mathrm{d}y = \int_L [P(x,y)\cos\alpha + Q(x,y)\cos\beta]\,\mathrm{d}s.$$

【典型题型精解】

一、求对坐标的曲线积分

【例 1】求 $\int_L y\mathrm{d}x + x\mathrm{d}y$，其中 L 为圆周 $x = R\cos t, y = R\sin t$ 上对应 t

从 0 到 $\dfrac{\pi}{2}$ 的一段弧.

【解】$\int_L y\mathrm{d}x + x\mathrm{d}y$

$$= \int_0^{\frac{\pi}{2}} R\sin t (R\cos t)'\mathrm{d}t + R\cos t (R\sin t)'\mathrm{d}t$$

$$= \int_0^{\frac{\pi}{2}} (-R^2 \sin^2 t + R^2 \cos^2 t)\mathrm{d}t$$

$$= R^2 \int_0^{\frac{\pi}{2}} \cos 2t\mathrm{d}t$$

$$= R^2 \left[\frac{1}{2}\sin 2t\right]_0^{\frac{\pi}{2}} = 0.$$

【例 2】求 $\oint_L \dfrac{(x+y)\mathrm{d}x - (x-y)\mathrm{d}y}{x^2 + y^2}$，其中 L 为圆周 $x^2 + y^2 = a^2$（按

逆时针方向绕行）.

【解】圆周的参数方程为 $x = a\cos t, y = a\sin t$，对应 t 从 0 到 2π 的

一段弧.

$$\oint_L \frac{(x+y)\mathrm{d}x - (x-y)\mathrm{d}y}{x^2 + y^2}$$

$$= \frac{1}{a^2}\int_0^{2\pi} \left[(a\cos t + a\sin t)(-a\sin t) - (a\cos t - a\sin t)(a\cos t)\right]\mathrm{d}t$$

$$= \frac{1}{a^2}\int_0^{2\pi} -a^2\mathrm{d}t = -2\pi.$$

【例 3】求 $\int_\Gamma x^2\mathrm{d}x + z\mathrm{d}y - y\mathrm{d}z$，其中 Γ 为曲线 $x = k\theta, y = a\cos\theta, z =$

$a\sin\theta$ 上对应 θ 从 0 到 π 的一段弧.

【解】$\displaystyle\int_{\Gamma} x^2\,\mathrm{d}x + z\,\mathrm{d}y - y\,\mathrm{d}z$

$$= \int_0^{\pi} \big[\,(k\theta)^2 k + a\sin\theta(-a\sin\theta) - a\cos\theta a\cos\theta\,\big]\mathrm{d}\theta$$

$$= \int_0^{\pi}(k^3\theta^2 - a^2)\,\mathrm{d}\theta = \Big[\frac{1}{3}k^3\theta^3 - a^2\theta\Big]_0^{\pi} = \frac{1}{3}k^3\pi^3 - a^2\pi.$$

【例4】求 $\displaystyle\int_{\Gamma} x\,\mathrm{d}x + y\,\mathrm{d}y + (x + y - 1)\,\mathrm{d}z$,其中 Γ 是从点 $(1,1,1)$ 到点 $(2,3,4)$ 的一段直线.

【问题分析】先写出 Γ 的参数方程,再进行求解.

【解】Γ 的参数方程为 $x = 1 + t, y = 1 + 2t, z = 1 + 3t, t$ 从 0 到 1.

$$\int_{\Gamma} x\,\mathrm{d}x + y\,\mathrm{d}y + (x + y - 1)\,\mathrm{d}z$$

$$= \int_0^1 \big[\,(1 + t) + 2(1 + 2t) + 3(1 + t + 1 + 2t - 1)\,\big]\mathrm{d}t$$

$$= \int_0^1 (6 + 14t)\,\mathrm{d}t = 13.$$

第三节　格林公式

【知识要点回顾】

1. 平面单连通区域的定义

设 D 为平面区域,如果 D 内任一闭曲线所围的部分都属于 D,则称 D 为单连通区域,否则称为复连通区域.

区域 D 的边界曲线 L 的正向:沿 L 方向行走,D 在左手边.

2. 格林公式

设闭区域 D 由分段光滑曲线 L 围成,函数 $P(x,y)$ 及 $Q(x,y)$ 在 D

上具有一阶连续偏导数,则有 $\iint\limits_{D} \left(\dfrac{\partial Q}{\partial x} - \dfrac{\partial P}{\partial y} \right) \mathrm{d}x\mathrm{d}y = \oint_{L} P\mathrm{d}x + Q\mathrm{d}y$,其中 L 是 D 的取正向的边界曲线.

格林公式的应用:闭区域 D 的面积 $S = \dfrac{1}{2} \oint_{L} x\mathrm{d}y - y\mathrm{d}x$.

3. 曲线积分与路径无关的定义

设 G 是一个区域,如果对 G 内任意指定的两个点 A, B 以及 G 内从 A 到 B 的任意两条曲线 L_1, L_2,等式 $\int_{L_1} P\mathrm{d}x + Q\mathrm{d}y = \int_{L_2} P\mathrm{d}x + Q\mathrm{d}y$ 恒成立,则称 $\int_{L} P\mathrm{d}x + Q\mathrm{d}y$ 与路径无关.

4. 曲线积分与路径无关的条件

(1) 曲线积分 $\int_{L} P\mathrm{d}x + Q\mathrm{d}y$ 在 G 内与路径无关 $\Leftrightarrow$ 沿 G 内任意闭曲线 C 的曲线积分 $\oint_{C} P\mathrm{d}x + Q\mathrm{d}y = 0$.

(2) 设 G 是单连通区域,曲线积分 $\int_{L} P\mathrm{d}x + Q\mathrm{d}y$ 在 G 内与路径无关 $\Leftrightarrow \dfrac{\partial Q}{\partial x} = \dfrac{\partial P}{\partial y}$ 在 G 内恒成立.

5. 奇点的定义

破坏函数 $P(x, y), Q(x, y)$ 及 $\dfrac{\partial P}{\partial y}, \dfrac{\partial Q}{\partial x}$ 连续性条件的点称为奇点.

6. 二元函数的全微积分求积

设 G 是一个单连通区域,函数 $P(x, y), Q(x, y)$ 在 G 内具有一阶连续偏导数,则 $P(x,y)\mathrm{d}x + Q(x,y)\mathrm{d}y$ 在 G 内为某一函数 $u(x,y)$ 的全微分的充分必要条件是 $\dfrac{\partial Q}{\partial x} = \dfrac{\partial P}{\partial y}$ 在 G 内恒成立.

【答疑解惑】

【问1】对于复连通区域 D,格林公式还成立吗?

【答】对于单连通区域 G,有格林公式

$$\iint\limits_{D} \left(\frac{\partial Q}{\partial x} - \frac{\partial P}{\partial y} \right) \mathrm{d}x\mathrm{d}y = \oint_{L} P\mathrm{d}x + Q\mathrm{d}y.$$

对于复连通区域 D,上述格林公式右端应包括区域 D 的全部边界的曲线积分,且边界的方向对区域 D 来说都是正向的.

【问2】函数 $P(x,y)$,$Q(x,y)$ 满足 $\dfrac{\partial Q}{\partial x} = \dfrac{\partial P}{\partial y}$ 时,$P(x,y)\mathrm{d}x + Q(x,y)\mathrm{d}y$ 是某个二元函数 $u(x,y)$ 的全微分,如何求 $u(x,y)$?

【答】已知 $\dfrac{\partial Q}{\partial x} = \dfrac{\partial P}{\partial y}$ 在 G 内恒成立,则起点为 $M_0(x_0, y_0)$,终点为 $M(x,y)$ 的曲线积分在 G 内与路径无关,于是

$$u(x,y) = \int_{(x_0,y_0)}^{(x,y)} P\mathrm{d}x + Q\mathrm{d}y.$$

可证明 $\dfrac{\partial u}{\partial x} = P, \dfrac{\partial u}{\partial y} = Q$,即 $u(x,y)$ 的全微分 $\mathrm{d}u(x,y) = P\mathrm{d}x + Q\mathrm{d}y$,因此可选择平行于坐标轴的直线段连成的折线 M_0RM 或 M_0SM(图 12 –4)作为积分路线,则

$$u(x,y) = \int_{x_0}^{x} P(x,y_0)\mathrm{d}x + \int_{y_0}^{y} Q(x,y)\mathrm{d}y$$

或

$$u(x,y) = \int_{y_0}^{y} Q(x_0,y)\mathrm{d}y + \int_{x_0}^{x} P(x,y)\mathrm{d}x.$$

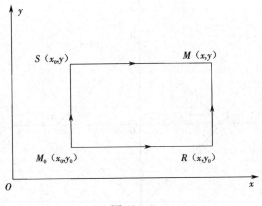

图 12 - 4

【典型题型精解】

一、直接利用格林公式计算曲线积分

【例 1】计算 $\oint_{ABCDA} \dfrac{\mathrm{d}x + \mathrm{d}y}{|x| + |y|}$，其中 $ABCDA$ 是以 $A(1,0)$，$B(0,1)$，

$C(-1,0)$ 和 $D(0,-1)$ 为顶点的区域的正向边界.

【解】积分曲线如图 12 - 5 所示.

$AB: x + y = 1; BC: -x + y = 1; CD: -x - y = 1; DA: x - y = 1.$ 则闭曲

线 $ABCDA$ 可以表示为 $|x| + |y| = 1$，从而有

$$\oint_{ABCDA} \frac{\mathrm{d}x + \mathrm{d}y}{|x| + |y|}$$

$$= \oint_{|x| + |y| = 1} \frac{\mathrm{d}x + \mathrm{d}y}{|x| + |y|}$$

$$= \oint_{|x| + |y| = 1} \mathrm{d}x + \mathrm{d}y$$

$$\xrightarrow{\text{格林公式}} \iint_{D} (0 - 0)\mathrm{d}x\mathrm{d}y$$

$$= 0.$$

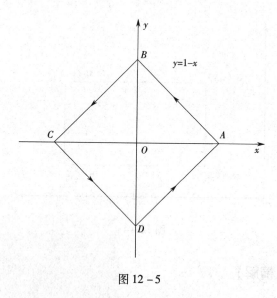

图 12 – 5

二、补边法利用格林公式计算曲线积分

【例 2】$\int_L (x^2 - y)\,\mathrm{d}x - (x + \sin^2 y)\,\mathrm{d}y$，其中 L 是在圆周 $y = \sqrt{2x - x^2}$ 上由点 $O(0,0)$ 到点 $A(1,1)$ 的一段弧.

【问题分析】积分曲线 L 不是闭曲线，考虑引入辅助线，使原积分曲线与辅助线构成取正向的封闭曲线，并满足格林公式，进而采用格林公式，然后再减去辅助线上的曲线积分. 因此辅助线的选取应尽可能简单，既有助于计算二重积分，又有助于计算辅助线上的曲线积分.

【解】设点 $B(1,0)$，引入辅助线 $AB : x = 1,(0 \leqslant y \leqslant 1)$，$BO : y = 0$，$(0 \leqslant x \leqslant 1)$. 则曲线 L，AB，BO 和区域 D 如图 12 – 6 所示.

由格林公式，$P = x^2 = y$，$Q = -(x + \sin^2 y)$.

$$\int_L + \int_{AB} + \int_{BO} = -\iint_D \left(\frac{\partial Q}{\partial x} - \frac{\partial P}{\partial y} \right) \mathrm{d}x\mathrm{d}y = -\iint_D 0\,\mathrm{d}x\mathrm{d}y = 0，则$$

$$\int_L (x^2 - y)\,\mathrm{d}x - (x + \sin^2 y)\,\mathrm{d}y = 0 - \int_{AB} - \int_{BO} = \int_{BA} + \int_{OB}$$

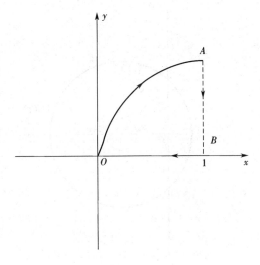

图 12 - 6

$$= \int_0^1 - (1 + \sin^2 y)\,\mathrm{d}y + \int_0^1 x^2\,\mathrm{d}x = -1 - \int_0^1 \left(\frac{1}{2} - \frac{\cos 2y}{2} \right)\mathrm{d}y + \frac{1}{3}$$

$$= -\frac{7}{6} + \frac{1}{4}\sin 2.$$

三、挖洞法计算曲线积分

【例3】计算曲线积分 $\oint_L \dfrac{y\mathrm{d}x - x\mathrm{d}y}{2(x^2 + y^2)}$，其中 L 为圆周 $(x - 1)^2 + y^2 = 2$，L 的方向为逆时针方向.

【问题分析】积分曲线 L 虽然是闭曲线，但是在闭区域内有一点，不具有一阶连续偏导数，不能直接使用格林公式，可采用挖洞的方法来计算曲线积分，挖洞要有利于所作曲线上积分的计算.

【解】如图 12 - 7，作逆时针方向的小圆周 l：$\begin{cases} x = \varepsilon\cos\theta \\ y = \varepsilon\sin\theta \end{cases}$ $(0 \leqslant \theta \leqslant 2\pi)$，使 l 全部被 L 所包围，D_ε 为 L 和 l 所围成的闭区域. 则

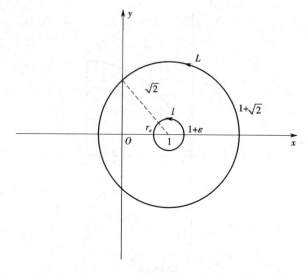

图 12 - 7

$$\oint_{L+l^-} P\mathrm{d}x + Q\mathrm{d}y = \iint\limits_{D_\varepsilon} \left(\frac{\partial Q}{\partial x} - \frac{\partial P}{\partial y} \right)\mathrm{d}x\mathrm{d}y,$$

其中

$$P = \frac{y}{2(x^2+y^2)}, Q = \frac{-x}{2(x^2+y^2)}; \frac{\partial P}{\partial y} = = \frac{x^2-y^2}{2(x^2+y^2)}, \frac{\partial Q}{\partial x} = \frac{x^2-y^2}{2(x^2+y^2)}.$$

则 $\oint_{L+l^-} P\mathrm{d}x + Q\mathrm{d}y = 0$,

所以 $\oint_L P\mathrm{d}x + Q\mathrm{d}y = -\oint_{l^-} P\mathrm{d}x + Q\mathrm{d}y = \oint_l P\mathrm{d}x + Q\mathrm{d}y$,从而

$$\oint_L \frac{y\mathrm{d}x - x\mathrm{d}y}{2(x^2+y^2)} = \oint_l \frac{y\mathrm{d}x - x\mathrm{d}y}{2(x^2+y^2)} = \int_0^{2\pi} \frac{-\varepsilon^2\sin^2\theta - \varepsilon^2\cos^2\theta}{2\varepsilon^2}\mathrm{d}\theta = -\pi.$$

四、利用积分与路径无关的条件、原函数计算曲线积分

【例 4】证明曲线积分 $\int_{(1,1)}^{(2,3)} (x+y)\mathrm{d}x + (x-y)\mathrm{d}y$ 在整个 xOy 面内与路径无关,并计算该曲线积分.

【问题分析】要说明曲线积分与路径无关,则要说明 $\dfrac{\partial P}{\partial y} = \dfrac{\partial Q}{\partial x}$ 且区域为单连通区域. 当积分与路径无关时,可选取一条最简单的路径计算,一般可取平行于 x, y 轴的折线或者两点相连的直线段.

【解】方法一　$P = x + y, Q = x - y$,显然 P 和 Q 在整个 xOy 面内具有一阶连续偏导数,且 $\dfrac{\partial Q}{\partial x} = \dfrac{\partial P}{\partial y} = 1$. 故在整个 xOy 面内,积分与路径无关.

如图 $12 - 8$,取 L 为点 $(1,1)$ 到点 $(2,3)$ 的之间直线 $y = 2x - 1$,x: $1 \to 2$,故

$$\int_{(1,1)}^{(2,3)} (x + y)\,\mathrm{d}x + (x - y)\,\mathrm{d}y = \int_1^2 \left[(3x - 1) + 2(1 - x) \right]\mathrm{d}x = \frac{5}{2}.$$

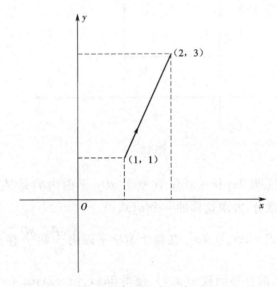

图 $12 - 8$

方法二　$P = x + y, Q = x - y$,显然 P 和 Q 在整个 xOy 面内具有一阶连续偏导数,且 $\dfrac{\partial Q}{\partial x} = \dfrac{\partial P}{\partial y} = 1$. 故在整个 xOy 面内,积分与路径无关.

取 L_1 为点 $(1,1)$ 到点 $(2,1)$ 的之间直线 $y=1,x:1\to 2,L_2$ 为点 $(2,1)$ 到点 $(2,3)$ 的之间直线 $x=2,y:1\to 3$,如图 $12-9$ 所示,故

$$\int_{(1,1)}^{(2,3)}(x+y)\mathrm{d}x+(x-y)\mathrm{d}y$$

$$=\int_{L_1}(x+y)\mathrm{d}x+(x-y)\mathrm{d}y+\int_{L_2}(x+y)\mathrm{d}x+(x-y)\mathrm{d}y$$

$$=\int_1^2(x+1)\mathrm{d}x+\int_1^3(2-y)\mathrm{d}y=\frac{5}{2}.$$

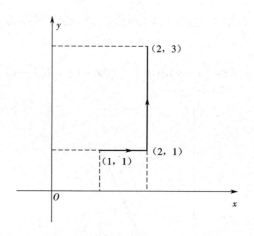

图 $12-9$

【例 5】证明 $2xy\mathrm{d}x+x^2\mathrm{d}y$ 在整个 xOy 平面内的是某一个函数 $u(x,y)$ 的全微分,并求这样的一个 $u(x,y)$.

【解】令 $P=2xy,Q=x^2$,在整个 xOy 平面内 $\dfrac{\partial P}{\partial y}$ 和 $\dfrac{\partial Q}{\partial x}$ 存在,并且有

$\dfrac{\partial P}{\partial y}=\dfrac{\partial Q}{\partial x}=2x$,故存在函数 $u(x,y)$,使得 $\mathrm{d}u(x,y)=2xy\mathrm{d}x+x^2\mathrm{d}y$.

$$u(x,y)=\int_{(0,0)}^{(x,y)}2xy\mathrm{d}x+x^2\mathrm{d}y$$

$$=\int_0^y 0\mathrm{d}y+\int_0^x 2xy\mathrm{d}x=x^2y.$$

第四节 对面积的曲面积分

【知识要点回顾】

1. 对面积的曲面积分的定义

设曲面 Σ 是光滑的, 函数 $f(x,y,z)$ 在 Σ 上有界, 称极限 $\lim\limits_{\lambda\to 0}\sum\limits_{i=1}^{n}f$ $(\xi_i,\eta_i,\zeta_i)\Delta S_i$ 为 $f(x,y,z)$ 在曲面 Σ 上对面积的曲面积分或第一类曲面积分, 记作 $\iint\limits_{\Sigma}f(x,y,z)\,\mathrm{d}S.$

2. 对面积的曲面积分的物理意义

$\iint\limits_{\Sigma}f(x,y,z)\,\mathrm{d}S$ 表示面密度为 $f(x,y,z)$ 的曲面 Σ 的质量.

3. 对面积的曲面积分的可加性

若 $\Sigma=\Sigma_1+\Sigma_2$, 则有

$$\iint\limits_{\Sigma}f(x,y,z)\,\mathrm{d}S=\iint\limits_{\Sigma_1}f(x,y,z)\,\mathrm{d}S+\iint\limits_{\Sigma_2}f(x,y,z)\,\mathrm{d}S.$$

4. 对面积的曲面积分的计算方法

设曲面 Σ 方程为 $z=z(x,y)$, Σ 在 xOy 面上投影区域为 D_{xy}, 则有

$$\iint\limits_{\Sigma}f(x,y,z)\,\mathrm{d}S=\iint\limits_{D_{xy}}f[x,y,z(x,y)]\sqrt{1+\left(\frac{\partial z}{\partial x}\right)^2+\left(\frac{\partial z}{\partial y}\right)^2}\,\mathrm{d}x\mathrm{d}y.$$

设曲面 Σ 方程为 $x=x(y,z)$, Σ 在 yOz 面上投影区域为 D_{yz}, 则有

$$\iint\limits_{\Sigma} f(x,y,z)\,\mathrm{d}S = \iint\limits_{D_{yz}} f[x(y,z),y,z]\sqrt{1+\left(\frac{\partial x}{\partial y}\right)^2+\left(\frac{\partial x}{\partial z}\right)^2}\,\mathrm{d}y\mathrm{d}z.$$

设曲面 Σ 方程为 $y=y(z,x)$，Σ 在 zOx 面上投影区域为 D_{zx}，则有

$$\iint\limits_{\Sigma} f(x,y,z)\,\mathrm{d}S = \iint\limits_{D_{zx}} f[x,y(z,x),z]\sqrt{1+\left(\frac{\partial y}{\partial x}\right)^2+\left(\frac{\partial y}{\partial z}\right)^2}\,\mathrm{d}z\mathrm{d}x.$$

【答疑解惑】

【问】对面积的曲面积分如何利用对称性来化简?

【答】若积分曲面 Σ 关于 yOz 面对称且被积函数 $f(x,y,z)$ 关于 x 是奇函数，则 $\iint\limits_{\Sigma} f(x,y,z)\,\mathrm{d}S=0$.

若积分曲面 Σ 关于 yOz 面对称且被积函数 $f(x,y,z)$ 关于 x 是偶函数，则 $\iint\limits_{\Sigma} f(x,y,z)\,\mathrm{d}S=2\iint\limits_{\Sigma_1} f(x,y,z)\,\mathrm{d}S$，其中 Σ_1 是 Σ 在 $x\geqslant 0$ 那一侧的部分曲面，曲面 Σ 关于 xOy 面，zOx 面对称时有类似结论.

【典型题型精解】

一、计算对面积的曲面积分

【例1】计算 $\iint\limits_{\Sigma}(x^2+y^2)\,\mathrm{d}S$，其中 Σ 为曲面 $z=\sqrt{x^2+y^2}$ 及平面 $z=1$ 所围成的立体的表面.

【解】Σ 如图 12-10 所示，$\Sigma=\Sigma_1+\Sigma_2$，Σ_1，Σ_2 分别向 xOy 面投影，投影区域为 $D:x^2+y^2\leqslant 1$.

在 Σ_1 上，$z=\sqrt{x^2+y^2}$，

$$\frac{\partial z}{\partial x}=\frac{1}{2}\frac{2x}{\sqrt{x^2+y^2}}=\frac{x}{\sqrt{x^2+y^2}},\frac{\partial z}{\partial y}=\frac{y}{\sqrt{x^2+y^2}},$$

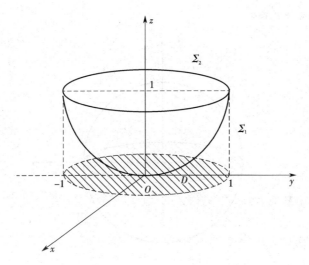

图 12 – 10

$$dS = \sqrt{1 + \frac{x^2}{x^2 + y^2} + \frac{y^2}{x^2 + y^2}}\,dxdy = \sqrt{2}\,dxdy.$$

在 Σ_2 上，$z = 1$，$\dfrac{\partial z}{\partial x} = \dfrac{\partial z}{\partial y} = 0$，$dS = dxdy$. 所以

$$
\begin{aligned}
\iint\limits_{\Sigma}(x^2 + y^2)\,dS &= \iint\limits_{\Sigma_1}(x^2 + y^2)\,dS + \iint\limits_{\Sigma_2}(x^2 + y^2)\,dS \\
&= \iint\limits_{D}(x^2 + y^2)\sqrt{2}\,dxdy + \iint\limits_{D}(x^2 + y^2)\,dxdy \\
&= (\sqrt{2} + 1)\iint\limits_{D}(x^2 + y^2)\,dxdy \\
&= (\sqrt{2} + 1)\int_0^{2\pi}d\theta\int_0^1 r^2 \cdot r\,dr = \frac{\pi}{2}(\sqrt{2} + 1).
\end{aligned}
$$

【例2】计算 $\iint\limits_{\Sigma} z^2\,dS$，其中 Σ 为球面 $x^2 + y^2 + z^2 = a^2$.

【解】方法一　Σ 关于 xOy 面对称，z^2 关于 z 是偶函数（图 12 – 11），故只需求上半球面 $\Sigma_1 : z = \sqrt{a^2 - x^2 - y^2}$ 上的积分，Σ_1 在 xOy 面投

影为 $D_{xy}:x^2+y^2 \leqslant a^2$.

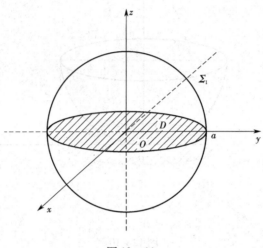

图 12 – 11

$$\frac{\partial z}{\partial x}=\frac{1}{2}\frac{-2x}{\sqrt{a^2-x^2-y^2}}=\frac{-x}{\sqrt{a^2-x^2-y^2}},\frac{\partial z}{\partial y}=\frac{-y}{\sqrt{a^2-x^2-y^2}},$$

$$\mathrm{d}S=\sqrt{1+\frac{x^2}{a^2-x^2-y^2}+\frac{y^2}{a^2-x^2-y^2}}\,\mathrm{d}x\mathrm{d}y=\frac{a}{\sqrt{a^2-x^2-y^2}}\mathrm{d}x\mathrm{d}y.$$

$$\iint\limits_{\Sigma}z^2\mathrm{d}S=2\iint\limits_{\Sigma_1}z^2\mathrm{d}S=2\iint\limits_{D_{xy}}(a^2-x^2-y^2)\frac{a}{\sqrt{a^2-x^2-y^2}}\mathrm{d}x\mathrm{d}y$$

$$=2a\iint\limits_{D_{xy}}\sqrt{a^2-x^2-y^2}\,\mathrm{d}x\mathrm{d}y=2a\int_0^{2\pi}\mathrm{d}\theta\int_0^a\sqrt{a^2-\rho^2}\rho\mathrm{d}\rho$$

$$=\frac{4}{3}\pi a^4.$$

方法二　由对称性可知 $\iint\limits_{\Sigma}z^2\mathrm{d}S=\iint\limits_{\Sigma}x^2\mathrm{d}S=\iint\limits_{\Sigma}y^2\mathrm{d}S$,故

$$\iint\limits_{\Sigma}z^2\mathrm{d}S=\frac{1}{3}\iint\limits_{\Sigma}(x^2+y^2+z^2)\mathrm{d}S$$

$$=\frac{1}{3}\iint\limits_{\Sigma}a^2\mathrm{d}S=\frac{1}{3}a^2\iint\limits_{\Sigma}\mathrm{d}S$$

$$= \frac{1}{3}a^2 \cdot 4\pi a^2 = \frac{4\pi a^4}{3}.$$

【例3】计算 $\iint\limits_{\Sigma}\left(z + 2x + \frac{4}{3}y\right)\mathrm{d}S$，其中 Σ 为平面 $\frac{x}{2} + \frac{y}{3} + \frac{z}{4} = 1$ 在第一卦限中的部分（图 12 – 12）．

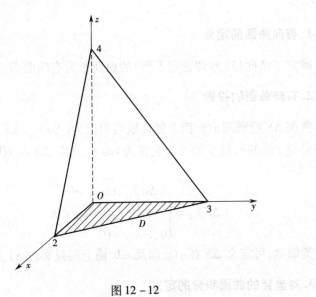

图 12 – 12

【解】

$\Sigma : z = 4 - 2x - \frac{4}{3}y$ 及其在 xOy 面上的投影 D_{xy} 如图 12 – 12 所示．

$$\mathrm{d}S = \sqrt{1 + (-2)^2 + \left(-\frac{4}{3}\right)^2}\,\mathrm{d}x\mathrm{d}y$$

$$= \frac{\sqrt{61}}{3}\mathrm{d}x\mathrm{d}y,$$

$$D_{xy} = \left\{(x,y)\ \middle|\ \frac{x}{2} + \frac{y}{3} \leqslant 1, x \geqslant 0, y \geqslant 0\right\},$$

$$\iint\limits_{\Sigma}\left(z + 2x + \frac{4}{3}y\right)\mathrm{d}S = \iint\limits_{D_{xy}} 4 \cdot \frac{\sqrt{61}}{3}\mathrm{d}x\mathrm{d}y = 4\sqrt{61}.$$

第五节　对坐标的曲面积分

【知识要点回顾】

1. 有向曲面的定义

确定了法向量(亦即选定了侧)的曲面称为有向曲面.

2. 有向曲面的投影

曲面 ΔS 投影到 xOy 面上的区域面积记为 $(\Delta\sigma)_{xy}$，ΔS 上各点处的法向量与 z 轴的夹角 γ 的方向余弦为 $\cos\gamma$，规定 ΔS 在 xOy 面上的投影为 $(\Delta S)_{xy}$，

$$(\Delta S)_{xy} = \begin{cases} (\Delta\sigma)_{xy}, & \cos\gamma>0 \\ -(\Delta\sigma)_{xy}, & \cos\gamma<0. \\ 0, & \cos\gamma=0 \end{cases}$$

类似地，可定义 ΔS 在 yOz 面及 zOx 面上的投影 $(\Delta S)_{yz}$ 及 $(\Delta S)_{zx}$.

3. 对坐标的曲面积分的定义

设 Σ 为光滑的有向曲面，函数 $R(x,y,z)$ 在 Σ 上有界，称极限 $\lim\limits_{\lambda\to0}\sum\limits_{i=1}^{n}R(\xi_i,\eta_i,\zeta_i)\cdot(\Delta S_i)_{xy}$ 为 $R(x,y,z)$ 在有向曲面 Σ 上对坐标 x,y 的曲面积分，记作

$$\iint\limits_{\Sigma}R(x,y,z)\mathrm{d}x\mathrm{d}y.$$

当 $R(x,y,z)$ 在有向光滑曲面 Σ 上连续时，对坐标的曲面积分存在.

类似地，可定义 $P(x,y,z)$ 在有向曲面 Σ 上对坐标 y,z 的曲面积分 $\iint\limits_{\Sigma}P(x,y,z)\mathrm{d}y\mathrm{d}z$ 和 $Q(x,y,z)$ 在有向曲面 Σ 上对坐标 z,x 的曲面积分

$$\iint\limits_{\Sigma} Q(x,y,z)\,\mathrm{d}z\mathrm{d}x.$$ 对坐标的曲面积分又称为第二类曲面积分.

4. 对坐标的曲面积分的性质

性质 1(可加性)　　如果把 Σ 分成 Σ_1 和 Σ_2,则

$$\iint\limits_{\Sigma} P\mathrm{d}y\mathrm{d}z + Q\mathrm{d}z\mathrm{d}x + R\mathrm{d}x\mathrm{d}y$$

$$= \iint\limits_{\Sigma_1} P\mathrm{d}y\mathrm{d}z + Q\mathrm{d}z\mathrm{d}x + R\mathrm{d}x\mathrm{d}y + \iint\limits_{\Sigma_2} P\mathrm{d}y\mathrm{d}z + Q\mathrm{d}z\mathrm{d}x + R\mathrm{d}x\mathrm{d}y.$$

性质 2(有向性)　　设 Σ 是有向曲面,Σ^- 表示与 Σ 取向相反的有向曲面,则

$$\iint\limits_{\Sigma^-} P(x,y,z)\,\mathrm{d}y\mathrm{d}z = -\iint\limits_{\Sigma} P(x,y,z)\,\mathrm{d}y\mathrm{d}z,$$

$$\iint\limits_{\Sigma^-} Q(x,y,z)\,\mathrm{d}z\mathrm{d}x = -\iint\limits_{\Sigma} Q(x,y,z)\,\mathrm{d}z\mathrm{d}x,$$

$$\iint\limits_{\Sigma^-} R(x,y,z)\,\mathrm{d}x\mathrm{d}y = -\iint\limits_{\Sigma} R(x,y,z)\,\mathrm{d}x\mathrm{d}y.$$

5. 对坐标的曲面积分的计算方法

(1)设积分曲面 Σ 是由方程 $z = z(x,y)$ 所给出的曲面上侧,Σ 在 xOy 面上的投影区域为 D_{xy},则

$$\iint\limits_{\Sigma} R(x,y,z)\,\mathrm{d}x\mathrm{d}y = \iint\limits_{D_{xy}} R[x,y,z(x,y)]\,\mathrm{d}x\mathrm{d}y.$$

如果曲面积分取在 Σ 的下侧,则

$$\iint\limits_{\Sigma} R(x,y,z)\,\mathrm{d}x\mathrm{d}y = -\iint\limits_{D_{xy}} R[x,y,z(x,y)]\,\mathrm{d}x\mathrm{d}y.$$

(2)设积分曲面 Σ 是由方程 $x = x(y,z)$ 所给出的曲面前侧,Σ 在 yOz 面上的投影区域为 D_{yz},则

$$\iint\limits_{\Sigma} P(x,y,z)\,\mathrm{d}y\mathrm{d}z = \iint\limits_{D_{yz}} P[x(y,z),y,z]\,\mathrm{d}y\mathrm{d}z.$$

如果曲面积分取在 Σ 的后侧,则

$$\iint\limits_{\Sigma} P(x,y,z)\,\mathrm{d}y\mathrm{d}z = -\iint\limits_{D_{yz}} P[x(y,z),y,z]\,\mathrm{d}y\mathrm{d}z.$$

(3)设积分曲面 Σ 是由方程 $y = y(z,x)$ 所给出的曲面右侧, Σ 在 zOx 面上的投影区域为 D_{zx} ,则

$$\iint\limits_{\Sigma} Q(x,y,z)\,\mathrm{d}z\mathrm{d}x = \iint\limits_{D_{zx}} Q[x,y(z,x),z]\,\mathrm{d}z\mathrm{d}x.$$

如果曲面积分取在 Σ 的左侧,则

$$\iint\limits_{\Sigma} Q(x,y,z)\,\mathrm{d}z\mathrm{d}x = -\iint\limits_{D_{zx}} Q[x,y(z,x),z]\,\mathrm{d}z\mathrm{d}x.$$

【答疑解惑】

【问】两类曲面积分之间的联系是什么?

【答】设有向曲面 Σ 由方程 $z = z(x,y)$ 给出,在 xOy 面上的投影区域为 D_{xy} , $P(x,y,z)$, $Q(x,y,z)$, $R(x,y,z)$ 在 Σ 上连续. 则有

$$\iint\limits_{\Sigma} P(x,y,z)\,\mathrm{d}x\mathrm{d}y = \iint\limits_{\Sigma} P(x,y,z)\cos\alpha\,\mathrm{d}S,$$

$$\iint\limits_{\Sigma} Q(x,y,z)\,\mathrm{d}x\mathrm{d}y = \iint\limits_{\Sigma} Q(x,y,z)\cos\beta\,\mathrm{d}S,$$

$$\iint\limits_{\Sigma} R(x,y,z)\,\mathrm{d}x\mathrm{d}y = \iint\limits_{\Sigma} R(x,y,z)\cos\gamma\,\mathrm{d}S,$$

进而

$$\iint\limits_{\Sigma} P\mathrm{d}y\mathrm{d}z + Q\mathrm{d}z\mathrm{d}x + R\mathrm{d}x\mathrm{d}y = \iint\limits_{\Sigma}(P\cos\alpha + Q\cos\beta + R\cos\gamma)\,\mathrm{d}S,$$

其中 $\cos\alpha,\cos\beta,\cos\gamma$ 是有向曲面在点 (x,y,z) 处的法向量的方向余弦.

如果 Σ 取上侧,则

$$\cos\alpha = \frac{-z_x}{\sqrt{1+z_x^2+z_y^2}}, \cos\beta = \frac{-z_y}{\sqrt{1+z_x^2+z_y^2}}, \cos\gamma = \frac{1}{\sqrt{1+z_x^2+z_y^2}}.$$

如果 Σ 取下侧,则

$$\cos \alpha = \frac{z_x}{\sqrt{1 + z_x^2 + z_y^2}}, \cos \beta = \frac{z_y}{\sqrt{1 + z_x^2 + z_y^2}}, \cos \gamma = \frac{-1}{\sqrt{1 + z_x^2 + z_y^2}}.$$

【典型题型精解】

一、对坐标的曲面积分

【例 1】计算 $\iint\limits_{\Sigma} x^2 y^2 z \mathrm{d}x\mathrm{d}y$,其中 Σ 是球面 $x^2 + y^2 + z^2 = R^2$ 的下半部分的下侧.

【问题分析】先求 Σ 在 xOy 面上的投影区域 D_{xy},再将对坐标的曲面积分化为二重积分计算.

【解】Σ: $z = -\sqrt{R^2 - x^2 - y^2}$,下侧(图 12 - 13),$\Sigma$ 在 xOy 面上的投影区域为 D_{xy}: $x^2 + y^2 \leqslant R^2$.

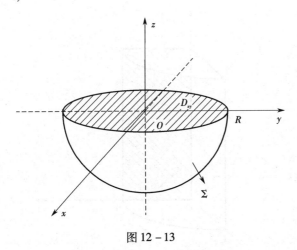

图 12 - 13

$$\iint\limits_{\Sigma} x^2 y^2 z \mathrm{d}x\mathrm{d}y = -\iint\limits_{D_{xy}} x^2 y^2 \left(-\sqrt{R^2 - x^2 - y^2} \right) \mathrm{d}x\mathrm{d}y$$

$$= -\int_0^{2\pi} \mathrm{d}\theta \int_0^R r^4 \cos^2\theta \sin^2\theta \left(-\sqrt{R^2 - r^2} \right) r\mathrm{d}r$$

$$= -\frac{1}{8}\int_0^{2\pi}\sin^2 2\theta \mathrm{d}\theta \int_0^R \left[\,(r^2 - R^2) + R^2\,\right] \cdot$$

$$\sqrt{R^2 - r^2}\,\mathrm{d}(R^2 - r^2)$$

$$= -\frac{1}{16}\int_0^{2\pi}(1 - \cos 4\theta)\mathrm{d}\theta.$$

$$\int_0^R \left[\,R^4\sqrt{R^2 - r^2} - 2R^2(r^2 - R^2)^{\frac{3}{2}} + (R^2 - r^2)^{\frac{5}{2}}\,\right]\mathrm{d}(R^2 - r^2)$$

$$= -\frac{1}{16}2\pi\left[\frac{2}{3}R^4(R^2 - r^2)^{\frac{3}{2}} - \frac{4}{5}R^2(r^2 - R^2)^{\frac{5}{2}} + \frac{2}{7}(R^2 - r^2)^{\frac{7}{2}}\right]_0^R$$

$$= \frac{2}{105}\pi R^7.$$

【例 2】计算 $\displaystyle\iint_{\Sigma} z\mathrm{d}x\mathrm{d}y + x\mathrm{d}y\mathrm{d}z + y\mathrm{d}z\mathrm{d}x$，其中 Σ 是柱面 $x^2 + y^2 = 1$ 被平面 $z = 0$ 及 $z = 3$ 所截得的在第一卦限内的部分的前侧(图 12 - 14).

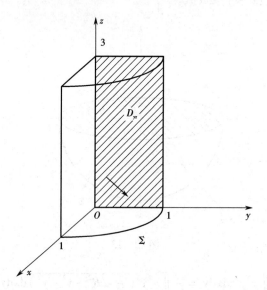

图 12 - 14

【解】 Σ 在 xOy 面上的投影区域为一段弧,故 $\iint\limits_{\Sigma} z\mathrm{d}x\mathrm{d}y = 0$, Σ 在 yOz 面上的投影区域为 $D_{yz} = \{(y,z)\,|\,0 \leqslant y \leqslant 1, 0 \leqslant z \leqslant 3\}$,此时 Σ 可表示为: $x = \sqrt{1 - y^2}$, $(y,z) \in D_{yz}$.

故
$$\iint\limits_{\Sigma} x\mathrm{d}y\mathrm{d}z = \iint\limits_{D_{yz}} \sqrt{1 - y^2}\,\mathrm{d}y\mathrm{d}z$$
$$= \int_0^3 \mathrm{d}z \int_0^1 \sqrt{1 - y^2}\,\mathrm{d}y = 3\int_0^1 \sqrt{1 - y^2}\,\mathrm{d}y.$$

Σ 在 zOx 面上的投影区域 $D_{zx} = \{(z,x)\,|\,0 \leqslant z \leqslant 3, 0 \leqslant x \leqslant 1\}$,此时 Σ 可表示为: $y = \sqrt{1 - x^2}$, $(x,z) \in D_{zx}$.

故
$$\iint\limits_{\Sigma} y\mathrm{d}z\mathrm{d}x = \iint\limits_{D_{zx}} \sqrt{1 - x^2}\,\mathrm{d}z\mathrm{d}x$$
$$= \int_0^3 \mathrm{d}z \int_0^1 \sqrt{1 - x^2}\,\mathrm{d}x = 3\int_0^1 \sqrt{1 - x^2}\,\mathrm{d}x.$$

因此 $\iint\limits_{\Sigma} z\mathrm{d}x\mathrm{d}y + x\mathrm{d}y\mathrm{d}z + y\mathrm{d}z\mathrm{d}x = 6\int_0^1 \sqrt{1 - x^2}\,\mathrm{d}x = \dfrac{3}{2}\pi.$

【例3】 计算 $\oiint\limits_{\Sigma} xz\mathrm{d}x\mathrm{d}y + xy\mathrm{d}y\mathrm{d}z + yz\mathrm{d}z\mathrm{d}x$,其中 Σ 是平面 $x = 0$, $y = 0$, $z = 0$, $x + y + z = 1$ 所围成的空间区域的整个边界曲面的外侧.

【解】 如图 12 - 15 所示, $\Sigma = \Sigma_1 + \Sigma_2 + \Sigma_3 + \Sigma_4$,其中 $\Sigma_1 : x = 0$,取后侧, $\Sigma_2 : y = 0$ 取左侧, $\Sigma_3 : z = 0$ 取下侧, $\Sigma_4 : x + y + z = 1$ 取上侧,故

$$\oiint\limits_{\Sigma} xz\mathrm{d}x\mathrm{d}y = \iint\limits_{\Sigma_1} xz\mathrm{d}x\mathrm{d}y + \iint\limits_{\Sigma_2} xz\mathrm{d}x\mathrm{d}y + \iint\limits_{\Sigma_3} xz\mathrm{d}x\mathrm{d}y + \iint\limits_{\Sigma_4} xz\mathrm{d}x\mathrm{d}y$$
$$= 0 + 0 + 0 + \iint\limits_{\Sigma_4} xz\mathrm{d}x\mathrm{d}y = \iint\limits_{D_{xy}} x(1 - x - y)\mathrm{d}x\mathrm{d}y$$
$$= \int_0^1 x\mathrm{d}x \int_0^{1-x} (1 - x - y)\mathrm{d}y = \dfrac{1}{24},$$

$$\oiint\limits_{\Sigma} xy\mathrm{d}y\mathrm{d}z = \iint\limits_{\Sigma_1} xy\mathrm{d}y\mathrm{d}z + \iint\limits_{\Sigma_2} xy\mathrm{d}y\mathrm{d}z + \iint\limits_{\Sigma_3} xy\mathrm{d}y\mathrm{d}z + \iint\limits_{\Sigma_4} xy\mathrm{d}y\mathrm{d}z$$

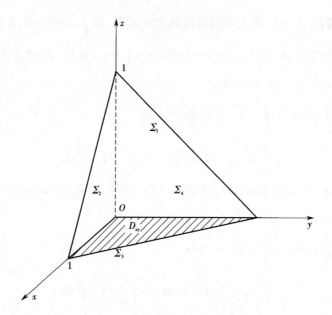

图 12 – 15

$$= 0 + 0 + 0 + \iint\limits_{\Sigma_4} xy\,\mathrm{d}y\mathrm{d}z = \iint\limits_{D_{yz}} (1 - y - z)\,y\,\mathrm{d}y\mathrm{d}z$$

$$= \int_0^1 y\,\mathrm{d}y \int_0^{1-y} (1 - y - z)\,\mathrm{d}z = \frac{1}{24},$$

$$\oiint\limits_{\Sigma} yz\,\mathrm{d}z\mathrm{d}x \ = \iint\limits_{\Sigma_1} yz\,\mathrm{d}z\mathrm{d}x + \iint\limits_{\Sigma_2} yz\,\mathrm{d}z\mathrm{d}x + \iint\limits_{\Sigma_3} yz\,\mathrm{d}z\mathrm{d}x + \iint\limits_{\Sigma_4} yz\,\mathrm{d}z\mathrm{d}x$$

$$= 0 + 0 + 0 + \iint\limits_{\Sigma_4} yz\,\mathrm{d}z\mathrm{d}x = \iint\limits_{D_{zx}} (1 - x - z)\,z\,\mathrm{d}z\mathrm{d}x$$

$$= \int_0^1 z\,\mathrm{d}z \int_0^{1-z} (1 - x - z)\,\mathrm{d}x = \frac{1}{24},$$

因此, $\oiint\limits_{\Sigma} xz\,\mathrm{d}x\mathrm{d}y + xy\,\mathrm{d}y\mathrm{d}z + yz\,\mathrm{d}z\mathrm{d}x = \dfrac{1}{8}.$

二、两类曲面积分的联系

【例4】把对坐标的曲面积分 $\iint\limits_{\Sigma} P(x,y,z)\,\mathrm{d}y\mathrm{d}z + Q(x,y,z)\,\mathrm{d}z\mathrm{d}x + R(x,y,z)\,\mathrm{d}x\mathrm{d}y$ 化成对边界的曲面积分,其中 Σ 是平面 $3x + 2y + 2\sqrt{3}z = 6$ 在第一卦限的部分的上侧.

【问题分析】对坐标的曲面积分以及对面积分曲面积分两者关系如下:

$$\iint\limits_{\Sigma} P\mathrm{d}y\mathrm{d}z + Q\mathrm{d}z\mathrm{d}x + R\mathrm{d}x\mathrm{d}y = \iint\limits_{\Sigma}(P\cos\alpha + Q\cos\beta + R\cos\gamma)\,\mathrm{d}S.$$

【解】平面 $F(x,y,z) = 3x + 2y + 2\sqrt{3}z - 6 = 0$,如图 $12-16$,上侧的法向量为:$\boldsymbol{n} = (F_x, F_y, F_z) = (3,2,2\sqrt{3})$,故

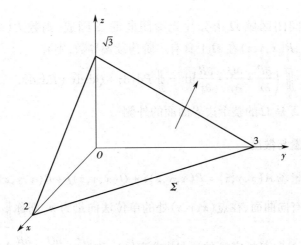

图 12 - 16

$$\cos\alpha = \frac{3}{\sqrt{3^2 + 2^2 + (2\sqrt{3})^2}} = \frac{3}{5}, \cos\beta = \frac{2}{\sqrt{3^2 + 2^2 + (2\sqrt{3})^2}} = \frac{2}{5},$$

$$\cos\alpha = \frac{2\sqrt{3}}{\sqrt{3^2+2^2+(2\sqrt{3})^2}} = \frac{2\sqrt{3}}{5}.$$

因此，$\iint\limits_{\Sigma} P\mathrm{d}y\mathrm{d}z + Q\mathrm{d}z\mathrm{d}x + R\mathrm{d}x\mathrm{d}y = \iint\limits_{\Sigma}(P\cos\alpha + Q\cos\beta + R\cos\gamma)\mathrm{d}S$

$$= \iint\limits_{\Sigma}\left(\frac{3}{5}P + \frac{2}{5}Q + \frac{2\sqrt{3}}{5}R\right)\mathrm{d}S.$$

第六节 高斯公式、通量与散度

【知识要点回顾】

1. 高斯定理

设空间闭区域 Ω 由分片光滑闭曲面 Σ 围成，函数 $P(x,y,z)$，$Q(x,y,z)$，$R(x,y,z)$ 在 Ω 上具有一阶连续偏导数，则有

$$\iiint\limits_{\Omega}\left(\frac{\partial P}{\partial x} + \frac{\partial Q}{\partial y} + \frac{\partial R}{\partial z}\right)\mathrm{d}v = \oiint\limits_{\Sigma} P\mathrm{d}y\mathrm{d}z + Q\mathrm{d}z\mathrm{d}x + R\mathrm{d}x\mathrm{d}y,$$

其中 Σ 是 Ω 的整个边界曲面的外侧.

2. 通量与散度

设向量场 $A(x,y,z) = P(x,y,z)\boldsymbol{i} + Q(x,y,z)\boldsymbol{j} + R(x,y,z)\boldsymbol{k}$，$\Sigma$ 是场内一片有向曲面，在点 (x,y,z) 处的单位法向量为 $\boldsymbol{n}$，则称 $\iint\limits_{\Sigma}\boldsymbol{A}\cdot\boldsymbol{n}\mathrm{d}S$ 为 $\boldsymbol{A}$ 通过 Σ 向着指定侧的通量(或流量)，称 $\frac{\partial P}{\partial x} + \frac{\partial Q}{\partial y} + \frac{\partial R}{\partial z}$ 为 $\boldsymbol{A}$ 的散度，记作 div$\boldsymbol{A}$.

【答疑解惑】

【问 1】高斯公式的物理意义是什么？

【答】高斯公式为

$$\iiint\limits_{\Omega}\left(\frac{\partial P}{\partial x}+\frac{\partial Q}{\partial y}+\frac{\partial R}{\partial z}\right)\mathrm{d}v=\oiint\limits_{\Sigma}P\mathrm{d}y\mathrm{d}z+Q\mathrm{d}z\mathrm{d}x+R\mathrm{d}x\mathrm{d}y,$$

公式右端表示单位时间内离开闭区域 Ω 的流体的总质量,左端表示分布在 Ω 内的源头在单位时间内所产生的流体的总质量.

【问2】散度 $\mathrm{div}v$ 的物理意义是什么?

【答】设流体的速度场为 $v=P(x,y,z)\boldsymbol{i}+Q(x,y,z)\boldsymbol{j}+R(x,y,z)\boldsymbol{k}$,散度 $\mathrm{div}v=\dfrac{\partial P}{\partial x}+\dfrac{\partial Q}{\partial y}+\dfrac{\partial R}{\partial z}$ 表示流体在点 (x,y,z) 的源头强度,即在单位时间单位体积内所产生的流体质量.

【典型题型精解】

一、用高斯公式求曲面积分

【例1】计算 $\oiint\limits_{\Sigma}x\mathrm{d}y\mathrm{d}z+y\mathrm{d}z\mathrm{d}x+z\mathrm{d}x\mathrm{d}y$,其中 Σ 是界于 $z=0$ 和 $z=3$ 之间的圆柱体 $x^2+y^2\leqslant9$ 的整个表面的外侧.

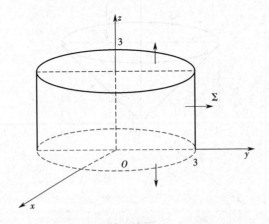

图 12-17

【解】 Σ 如图 12-17 所示. $P=x, Q=y, R=z$, 则 $\dfrac{\partial P}{\partial x}+\dfrac{\partial Q}{\partial y}+\dfrac{\partial R}{\partial z}=3.$
由高斯公式,

$$\oiint_{\Sigma} x\,dy\,dz + y\,dz\,dx + z\,dx\,dy = \iiint_{\Omega}\left(\frac{\partial P}{\partial x}+\frac{\partial Q}{\partial y}+\frac{\partial R}{\partial z}\right)dv$$
$$= \iiint_{\Omega} 3\,dv = 3\iiint_{\Omega} dv = 3 \cdot 3^2\pi \cdot 3$$
$$= 81\pi$$

【例 2】 计算 $\iint_{\Sigma}(x^2-yz)\,dy\,dz+(y^2-zx)\,dz\,dx+2z\,dx\,dy$, 其中 Σ 为锥面 $z^2=x^2+y^2$ 在 $0\leqslant x\leqslant 1$ 部分的上侧.

【解】 Σ 如图 12-18 所示. 给 Σ 补上平面 $\Sigma_1: z=1, x^2+y^2\leqslant 1$, 取下侧, 则闭曲面 $\Sigma+\Sigma_1$ 总体指向内侧. 应用高斯公式, 有 $P(x,y,z)=x^2-yz, \dfrac{\partial P}{\partial x}=2x; Q(x,y,z)=y^2-xz, \dfrac{\partial Q}{\partial x}=2y; R(x,y,z)=2z, \dfrac{\partial R}{\partial z}=2,$

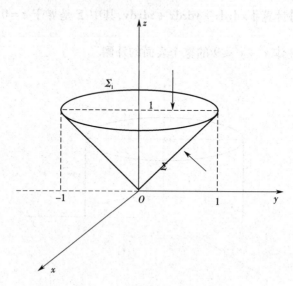

图 12-18

则 $\dfrac{\partial P}{\partial x} + \dfrac{\partial Q}{\partial y} + \dfrac{\partial R}{\partial z} = 2x + 2y + 2.$

故

$$\iint\limits_{\Sigma + \Sigma_1} (x^2 - yz)\,\mathrm{d}y\mathrm{d}z + (y^2 - zx)\,\mathrm{d}z\mathrm{d}x + 2z\mathrm{d}x\mathrm{d}y = -\iiint\limits_{\Omega} (2x + 2y + 2)\,\mathrm{d}v.$$

因为 Ω 关于 yOz 面和 zOx 面对称，故 $\iiint\limits_{\Omega} 2x\mathrm{d}v = \iiint\limits_{\Omega} 2y\mathrm{d}v = 0.$

所以

$$\iint\limits_{\Sigma} (x^2 - yz)\,\mathrm{d}y\mathrm{d}z + (y^2 - zx)\,\mathrm{d}z\mathrm{d}x + 2z\mathrm{d}x\mathrm{d}y$$

$$= -\iiint\limits_{\Omega} (2x + 2y + 2)\,\mathrm{d}v - \iint\limits_{\Sigma_1} (x^2 - yz)\,\mathrm{d}y\mathrm{d}z + (y^2 - zx)\,\mathrm{d}z\mathrm{d}x + 2z\mathrm{d}x\mathrm{d}y$$

$$= -2\iiint\limits_{\Omega} \mathrm{d}v - \iint\limits_{\Sigma_1} 2z\mathrm{d}x\mathrm{d}y = -2 \cdot \dfrac{1}{3}\pi \cdot 1^2 \cdot 1 + 2\iint\limits_{D_{xy}} \mathrm{d}x\mathrm{d}y = \dfrac{4}{3}\pi.$$

二、关于通量和散度的计算

【例 3】求向量场 $A = (x^2 + yz)\boldsymbol{i} + (y^2 + xz)\boldsymbol{j} + (z^2 + xy)\boldsymbol{k}$ 的散度.

【解】$P = x^2 + yz, Q = y^2 + zx, R = z^2 + xy,$

$$\mathrm{div}A = \dfrac{\partial P}{\partial x} + \dfrac{\partial Q}{\partial y} + \dfrac{\partial R}{\partial z} = 2x + 2y + 2z = 2(x + y + z).$$

考研解析与综合提高

【例 1】(2015 年数学一) 已知曲线 L 的方程为 $\begin{cases} x = \sqrt{2 - x^2 - y^2}, \\ z = x \end{cases}$，

起点为 $A(0, \sqrt{2}, 0)$，终点为 $B(0, -\sqrt{2}, 0)$，计算曲线积分 $I = \displaystyle\int_L (y + z)\,\mathrm{d}x + (z^2 - x^2 + y)\,\mathrm{d}y + (x^2 + y^2)\,\mathrm{d}z.$

【解】曲线 L 的参数方程为 $\begin{cases} x = \cos\theta \\ y = \sqrt{2}\sin\theta,\theta \text{ 从}\dfrac{\pi}{2}\text{到}-\dfrac{\pi}{2}. \\ z = \cos\theta \end{cases}$

$$I = \int_L (y+z)\mathrm{d}x + (z^2 - x^2 + y)\mathrm{d}y + (x^2 + y^2)\mathrm{d}z$$

$$= \int_{\frac{\pi}{2}}^{-\frac{\pi}{2}} \left[-(\sqrt{2}\sin\theta + \cos\theta)\sin\theta + \sqrt{2}\sin\theta\sqrt{2}\cos\theta - (\cos^2\theta + 2\sin^2\theta)\sin\theta \right]\mathrm{d}\theta$$

$$= \int_{\frac{\pi}{2}}^{-\frac{\pi}{2}} \left(-\sqrt{2}\sin^2\theta + \frac{1}{2}\sin 2\theta - \sin\theta - \sin^3\theta \right)\mathrm{d}\theta$$

$$= \int_{\frac{\pi}{2}}^{-\frac{\pi}{2}} \sqrt{2}\sin^2\theta\mathrm{d}\theta = \frac{\sqrt{2}}{2}\pi.$$

【例2】（2014 年数学一）设曲面 $\Sigma : z = x^2 + y^2 (z \leqslant 1)$ 取上侧，计算曲面积分：$\displaystyle\iint_\Sigma (x-1)^3\mathrm{d}y\mathrm{d}z + (y-1)^3\mathrm{d}z\mathrm{d}x + (z-1)\mathrm{d}x\mathrm{d}y.$

【解】设 $\Sigma_1 : \begin{cases} z = 1 \\ x^2 + y^2 = 1 \end{cases}$ 取下侧，记由 Σ, Σ_1 所围立体为 Ω（图 12 - 19），则由高斯公式可得

$$\oiint_{\Sigma + \Sigma_1} (x-1)^3\mathrm{d}y\mathrm{d}z + (y-1)^3\mathrm{d}z\mathrm{d}x + (z-1)\mathrm{d}x\mathrm{d}y$$

$$= -\iiint_\Omega \left[3(x-1)^2 + 3(y-1)^2 + 1 \right]\mathrm{d}x\mathrm{d}y\mathrm{d}z$$

$$= -\iiint_\Omega (3x^2 + 3y^2 + 7 - 6x - 6y)\mathrm{d}x\mathrm{d}y\mathrm{d}z$$

$$= -\iiint_\Omega (3x^2 + 3y^2 + 7)\mathrm{d}x\mathrm{d}y\mathrm{d}z$$

$$= -\int_0^{2\pi}\mathrm{d}\theta\int_0^1 r\mathrm{d}r\int_{r^2}^1 (3r^2 + 7)\mathrm{d}z$$

$$= -4\pi.$$

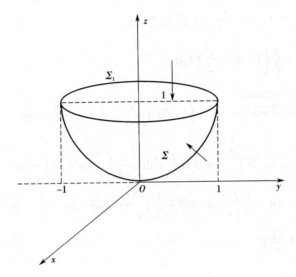

图 12 - 19

【例 3】（2013 年数学一）设 $L_1 : x^2 + y^2 = 1$，$L_2 : x^2 + y^2 = 2$，$L_3 : x^2 + 2y^2 = 2$，$L_4 : 2x^2 + y^2 = 2$ 为四条逆时针方向的平面曲线，记 $I_i = \oint_{L_i} \left(y + \dfrac{y^3}{6} \right) \mathrm{d}x + \left(2x - \dfrac{x^3}{3} \right) \mathrm{d}y$（ $i = 1, 2, 3, 4$ ），则 $\max\{ I_1, I_2, I_3, I_4 \} = (\qquad)$.

（A）I_1 （B）I_2 （C）I_3 （D）I_4

【解】由格林公式，$I_i = \iint\limits_{D_i} \left(1 - x^2 - \dfrac{y^2}{2} \right) \mathrm{d}x\mathrm{d}y$.

$D_1 \subset D_4$，在 D_4 内 $1 - x^2 - \dfrac{y^2}{2} > 0$，因此 $I_1 < I_4$.

$$I_2 = \iint\limits_{D_2} \left(1 - x^2 - \frac{y^2}{2} \right) \mathrm{d}x\mathrm{d}y$$

$$= \iint\limits_{D_4} \left(1 - x^2 - \frac{y^2}{2} \right) \mathrm{d}x\mathrm{d}y + \iint\limits_{D_2/D_4} \left(1 - x^2 - \frac{y^2}{2} \right) \mathrm{d}x\mathrm{d}y.$$

在 D_4 外 $1 - x^2 - \dfrac{y^2}{2} < 0$,因此 $I_2 < I_4$.

$$I_3 = \iint\limits_{D_3} \left(1 - x^2 - \frac{y^2}{2}\right) \mathrm{d}x\mathrm{d}y$$

$$\xlongequal[\substack{x = \sqrt{2}\, r\cos\theta \\ y = r\sin\theta}]{} \iint\limits_{\substack{r \in [0,1] \\ \theta \in [0,2\pi]}} \left(1 - 2r^2\cos^2\theta - \frac{1}{2}r^2\sin^2\theta\right) r\mathrm{d}r\mathrm{d}\theta$$

$$= 2\pi - 2\int_0^{2\pi} \cos^2\theta\mathrm{d}\theta \int_0^1 r^3\mathrm{d}r - \frac{1}{2}\int_0^{2\pi} \sin^2\theta\mathrm{d}\theta \int_0^1 r^3\mathrm{d}r$$

$$= 2\pi - \frac{1}{2}\int_0^{2\pi} \cos^2\theta\mathrm{d}\theta - \frac{1}{2}\int_0^{2\pi} \sin^2\theta\mathrm{d}\theta = 2\pi - \frac{1}{2}\cdot\pi - \frac{1}{8}\cdot\pi$$

$$= \frac{11}{8}\pi.$$

$$I_4 = \iint\limits_{D_4} \left(1 - x^2 - \frac{y^2}{2}\right) \mathrm{d}x\mathrm{d}y$$

$$\xlongequal[\substack{x = r\cos\theta \\ y = \sqrt{2}\, r\sin\theta}]{} \iint\limits_{\substack{r \in [0,1] \\ \theta \in [0,2\pi]}} (1 - r^2\cos^2\theta - r^2\sin^2\theta) r\mathrm{d}r\mathrm{d}\theta$$

$$= 2\pi - \int_0^{2\pi} \cos^2\theta\mathrm{d}\theta \int_0^1 r^3\mathrm{d}r - \int_0^{2\pi} \sin^2\theta\mathrm{d}\theta \int_0^1 r^3\mathrm{d}r$$

$$= 2\pi - \frac{1}{4}\int_0^{2\pi} \cos^2\theta\mathrm{d}\theta - \frac{1}{4}\int_0^{2\pi} \sin^2\theta\mathrm{d}\theta$$

$$= 2\pi - \frac{1}{4}\cdot\pi - \frac{1}{4}\cdot\pi$$

$$= \frac{3}{2}\pi.$$

则 $I_3 < I_4$. 所以选(D).

【例4】(2012 年数学一)已知 L 是第一象限中从 $(0,0)$ 沿圆周 $x^2 + y^2 = 2x$ 到点 $(2,0)$,再沿圆周 $x^2 + y^2 = 4$ 到点 $(0,2)$ 的曲线段,见图 $12-20$,计算曲线积分 $J = \int_L 3x^2 y\mathrm{d}x + (x^3 + x - 2y)\mathrm{d}y$.

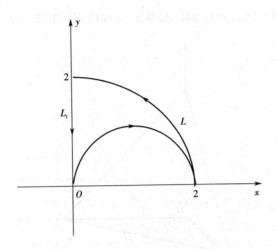

图 12 - 20

【解】补直线 $L_1:x=0(0\leqslant y\leqslant 2)$，$D$ 表示曲线 L 和直线 L_1 所围区域，由格林公式,得:

$$J = \int_L 3x^2y\mathrm{d}x + (x^3 + x - 2y)\mathrm{d}y$$

$$= \oint_{L+L_1} 3x^2y\mathrm{d}x + (x^3 + x - 2y)\mathrm{d}y$$

$$- \int_{L_1} 3x^2y\mathrm{d}x + (x^3 + x - 2y)\mathrm{d}y$$

$$= \iint_D (3x^2 + 1 - 3x^2)\mathrm{d}x\mathrm{d}y - \int_2^0 -2y\mathrm{d}y$$

$$= S_D - 4 = \frac{\pi}{2} - 4.$$

【例5】(2012 年数学一) 设 $\Sigma = \{(x,y,z) \mid x+y+z=1, x\geqslant 0,$ $y\geqslant 0, z\geqslant 0\}$，则 $\iint\limits_{\Sigma} y^2 \mathrm{d}S =$ _____.

【解】由曲面积分的计算公式可知

$$\iint\limits_{\Sigma} y^2\mathrm{d}S = \iint\limits_D y^2 \sqrt{1 + (-1)^2 + (-1)^2}\,\mathrm{d}x\mathrm{d}y = \sqrt{3}\iint\limits_D y^2\mathrm{d}x\mathrm{d}y,$$

其中，$D = \{(x,y) \mid x \geqslant 0, y \geqslant 0, x + y \leqslant 1\}$，见图 12 - 21.

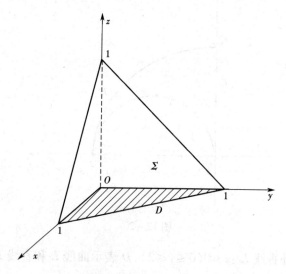

图 12 - 21

故

$$\iint_{\Sigma} y^2 \mathrm{d}S = \iint_{D} y^2 \sqrt{1 + (-1)^2 + (-1)^2} \, \mathrm{d}x\mathrm{d}y$$

$$= \sqrt{3} \iint_{D} y^2 \mathrm{d}x\mathrm{d}y = \sqrt{3} \int_0^1 \mathrm{d}y \int_0^{1-y} y^2 \mathrm{d}x = \frac{\sqrt{3}}{12}.$$

【例 6】(2011 年数学一) 设 L 是柱面方程 $x^2 + y^2 = 1$ 与平面 $z = x + y$ 的交线，从 z 轴正向往 z 轴负向看去为逆时针方向，则曲线积分 $\oint_L xz\mathrm{d}x + x\mathrm{d}y + \dfrac{y^2}{2}\mathrm{d}z = \underline{\qquad\qquad}$.

【问题分析】本题考查第二类曲线积分的计算. 首先将曲线写成参数方程的形式，再带入相应的计算公式计算即可.

【解】曲线 L 的参数方程为 $\begin{cases} x = \cos t \\ y = \sin t \\ z = \cos t + \sin t \end{cases}$，其中 t 从 0 到 2π.

因此

$$\oint_L xz\mathrm{d}x + x\mathrm{d}y + \frac{y^2}{2}\mathrm{d}z$$

$$= \int_0^{2\pi} \cos t(\sin t + \cos t)(-\sin t)$$

$$+ \cos t\cos t + \frac{\sin^2 t}{2}(\cos t - \sin t)\mathrm{d}t$$

$$= \int_0^{2\pi} -\sin t\cos^2 t - \frac{\sin^2 t\cos t}{2} - \frac{\sin^3 t}{2}\mathrm{d}t = \pi.$$

【例7】(2010 年数学一)设 P 为椭球面 $S : x^2 + y^2 + z^2 - yz = 1$ 上的动点,若 S 在点 P 处的切平面与 xOy 面垂直,求点 P 的轨迹 C,并计算曲面积分 $I = \iint\limits_{\Sigma} \dfrac{(x+\sqrt{3})\,|y-2z|}{\sqrt{4+y^2+z^2-4yz}}\mathrm{d}S$,其中 Σ 是椭球面 S 位于曲线 C 上方的部分.

【解】椭球面 S 上点 $P(x,y,z)$ 处的法向量是 $\boldsymbol{n} = (2x, 2y-z, 2z-y)$,点 P 处的切平面与 xOy 面垂直的充分必要条件是 $\boldsymbol{n} \cdot \boldsymbol{k} = 0$,其中 $\boldsymbol{k} = (0,0,1)$,所以点 P 的轨迹 C 的方程为

$$\begin{cases} 2z - y = 0 \\ x^2 + y^2 + z^2 - yz = 1 \end{cases}, \text{即} \begin{cases} 2z - y = 0 \\ x^2 + \dfrac{3}{4}y^2 = 1 \end{cases}.$$

取 $D = \left\{ (x,y) \,\middle|\, x^2 + \dfrac{3}{4}y^2 \leqslant 1 \right\}$,记 Σ 得方程为 $z = z(x,y)$,$(x,y) \in D$. 由于

$$\sqrt{1 + \left(\frac{\partial z}{\partial x}\right)^2 + \left(\frac{\partial z}{\partial y}\right)^2} = \sqrt{1 + \left(\frac{2x}{y-2z}\right)^2 + \left(\frac{2y-z}{y-2z}\right)^2} = \frac{\sqrt{4+y^2+z^2-4yz}}{|y-2z|},$$

所以 $I = \iint\limits_{\Sigma} \dfrac{(x+\sqrt{3})\,|y-2z|}{\sqrt{4+y^2+z^2-4yz}}\mathrm{d}S$

$$= \iint\limits_{D} \dfrac{(x+\sqrt{3})\,|y-2z|}{\sqrt{4+y^2+z^2-4yz}}\sqrt{1 + \left(\frac{\partial z}{\partial x}\right)^2 + \left(\frac{\partial z}{\partial y}\right)^2}\,\mathrm{d}x\mathrm{d}y$$

$$= \iint\limits_{D} (x + \sqrt{3})\,\mathrm{d}x\mathrm{d}y = 2\pi.$$

【例8】(2010 年数学一)已知曲线 L 的方程为 $y = 1 - |x|(x \in [-1,1])$,起点是 $A(-1,0)$,终点是 $B(1,0)$,见图 12-22,则曲线积分 $\int_{L} xy\mathrm{d}x + x^2\mathrm{d}y = $ _____.

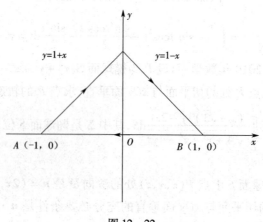

图 12-22

【解】$\int_{L} xy\mathrm{d}x + x^2\mathrm{d}y$

$$= \oint_{L+\overline{AB}} xy\mathrm{d}x + x^2\mathrm{d}y - \int_{\overline{AB}} xy\mathrm{d}x + x^2\mathrm{d}y$$

$$= \iint\limits_{\substack{-1 \leq x \leq 1 \\ 0 \leq y \leq 1-|x|}} (2x - x)\,\mathrm{d}x\mathrm{d}y - \int_{1}^{-1} 0\,\mathrm{d}x = 0.$$

【例9】(2009 年数学一)计算曲面积分

$$I = \oiint\limits_{\Sigma} \frac{x\mathrm{d}y\mathrm{d}z + y\mathrm{d}z\mathrm{d}x + z\mathrm{d}x\mathrm{d}y}{(x^2 + y^2 + z^2)^{\frac{3}{2}}},$$

其中 Σ 是曲面 $2x^2 + 2y^2 + z^2 = 4$ 的外侧.

【解】设 $\Sigma_1 : x^2 + y^2 + z^2 = 1$,内侧.

设 $P = \dfrac{x}{(x^2 + y^2 + z^2)^{\frac{3}{2}}}, Q = \dfrac{y}{(x^2 + y^2 + z^2)^{\frac{3}{2}}}, R = \dfrac{z}{(x^2 + y^2 + z^2)^{\frac{3}{2}}}.$

设 Σ 和 Σ_1 所围起来的区域为 Ω，则在 Ω 上 $\dfrac{\partial P}{\partial x},\dfrac{\partial Q}{\partial y},\dfrac{\partial R}{\partial z}$ 存在且有

$$\frac{\partial P}{\partial x}=\frac{y^2+z^2-2x^2}{\left(x^2+y^2+z^2\right)^{\frac{5}{2}}},\frac{\partial Q}{\partial y}=\frac{x^2+z^2-2y^2}{\left(x^2+y^2+z^2\right)^{\frac{5}{2}}},$$

$$\frac{\partial R}{\partial z}=\frac{x^2+y^2-2z^2}{\left(x^2+y^2+z^2\right)^{\frac{5}{2}}},\frac{\partial P}{\partial x}+\frac{\partial Q}{\partial y}+\frac{\partial R}{\partial z}=0.$$

所以，$\displaystyle\oiint\limits_{\Sigma+\Sigma_1}\frac{x\mathrm{d}y\mathrm{d}z+y\mathrm{d}z\mathrm{d}x+z\mathrm{d}x\mathrm{d}y}{\left(x^2+y^2+z^2\right)^{\frac{3}{2}}}=\iiint\limits_{\Omega}0\mathrm{d}x\mathrm{d}y\mathrm{d}z=0.$

$$\begin{aligned}
I&=\oiint\limits_{\Sigma}\frac{x\mathrm{d}y\mathrm{d}z+y\mathrm{d}z\mathrm{d}x+z\mathrm{d}x\mathrm{d}y}{\left(x^2+y^2+z^2\right)^{\frac{3}{2}}}\\
&=\oiint\limits_{\Sigma+\Sigma_1}\frac{x\mathrm{d}y\mathrm{d}z+y\mathrm{d}z\mathrm{d}x+z\mathrm{d}x\mathrm{d}y}{\left(x^2+y^2+z^2\right)^{\frac{3}{2}}}-\oiint\limits_{\Sigma_1}\frac{x\mathrm{d}y\mathrm{d}z+y\mathrm{d}z\mathrm{d}x+z\mathrm{d}x\mathrm{d}y}{\left(x^2+y^2+z^2\right)^{\frac{3}{2}}}\\
&=0-\oiint\limits_{\Sigma_1}x\mathrm{d}y\mathrm{d}z+y\mathrm{d}z\mathrm{d}x+z\mathrm{d}x\mathrm{d}y\\
&=\oiint\limits_{\Sigma_1^-}x\mathrm{d}y\mathrm{d}z+y\mathrm{d}z\mathrm{d}x+z\mathrm{d}x\mathrm{d}y\\
&=\iiint\limits_{\Omega_1}3\mathrm{d}x\mathrm{d}y\mathrm{d}z=3\cdot\frac{4}{3}\pi=4\pi.
\end{aligned}$$

其中 Ω_1 表示 Σ_1 所围起来的区域.

【例 10】(2009 年数学一) 已知曲线 $L: y=x^2\left(0\leqslant x\leqslant\sqrt{2}\right)$，见

图 12 – 23，则 $\displaystyle\int_L x\mathrm{d}s=$ ＿＿＿＿＿＿.

【解】由题意，$x=x,y=x^2,0\leqslant x\leqslant\sqrt{2}$，则

$$\mathrm{d}s=\sqrt{1^2+\left(y'\right)^2}\mathrm{d}x=\sqrt{1+4x^2}\mathrm{d}x.$$

所以

$$\begin{aligned}
\int_L x\mathrm{d}s&=\int_0^{\sqrt{2}}x\sqrt{1+4x^2}\mathrm{d}x\\
&=\frac{1}{8}\int_0^{\sqrt{2}}\sqrt{1+4x^2}\mathrm{d}\left(1+4x^2\right)
\end{aligned}$$

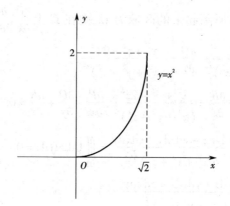

图 12 – 23

$$= \frac{1}{8} \cdot \frac{2}{3} \sqrt{(1+4x^2)^3} \Big|_0^{\sqrt{2}} = \frac{13}{6}.$$

【**例 11**】(2008 年数学一)设曲面 Σ 是 $z = \sqrt{4 - x^2 - y^2}$ 的上侧,见

图 12 – 24,则 $\displaystyle\iint\limits_{\Sigma} xy\mathrm{d}y\mathrm{d}z + x\mathrm{d}z\mathrm{d}x + x^2\mathrm{d}x\mathrm{d}y = $ _____.

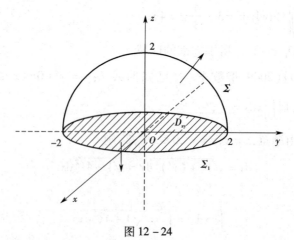

图 12 – 24

【**解**】添加曲面 $\Sigma_1 : z = 0, x^2 + y^2 \leqslant 4$,下侧,则

$$\iint\limits_{\Sigma} xy\mathrm{d}y\mathrm{d}z + x\mathrm{d}z\mathrm{d}x + x^2\mathrm{d}x\mathrm{d}y$$

$$= \oiint\limits_{\Sigma+\Sigma_1} xy\mathrm{d}y\mathrm{d}z + x\mathrm{d}z\mathrm{d}x + x^2\mathrm{d}x\mathrm{d}y - \iint\limits_{\Sigma_1} xy\mathrm{d}y\mathrm{d}z + x\mathrm{d}z\mathrm{d}x + x^2\mathrm{d}x\mathrm{d}y$$

$$= \iiint\limits_{\Omega} y\mathrm{d}x\mathrm{d}y\mathrm{d}z + \iint\limits_{\Sigma_1^-} xy\mathrm{d}y\mathrm{d}z + x\mathrm{d}z\mathrm{d}x + x^2\mathrm{d}x\mathrm{d}y$$

$$= \int_0^{2\pi} \sin\theta\mathrm{d}\theta \int_0^2 r^2\mathrm{d}r \int_0^{\sqrt{4-x^2-y^2}} \mathrm{d}z + \iint\limits_{\Sigma_1^-} x^2\mathrm{d}x\mathrm{d}y$$

$$= 0 + \iint\limits_{D} x^2\mathrm{d}x\mathrm{d}y = \int_0^{2\pi} \sin^2\theta\mathrm{d}\theta \int_0^2 r^2 \cdot r\mathrm{d}r = 4\pi.$$

【例 12】(2008 年数学一)计算曲线积分 $\displaystyle\int_L \sin x\mathrm{d}x + 2(x^2-1)\mathrm{d}y$,
其中 L 是曲线 $y = \sin x$ 上从 $(0,0)$ 到 $(0,\pi)$ 的一段.

【解】$\displaystyle\int_L \sin x\mathrm{d}x + 2(x^2-1)\mathrm{d}y$

$$= \int_0^{\pi} \sin x\mathrm{d}x + 2(x^2-1)\sin x\cos x\mathrm{d}x$$

$$= \int_0^{\pi} \sin x\mathrm{d}x + \int_0^{\pi} x^2\sin 2x\mathrm{d}x - \int_0^{\pi}\sin 2x\mathrm{d}x$$

$$= \int_0^{\pi} x^2\sin 2x\mathrm{d}x = -\frac{1}{2}\int_0^{\pi} x^2\mathrm{d}\cos 2x$$

$$= -\frac{1}{2}x^2\cos 2x\Big|_0^{\pi} + \frac{1}{2}\int_0^{\pi} 2x\cos 2x\mathrm{d}x$$

$$= -\frac{\pi^2}{2}.$$

【例 13】(2007 年数学一)设曲线 $L{:}f(x,y)=1,f(x,y)$ 具有一阶连续偏导数,过第二象限内的点 M 和第四象限内的点 N,Γ 为 L 上从点 M 到点 N 的一段弧,则下列积分小于零的是(　　).

(A)$\displaystyle\int_{\Gamma} f(x,y)\mathrm{d}x$　　　　　　(B)$\displaystyle\int_{\Gamma} f(x,y)\mathrm{d}y$

(C)$\displaystyle\int_{\Gamma} f(x,y)\mathrm{d}s$　　　　　　(D)$\displaystyle\int_{\Gamma} f'_x(x,y)\mathrm{d}x + f'_y(x,y)\mathrm{d}y$

【解】设 M 和 N 点的坐标分别为 $M(x_1, y_1)$ 和 $N(x_2, y_2)$,则由题设可知 $x_1 < x_2, y_1 > y_2$.

因为 $\displaystyle\int_\Gamma f(x,y)\,\mathrm{d}x = \int_\Gamma \mathrm{d}x = x_2 - x_1 > 0$;

$$\int_\Gamma f(x,y)\,\mathrm{d}y = \int_\Gamma \mathrm{d}y = y_2 - y_1 < 0;$$

$\displaystyle\int_\Gamma f(x,y)\,\mathrm{d}s = \int_\Gamma \mathrm{d}s = \Gamma \text{ 的弧长} > 0$;

$$\int_\Gamma f_x'(x,y)\,\mathrm{d}x + f_y'(x,y)\,\mathrm{d}y = \int_\Gamma 0\,\mathrm{d}x + 0\,\mathrm{d}y = 0.$$

所以选(B).

【例 14】(2007 年数学一)计算曲面积分

$$I = \iint_\Sigma xz\,\mathrm{d}y\mathrm{d}z + 2zy\,\mathrm{d}z\mathrm{d}x + 3xy\,\mathrm{d}x\mathrm{d}y,$$

其中 Σ 为曲面 $z = 1 - x^2 - \dfrac{y^2}{4}\,(0 \leqslant z \leqslant 1)$ 的上侧,见图 12 - 25.

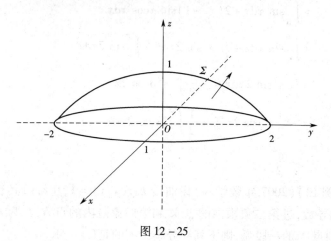

图 12 - 25

【解】$\displaystyle\iint_\Sigma 3xy\,\mathrm{d}x\mathrm{d}y = \iint_{D_{xy}} 3xy\,\mathrm{d}x\mathrm{d}y = 0,$

$$\iint\limits_{\Sigma} xz\mathrm{d}y\mathrm{d}z = 2\iint\limits_{D_{yz}} z\sqrt{1-z-\frac{y^2}{4}}\mathrm{d}y\mathrm{d}z = 2\int_0^1 z\mathrm{d}z\int_{-2\sqrt{1-z}}^{2\sqrt{1-z}}\sqrt{1-z-\frac{y^2}{4}}\mathrm{d}y$$

$$= \int_0^1 2\pi z(1-z)\mathrm{d}z = \frac{\pi}{3}.$$

$$\iint\limits_{\Sigma} 2yz\mathrm{d}z\mathrm{d}x = 4\iint\limits_{D_{zx}} z\sqrt{4(1-z-x^2)}\mathrm{d}z\mathrm{d}x = 8\int_0^1 z\mathrm{d}z\int_{-\sqrt{1-z}}^{\sqrt{1-z}}\sqrt{1-z-x^2}\mathrm{d}x$$

$$= \int_0^1 4\pi z(1-z)\mathrm{d}z = \frac{2\pi}{3}.$$

所以 $I = \iint\limits_{\Sigma} xz\mathrm{d}y\mathrm{d}z + 2yz\mathrm{d}z\mathrm{d}x + 3xy\mathrm{d}x\mathrm{d}y = \pi.$

【例 15】(2007 年数学一) 设曲面 Σ: $|x| + |y| + |z| = 1$, 则

$$\oiint\limits_{\Sigma}(x+|y|)\mathrm{d}S = \underline{\hspace{3cm}}.$$

【解】由积分域与被积函数的对称性有

$$\oiint\limits_{\Sigma} x\mathrm{d}S = 0, \oiint\limits_{\Sigma}|x|\mathrm{d}S = \oiint\limits_{\Sigma}|y|\mathrm{d}S = \oiint\limits_{\Sigma}|z|\mathrm{d}S,$$

所以 $\oiint\limits_{\Sigma}|y|\mathrm{d}S = \frac{1}{3}\oiint\limits_{\Sigma}(|x|+|y|+|z|)\mathrm{d}S = \frac{1}{3}\oiint\limits_{\Sigma}\mathrm{d}S = \frac{4\sqrt{3}}{3}.$

故 $\oiint\limits_{\Sigma}(x+|y|)\mathrm{d}S = \frac{4\sqrt{3}}{3}.$

【例 16】(2006 年数学一) 设 Σ 是锥面 $z = \sqrt{x^2+y^2}$ $(0 \leqslant z \leqslant 1)$ 的下

侧, 见图 12 − 26, 则 $\iint\limits_{\Sigma} x\mathrm{d}y\mathrm{d}z + 2y\mathrm{d}z\mathrm{d}x + 3(z-1)\mathrm{d}x\mathrm{d}y = \underline{\hspace{3cm}}.$

【解】补曲面 Σ_1: $\begin{cases} x^2+y^2 \leqslant 1 \\ z = 1 \end{cases}$, 上侧.

$$P = x, Q = 2y, R = 3(z-1), \frac{\partial P}{\partial x} + \frac{\partial Q}{\partial y} + \frac{\partial R}{\partial z} = 6.$$

则 $\iint\limits_{\Sigma+\Sigma_1} x\mathrm{d}y\mathrm{d}z + 2y\mathrm{d}z\mathrm{d}x + 3(z-1)\mathrm{d}x\mathrm{d}y$

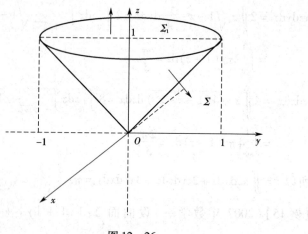

图 12 - 26

$$= \iiint_\Omega 6\mathrm{d}x\mathrm{d}y\mathrm{d}z = 6 \cdot \frac{\pi}{3} = 2\pi.$$

而 $\iint_{\Sigma_1} x\mathrm{d}y\mathrm{d}z + 2y\mathrm{d}z\mathrm{d}x + 3(z-1)\mathrm{d}x\mathrm{d}y = 0$

(因为在 Σ_1 上 $z=0,\mathrm{d}z=0$).

从而 $\iint_\Sigma x\mathrm{d}y\mathrm{d}z + 2y\mathrm{d}z\mathrm{d}x + 3(z-1)\mathrm{d}x\mathrm{d}y$

$$= \iint_{\Sigma+\Sigma_1} x\mathrm{d}y\mathrm{d}z + 2y\mathrm{d}z\mathrm{d}x + 3(z-1)\mathrm{d}x\mathrm{d}y$$

$$- \iint_{\Sigma_1} x\mathrm{d}y\mathrm{d}z + 2y\mathrm{d}z\mathrm{d}x + 3(z-1)\mathrm{d}x\mathrm{d}y$$

$$= 2\pi.$$

【例 17】(2006 年数学一)设在上半平面 $D = \{(x,y)\mid y>0\}$ 内函数 $f(x,y)$ 有连续偏导数,且对任意的 $t>0$,都有 $f(tx,ty) = t^{-2}f(x,y)$.
证明:对 D 内的任意分段光滑的有向简单闭曲线 L,都有

$$\oint_L yf(x,y)\,\mathrm{d}x - xf(x,y)\,\mathrm{d}y = 0.$$

【解】对 $f(tx,ty) = t^{-2}f(x,y)$ 两边关于 t 求导,得

$$xf'_x(tx,ty) + yf'_y(tx,ty) = -2tf(x,y).$$

令 $t = 1$,则 $xf'_x(x,y) + yf'_y(x,y) = -2f(x,y)$,再令 $P = yf(x,y)$,

$Q = -xf(x,y)$,则

$$\frac{\partial Q}{\partial x} = -f(x,y) - xf'_x(x,y), \frac{\partial P}{\partial y} = f(x,y) + yf'_y(x,y).$$

因为 $xf'_x(x,y) + yf'_y(x,y) = -2f(x,y)$,

即 $-f(x,y) - xf'_x(x,y) = f(x,y) + yf'_y(x,y)$,所以 $\frac{\partial Q}{\partial x} = \frac{\partial P}{\partial y}$.

因为曲线积分等于 0 的充分必要条件是 $\frac{\partial Q}{\partial x} = \frac{\partial P}{\partial y}$,所以结论成立.

【例 18】$\oint_L e^{\sqrt{x^2+y^2}} ds$,其中 L 为圆周 $x^2 + y^2 = a^2$,直线 $y = x$ 及 x 轴在第一象限内所围成的扇形的整个边界.

【问题分析】画出积分曲线 L 的图形,如图 12 - 27 所示,利用积分关于曲线弧的可加性,分别计算后再求和. L 可以分为三部分 $L_1, L_2,$

L_3,其中 $L_1: y = x \left(0 \leq x \leq \frac{\sqrt{2}}{2}a\right)$,$L_2: \begin{cases} x = a\cos t \\ y = a\sin t \end{cases} \left(0 \leq t \leq \frac{\pi}{4}\right)$,$L_3: y = 0$

$(0 \leq x \leq a)$

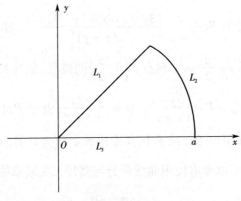

图 12 - 27

【解】设 $L = L_1 + L_2 + L_3$，则

$$\oint_L e^{\sqrt{x^2+y^2}}ds = \int_{L_1} e^{\sqrt{x^2+y^2}}ds + \int_{L_2} e^{\sqrt{x^2+y^2}}ds + \int_{L_3} e^{\sqrt{x^2+y^2}}ds.$$

L_1 方程为 $y = x\left(0 \leqslant x \leqslant \dfrac{\sqrt{2}}{2}a\right)$，$ds = \sqrt{1 + (x')^2}dx = \sqrt{2}dx$，故

$$\int_{L_1} e^{\sqrt{x^2+y^2}}ds = \int_0^{\frac{\sqrt{2}}{2}a} e^{\sqrt{x^2+x^2}}\sqrt{2}dx = \int_0^{\frac{\sqrt{2}}{2}a} e^{\sqrt{2}x}\sqrt{2}dx$$

$$= \int_0^{\frac{\sqrt{2}}{2}a} e^{\sqrt{2}x}d(\sqrt{2}x) = e^{\sqrt{2}x}\big|_0^{\frac{\sqrt{2}}{2}a} = e^a - 1.$$

L_2 方程为 $\begin{cases} x = a\cos t \\ y = a\sin t \end{cases}\left(0 \leqslant t \leqslant \dfrac{\pi}{4}\right).$

$$ds = \sqrt{(x')^2 + (y')^2}dt = \sqrt{(-a\sin t)^2 + (a\cos t)^2}dt = a\,dt,$$

故 $\displaystyle\int_{L_2} e^{\sqrt{x^2+y^2}}ds = \int_0^{\frac{\pi}{4}} e^a a\,dt = \dfrac{\pi}{4}ae^a.$

L_3 方程为 $y = 0(0 \leqslant x \leqslant a)$，$ds = \sqrt{1 + 0^2}dx = dx$，故

$$\int_{L_3} e^{\sqrt{x^2+y^2}}ds = \int_0^a e^x dx = e^x\big|_0^a = e^a - 1.$$

所以，$\displaystyle\oint_L e^{\sqrt{x^2+y^2}}ds = e^a - 1 + \dfrac{\pi}{4}ae^a + e^a - 1 = \left(\dfrac{\pi}{4}a + 2\right)e^a - 2.$

【例 19】计算积分 $\displaystyle\int_L \dfrac{(3y-x)dx + (y-3x)dy}{(x+y)^3}$，其中 L 是由点 $A\left(\dfrac{\pi}{2}, 0\right)$ 沿曲线 $y = \dfrac{\pi}{2}\cos x$ 到点 $B\left(0, \dfrac{\pi}{2}\right)$ 的弧段，见图 12−28.

【问题分析】令 $P = \dfrac{3y-x}{(x+y)^3}$，$Q = \dfrac{y-3x}{(x+y)^3}$，由于 P, Q 的形式与曲线 L 的方程形式不一致，故不宜直接化成定积分计算. 而当 $x + y \neq 0$ 时，$\dfrac{\partial P}{\partial y} = \dfrac{\partial Q}{\partial x}$，故可以考虑使用曲线积分与路径无关或求原函数.

【解】方法一　当 $x + y \neq 0$ 时，$\dfrac{\partial P}{\partial y} = \dfrac{\partial Q}{\partial x} = \dfrac{6x - 6y}{(x+y)^4}$，故在 $x + y > 0$ 的

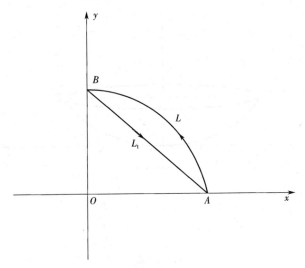

图 12 - 28

区域内积分与路径无关,因此取 $l_1 : x + y = \dfrac{\pi}{2}$,从 A 到 B,则

$$\int_L \frac{(3y - x)\,\mathrm{d}x + (y - 3x)\,\mathrm{d}y}{(x + y)^3} = \int_{L1} \frac{(3y - x)\,\mathrm{d}x + (y - 3x)\,\mathrm{d}x}{(x + y)^3}$$

$$= \frac{8}{\pi^3} \int_{\frac{\pi}{2}}^{0} \left[3\left(\frac{\pi}{2} - x \right) - x - \left(\frac{\pi}{2} - x \right) + 3x \right] \mathrm{d}x = -\frac{4}{\pi}.$$

方法二   当 $x + y \neq 0$ 时,$\dfrac{\partial P}{\partial y} = \dfrac{\partial Q}{\partial x} = \dfrac{6x - 6y}{(x + y)^4}$,故当 $x + y > 0$ 时

$\dfrac{(3y - x)\,\mathrm{d}x + (y - 3x)\,\mathrm{d}y}{(x + y)^3}$ 有原函数 $u(x, y) = \dfrac{x - y}{(x + y)^2}$,因此

$$\int_L \frac{(3y - x)\,\mathrm{d}x + (y - 3x)\,\mathrm{d}y}{(x + y)^3} = u(x, y) \Big|_A^B = \frac{4}{\pi} \Big[-\frac{\pi}{2} - \frac{\pi}{2} \Big] = -\frac{4}{\pi}.$$

【例 20】计算 $\displaystyle\iint_{\Sigma} (z^2 + x)\,\mathrm{d}y\mathrm{d}z - z\,\mathrm{d}x\mathrm{d}y$,其中 Σ 是旋转抛物面 $z = \dfrac{1}{2}$ $(x^2 + y^2)$ 介于平面 $z = 0$ 及 $z = 2$ 之间部分的下侧.

【解】Σ 如图 12 - 29 所示,投影 $D : x^2 + y^2 \leqslant 4$,在曲面 Σ 上,有

$$\cos \alpha = \frac{x}{\sqrt{1 + x^2 + y^2}}, \cos \gamma = \frac{-1}{\sqrt{1 + x^2 + y^2}}.$$

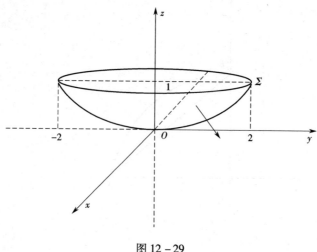

图 12 – 29

由两类曲面积分之间的关系,可得

$$\iint\limits_{\Sigma} (z^2 + x)\mathrm{d}y\mathrm{d}z = \iint\limits_{\Sigma} (z^2 + x)\cos\,\alpha\mathrm{d}S = \iint\limits_{\Sigma} (z^2 + x)\cos\,\alpha \cdot \frac{1}{\cos\,\gamma}\mathrm{d}x\mathrm{d}y,$$

故

$$\iint\limits_{\Sigma} (z^2 + x)\mathrm{d}y\mathrm{d}z - z\mathrm{d}x\mathrm{d}y = \iint\limits_{\Sigma} \left[(z^2 + x)(-x) - z \right]\mathrm{d}x\mathrm{d}y.$$

再按照对坐标的曲面积分的计算法,得

$$\iint\limits_{\Sigma} (z^2 + x)\mathrm{d}y\mathrm{d}z - z\mathrm{d}x\mathrm{d}y$$

$$= -\iint\limits_{D_{xy}} \left\{ \left[\frac{1}{4}(x^2 + y^2)^2 + x \right] \cdot (-x) - \frac{1}{2}(x^2 + y^2) \right\}\mathrm{d}x\mathrm{d}y$$

$$= \iint\limits_{D_{xy}} \frac{1}{4}x(x^2 + y^2)^2\mathrm{d}x\mathrm{d}y + \iint\limits_{D_{xy}} \frac{1}{2}(3x^2 + y^2)\mathrm{d}x\mathrm{d}y.$$

由于 $D:x^2 + y^2 \leqslant 4$ 关于 y 轴对称,$\frac{1}{4}(x^2 + y^2)^2$ 关于 x 是奇函数,

故 $\iint\limits_{D_{xy}} \frac{1}{4}(x^2 + y^2)^2\mathrm{d}x\mathrm{d}y = 0$.

所以 $\displaystyle\iint_{\Sigma}(z^2+x)\,\mathrm{d}y\mathrm{d}z - z\mathrm{d}x\mathrm{d}y = \iint_{D_{xy}}\frac{1}{2}(3x^2+y^2)\,\mathrm{d}x\mathrm{d}y$

$$= \int_0^{2\pi}\mathrm{d}\theta\int_0^2\left[\rho^2\cos^2\theta+\frac{1}{2}\rho^2\right]\mathrm{d}\rho = 8\pi.$$

【例 21】计算 $\displaystyle\oiint_{\Sigma}x^2\mathrm{d}y\mathrm{d}z + y^2\mathrm{d}z\mathrm{d}x + z^2\mathrm{d}x\mathrm{d}y$，其中 Σ 为平面 $x=0,y=0,z=0,x=a,y=a,z=a$ 所围成的立体的表面的外侧.

【解】Σ 如图 12-30 所示. $P=x^2,Q=y^2,R=z^2$，则 $\dfrac{\partial P}{\partial x}+\dfrac{\partial Q}{\partial y}+\dfrac{\partial R}{\partial z}$.

由高斯公式

$$\oiint_{\Sigma}x^2\mathrm{d}y\mathrm{d}z + y^2\mathrm{d}z\mathrm{d}x + z^2\mathrm{d}x\mathrm{d}y$$

$$=\iiint_{\Omega}\left(\frac{\partial P}{\partial x}+\frac{\partial Q}{\partial y}+\frac{\partial R}{\partial z}\right)\mathrm{d}v$$

$$=2\iiint_{\Omega}(x+y+z)\,\mathrm{d}v \xlongequal{\text{对称性}} 6\iiint_{\Omega}x\mathrm{d}v = 6\int_0^a x\mathrm{d}x\int_0^a\mathrm{d}y\int_0^a\mathrm{d}z = 3a^4.$$

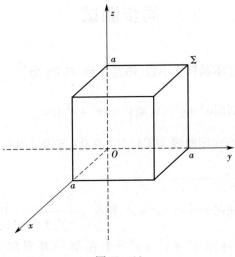

图 12-30

【例22】计算 $\iint\limits_{\Sigma}(xy+yz+zx)\,\mathrm{d}S$,其中 Σ 为锥面 $z=\sqrt{x^2+y^2}$ 被柱面 $x^2+y^2=2ax$ 所截得的有限部分.

【解】Σ 在 xOy 面上的投影为 $D_{xy}:x^2+y^2\leqslant 2ax$.

$$\mathrm{d}S=\left(1+\frac{x^2}{x^2+y^2}+\frac{y^2}{x^2+y^2}\right)^{\frac12}\mathrm{d}x\mathrm{d}y=\sqrt{2}\,\mathrm{d}x\mathrm{d}y.$$

$$\iint\limits_{\Sigma}(xy+yz+zx)\,\mathrm{d}S=\sqrt{2}\iint\limits_{D_{xy}}\left[xy+(x+y)\sqrt{x^2+y^2}\right]\mathrm{d}x\mathrm{d}y$$

$$=\sqrt{2}\int_{-\frac{\pi}{2}}^{\frac{\pi}{2}}\mathrm{d}\theta\int_0^{2a\cos\theta}\left[r^2\sin\theta\cos\theta+r^2(\cos\theta+\sin\theta)\right]r\mathrm{d}r$$

$$=\sqrt{2}\int_{-\frac{\pi}{2}}^{\frac{\pi}{2}}(\sin\theta\cos\theta+\cos\theta+\sin\theta)\frac14(2a\cos\theta)^4\mathrm{d}\theta$$

$$=8\sqrt{2}\int_0^{\frac{\pi}{2}}\cos^5\theta\mathrm{d}\theta=\frac{64}{15}\sqrt{2}a^4.$$

同步测试

一、填空题(本题共 5 小题,每题 5 分,共 25 分)

1. 设 L 是圆周 $x^2+y^2=1$,则 $\oint_L\sqrt{x^2+y^2}\,\mathrm{d}s=$ _____.

2. 设 Γ 为有向闭曲线 $ABCA$,$A(1,0,0)$,$B(0,1,0)$,$C(0,0,1)$,则 $\oint_\Gamma\mathrm{d}x-\mathrm{d}y-y\mathrm{d}z=$ _____.

3. 设 Σ 为球面 $x^2+y^2+z^2=a^2$,则 $\oiint\limits_{\Sigma}\dfrac{1}{x^2+y^2+z^2+1}\mathrm{d}S=$ _____.

4. 设 Σ 为球面 $x^2+y^2+z^2=1$ 在第一卦限部分的内侧,则 $\iint\limits_{\Sigma}(z-1)\mathrm{d}x\mathrm{d}y=$ _____.

5. 设 Σ 为曲面 $z = \sqrt{x^2 + y^2}$（$0 \leqslant z \leqslant h$）的外侧，则 $\iint\limits_{\Sigma} x^3 \mathrm{d}y\mathrm{d}z +$ $y^3\mathrm{d}z\mathrm{d}x + z^3\mathrm{d}x\mathrm{d}y = $ _____.

二、选择题（本题共 5 小题，每题 5 分，共 25 分）

1. 设 L 为直线 $y = y_0$ 上从点 $A(0, y_0)$ 到点 $B(3, y_0)$ 的有向直线段，则 $\int_L 2\mathrm{d}y = ($ $)$.

（A）6 　　　　（B）$7y_0$ 　　　　（C）0 　　　　（D）$2y_0$

2. 设 L 为折线 $y = 1 - |x|$，由点 $O(0,0)$ 到点 $A(2,0)$ 的折线段，则 $\int_L (x^2 + y^2)\mathrm{d}x + (x^2 - y^2)\mathrm{d}y($ $)$.

（A）$\dfrac{5}{3}$ 　　　（B）$\dfrac{2}{3}$ 　　　（C）$\dfrac{4}{3}$ 　　　（D）1

3. 设 Σ 为 $z = 2 - (x^2 + y^2)$ 在 xOy 面上方部分的曲面，则 $\iint\limits_{\Sigma} \mathrm{d}S = ($ $)$.

（A）$\int_0^{2\pi} \mathrm{d}\theta \int_0^r \sqrt{1 + 4r^2}\, r\mathrm{d}r$

（B）$\int_0^{2\pi} \sqrt{1 + 4r^2}\, r\mathrm{d}r$

（C）$\int_0^{2\pi} \mathrm{d}\theta \int_0^2 (2 - r^2)\sqrt{1 + 4r^2}\, r\mathrm{d}r$

（D）$\int_0^{2\pi} \mathrm{d}\theta \int_0^{\sqrt{2}} \sqrt{1 + 4r^2}\, r\mathrm{d}r$

4. 设 Σ 为 $z = \dfrac{x^2 + y^2}{2}$ 与 $z = 2$ 所围立体表面之内侧，则 $\iint\limits_{\Sigma} z\mathrm{d}x\mathrm{d}y = ($ $)$.

（A）4π 　　　（B）12π 　　　（C）-4π 　　　（D）-12π

5. 设 Σ 为锥面 $z = \sqrt{x^2 + y^2}$ 被平面 $z = 0$ 及 $z = 1$ 所截得部分的下

侧,则 $\iint\limits_{\Sigma} x\mathrm{d}y\mathrm{d}z + y\mathrm{d}z\mathrm{d}x + (z^2 - 2z)\mathrm{d}x\mathrm{d}y = ($ $).$

(A) $-\dfrac{3}{2}\pi$ (B) 0 (C) $\dfrac{2}{3}\pi$ (D) $\dfrac{3}{2}\pi$

三、计算题(本题共5小题,每题10分,共50分)

1. 计算 $\int_{\Gamma} (x+y)\mathrm{d}s$,其中 Γ 为连接点 $A(1,1,0)$ 与点 $B(2,3,4)$ 的直线段.

2. 计算 $\int_{L} (\mathrm{e}^x \sin y - my)\mathrm{d}x + (\mathrm{e}^x \cos y - m)\mathrm{d}y$,其中 L 是从点 $A(a,0)$ 到点 $O(0,0)$ 的上半圆周 $x^2 + y^2 = ax, y \geqslant 0$.

3. 计算 $\iint\limits_{\Sigma} z\mathrm{d}S$,其中 Σ 为球面 $x^2 + y^2 + z^2 = 1$ 在 xOy 面上方的部分.

4. 计算 $\iint\limits_{\Sigma} (x^2 + y^2)\mathrm{d}x\mathrm{d}y$,其中 Σ 为抛物面 $z = x^2 + y^2$ 下侧在 $z \leqslant 1$ 内的部分.

5. 验证微分形式 $(3x^2 y + 2xy^3)\mathrm{d}x + (3x^2 y^2 + x^3)\mathrm{d}y$ 是某一函数 $u(x,y)$ 的全微分,并求出 $u(x,y)$.